普通高等学校智能建造类“新工科新形态”系列教材

总主编　陈湘生　中国工程院院士

3D打印混凝土建造技术

姚一鸣　元　强　刘　潇　吴晶晶　丁　陶
蔡景明　邹贻权　高　畅　吴　畅　编著

中南大學出版社
www.csupress.com.cn
·长沙·

出版说明

PUBLICATION NOTE

在国家大力推动人工智能发展的大背景下，土木工程领域正经历着深刻的变革，将通过数字化、人工智能、各类感知、物联网、区块链以及相关学科交叉融合，打造数智大土木工程学科。智能建造作为土木工程与新兴技术深度融合的产物，正逐渐成为行业发展的新趋势。它不仅为土木工程的设计、施工、运维等各个环节带来了创新的理念和方法，也为解决传统土木工程面临的诸多挑战提供了新的思路和途径。智能建造作为建筑业数字化、智能化、绿色化发展的核心驱动力，深度融合了土木工程、计算机科学、机械工程等多学科知识，是推动建筑业高质量发展、助力国家"新工科"战略实施的关键领域。高校开设智能建造专业，不仅顺应了行业发展趋势，更为国家"新工科"战略提供了强有力的人才支撑，是培养高素质复合型人才、推动建筑业转型升级的重要举措。

随着全国开设智能建造专业高校数量的增加，智能建造专业学生规模持续扩大。为满足专业发展和高质量人才培养的需求，优质教材的编写与出版成为当务之急。为此，陈湘生院士与中南大学出版社携手，联合全国近30所高校(中南大学、西南交通大学、湖南大学、东南大学、山东大学、同济大学、深圳大学、济南大学、中国矿业大学、香港理工大学、沈阳建筑大学、福建农林大学、长沙理工大学、华南理工大学、湖南城市学院、湖南工业大学、湖南科技大学、湖北工业大学、浙江工业大学、浙大宁波理工学院、苏州科技大学、安徽理工大学、江西理工大学、南京工程学院、新疆工程学院、宿迁学院、苏州城市学院、常州工学院等)和3家国家经济战略层面的特大型综合性建筑产业集团(中国中铁股份有限公司、中国交通建设股份有限公司、中国建筑集团有限公司)，依托国家"新工科"战略导向，以全国教育大会精神为根本遵循，紧扣新时代教育"政治属性、人民属性、战略属性"核心要义，落实《教育强国建设规划纲要(2024—2035年)》关于教材建设的要求，组建了以院士、杰青、长江学者、优青、高被引学者、一线骨干教师为核心的高水平师资队伍，制定了服务"科技强国"战略需求的专业教材体系，创建了符合中国式现代化人才培养规律的教学资源生态新形态教材特色模块，全面反映了智能建造专业基础理论、工程应用技术和科技发展前沿，旨在为智能建造领域提供一批引领专业发展、创新人才培养模式的精品教育资源，助力新时代智能建造人才的培养与行业进步。

根据土木工程专业升级需求，关注智能建造核心内容，重点围绕理论建模与智能算法、感知融合与数字平台、工具平台与系统开发与土木工程专业课程的智能化升级四大知识集群编著本套教材。本套教材第一期共 14 种：《土木工程与智能建造导论》《智能建造基础理论》《智能感知与数字孪生》《深度学习算法与应用》《智能控制与工程机器人技术》《智能建造工程材料》《Python 程序设计与智能建造实例》《传感器与物联网概论》《BIM 技术基础及应用》《工程测量与智能勘测》《土木工程智能施工》《基础设施智能检测监测与评价》《3D 打印混凝土建造技术》《智能建造专业英语》。

本套教材将教学改革、教学研究的成果与教材建设相结合。遵循“重基础、宽口径、强能力、强应用”的原则，全套教材统一规划，各系列教材之间紧密配合、有机联系，突出教材的科学性、系统性、适应性、时代性、创新性。同时，体现智能建造领域新知识、新技术、新工艺、新方法、新成果，使智能建造教学跟上科技发展的步伐。

本套教材的组织出版，以自愿、热爱和能力为基础，汇聚志同道合者，共同致力于编写高质量的教材，编写时力求做到概念准确、叙述精练、案例典型、深入浅出、篇幅恰当、辞章规范，采用最新的国家标准及技术规范。

本套教材适用于高等院校智能建造、土木工程、建筑工程、工程管理等专业的本科生、专科生，也可作为其他专业学生、教师、科研工作者、工程技术人员的参考书，还可用作创新竞赛和训练计划项目等大学生创新实践活动的指导用书。对于对智能建造感兴趣的跨领域学习者，本套教材也可作为入门参考，帮助其了解智能建造的基本概念、技术框架及其与其他学科的交叉应用实例。

中南大学出版社

2025 年 4 月

编委会

EDITORIAL COMMITTEE

序

PREFACE

随着新一轮科技革命与产业变革的深入演进，以人工智能、大数据、物联网为代表的新一代信息技术与传统土木工程行业的深度融合，正深刻重构土木工程行业的生态格局。智能建造作为推动专业转型升级的核心引擎，如何培养兼具工程实践能力与数字创新思维的高素质人才，已成为我国高等教育亟待破解的课题。

在此时代使命的召唤下，由全国近30所高校和3家代表性企业组成的跨区域教研联盟，历时三年协同攻坚，共同编撰完成“普通高等学校智能建造类‘新工科新形态’系列教材”。本套教材注重服务国家战略、对接产业发展需求，适应国家高等教育教学改革要求，符合教情学情，以学生为中心，注重培养学生综合素质和实践能力；强化教材的育人功能，将课程逻辑、人类命运共同体逻辑融为一体，并将课程思政内容有机融入工程实际的每个过程，注重潜移默化地引导学生树立科技报国、工程造福社会的职业使命感。

新形态教材体系贯彻落实《中国教育现代化2035》提出的“发展中国特色世界先进水平的优质教育”战略目标，响应《教育信息化2.0行动计划》关于“构建智慧学习支持环境”的要求，对接《关于深化高等学校创新创业教育改革的实施意见》中“强化实践”的指导意见，通过四大模块形成完整学习闭环：首先借助思维导图建立知识网络框架，将碎片化的信息转化为可视化的逻辑体系；继而通过AI数字人微课对核心知识点进行深度解析，以智能化方式激活学生高阶思维；认知拓展模块通过学生参与教材内容建设，激励学生参与知识补充与创新表达；实践创新模块以真实项目为载体，既强化问题解决能力，又通过代际知识传承机制使教材成为动态生长的智慧载体。四个维度环环相扣，既融合先进技术赋能思维可视化与深度学习，又通过参与式创作和项目实践培育创新素养，最终形成框架建构、思维深化、认知迭代、实践创新的立体化学习生态，使教材从静态知识载体转型为连接师生智慧、贯通理论实践、促进代际对话的动态教育平台。

本套教材的编撰，汇聚了全国多所高校的学科优势，以及院校在地方特色方面的实践经验。智能建造的发展浪潮方兴未艾，教材的出版并非终点，而是深化教育教学改革的起点。期待本系列教材能成为高校智能建造专业的“基石之作”，未来通过持续迭代升级，逐步拓展至建筑产业互联网、低碳智慧城市等新兴领域。数字化、智能化(包括人工智能)属于青年人，尤其是35岁以下的青年学子。希望青年学子以此为舟楫，在掌握Python编程、深度学习、智能装备操控以及人工智能技术等“硬技能”的同时，涵养“以技术赋能未来人居文明”的“软情怀”，成为引领中国建造迈向“中国智造”的时代开拓者！

当建筑被赋予感知与思考的能力，当钢筋混凝土的肌理流淌着数据的脉搏，智能建造正以颠覆性的力量重塑人类构筑文明的范式。从深埋地下的城市综合管廊到高耸入云的摩天大楼，从装配式构件的毫米级拼装到数字孪生城市的全域推演，这场变革不仅需要硬核技术的突破，更需要教育链与产业链的同频共振。让我们共同期待，这套凝聚着中国工程教育界集体智慧的教材，能为智能建造人才培养注入强劲动能，为中国建造的数字化未来书写崭新篇章！

陈湘生　中国工程院院士

2025 年 5 月 20 日

前言

FOREWORD

本教材立足“新工科”建设背景，以培养创新型、复合型智能建造人才为目标，致力于为专业教材建设提供科学依据与实践指导。本教材编写将秉持以下原则：①充分体现“新工科”建设要求，突出专业特色；②注重理论知识与实践应用的有机融合；③强化创新思维与前沿技术的渗透；④构建系统化、模块化的知识体系。通过打造具有创新性、实用性和前瞻性的高质量教材体系，切实提升智能建造专业人才培养质量，助力建筑业智能化转型升级。

本教材内容设计具有整体性和逻辑性，框架清晰、循序渐进、层次分明、模块设置合理；文字、图片、音视频等内容系统设计，有机结合；适应教育数字化要求，结构开放，内容可选择，配套资源丰富，满足弹性教学、分层教学等需要，充分应用数字技术，做到教材内容可更新。

本书系统阐述3D打印混凝土技术，旨在为土木工程、智能建造、材料科学与工程等专业的学生提供理论与实践相结合的知识体系。全书共七章，从基础概念、发展历程入手，逐步深入探讨3D打印工艺、设备、数字化设计、水泥基材料性能、增强增韧技术、构件与结构建造工艺。书中不仅涵盖核心技术原理，如轮廓工艺、D-型工艺、混凝土打印等典型工艺的机械结构与控制方法，还详细解析材料的可打印性、配合比设计及性能优化，并通过大量工程案例(如小型构件打印、装配式建造、现场原位打印)展现技术的实际应用场景。此外，教材结合智能建造与低碳化趋势，强调3D打印技术对建筑行业数字化转型的推动作用，为读者构建从理论到实践、从传统到前沿的完整知识框架。

本教材核心特点：

(1)四维融合。全书以“基础理论–核心技术–材料研发–工程应用”为主线，逻辑清晰。

(2)创新前瞻。通过国内外典型应用案例(如轮廓工艺桥梁、D–型工艺建筑)直观呈现技术落地场景，强化实践认知。融合机械工程、材料科学、计算机辅助设计等多学科知识，重点解析工业机器人控制、数字化建模与路径规划等关键技术，同时展望 低碳材料、仿生结构、固废利用等创新方向，体现技术的前瞻性。

(3)培养升级。紧密结合智能建造专业人才培养目标，强调 3D 打印技术在施工智能化、设计数字化、建筑低碳化中的核心价值，为行业转型升级提供理论支持与人才储备。

由于编写水平有限，书中难免有不妥和错误之处，望广大读者批评指正。最后，感谢所有为本书编写和出版付出辛勤努力的老师们，也感谢广大读者对本书的关注和支持。我们期待在未来的日子里，能够继续与大家一起探索智能建造领域的无限可能。

作 者

2025 年 5 月

目 录

CONTENTS

第1章

绪　论

AI微课

本章思维导图

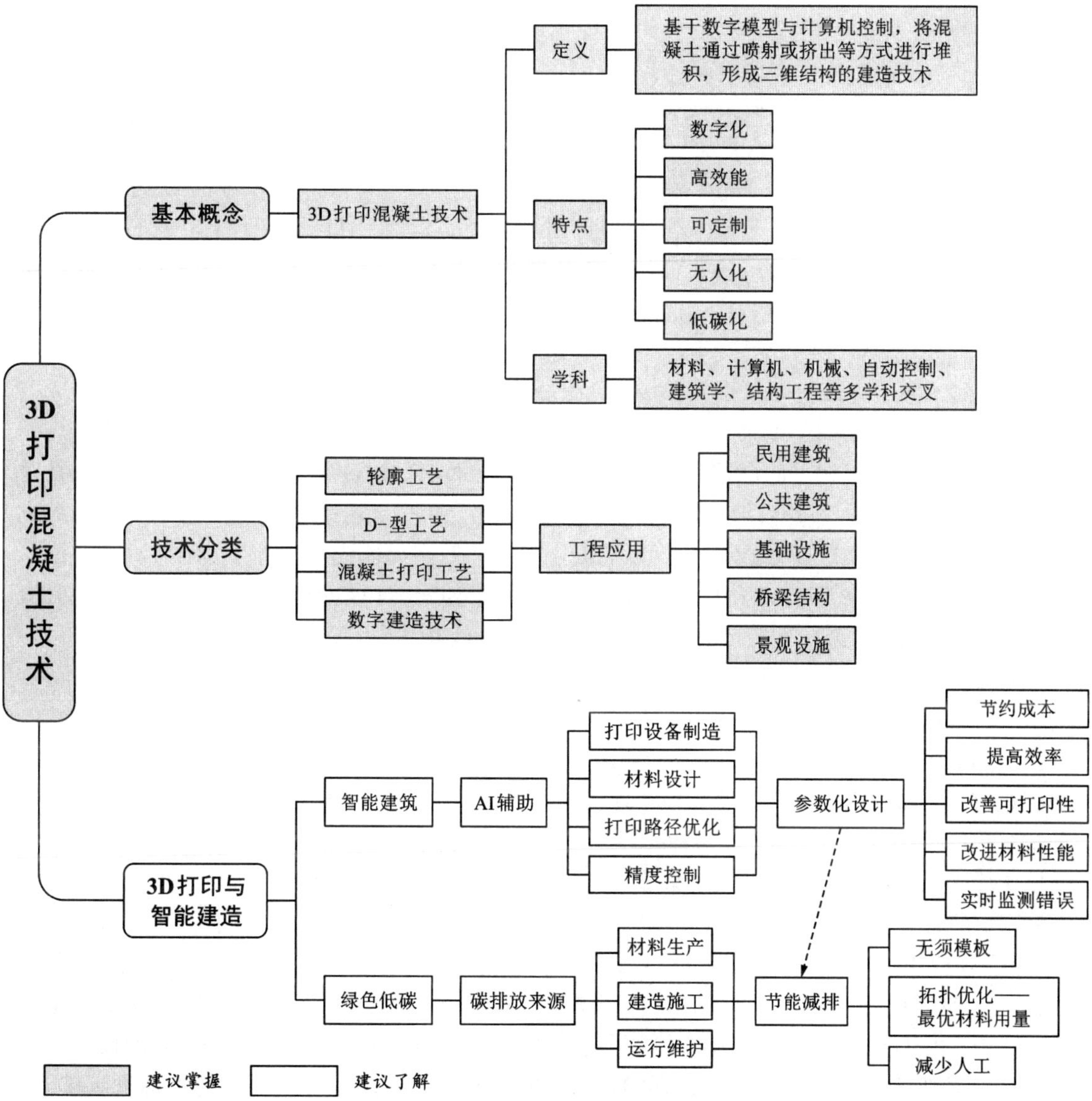

3D打印混凝土技术

- 基本概念
  - 3D打印混凝土技术
    - 定义：基于数字模型与计算机控制，将混凝土通过喷射或挤出等方式进行堆积，形成三维结构的建造技术
    - 特点：数字化；高效能；可定制；无人化；低碳化
    - 学科：材料、计算机、机械、自动控制、建筑学、结构工程等多学科交叉
- 技术分类
  - 轮廓工艺；D-型工艺；混凝土打印工艺；数字建造技术
    - 工程应用：民用建筑；公共建筑；基础设施；桥梁结构；景观设施
- 3D打印与智能建造
  - 智能建筑
    - AI辅助：打印设备制造；材料设计；打印路径优化；精度控制
      - 参数化设计：节约成本；提高效率；改善可打印性；改进材料性能；实时监测错误
  - 绿色低碳
    - 碳排放来源：材料生产；建造施工；运行维护
      - 节能减排：无须模板；拓扑优化——最优材料用量；减少人工

建议掌握　　建议了解

3D 打印混凝土技术(three-dimensional concrete printing, 3DCP)以增材制造(additive manufacturing)为核心,基于数字模型与计算机控制,将三维立体模型拆解为多层二维平面,通过喷射或挤出等方式将混凝土按照预设路径逐层堆积,最后形成三维结构。其具有数字化、无人化、高效能和低碳化等特点。目前主要包括基于轮廓工艺、D-型工艺、混凝土打印工艺的 3D 打印技术。本章对 3D 打印混凝土技术的基本概念、发展历程、技术分类,以及其与智能建造的关系进行介绍。

1.1 3D 打印混凝土技术基本概念

在全球工业朝着自动化和数字化方向发展的背景下,3D 打印技术引起了越来越广泛的关注。3D 打印技术通常被称为增材制造技术,该技术以数字模型为基础,通过控制系统将材料以喷射、挤出等方式从下到上逐层堆叠,最终形成完整的结构实体,即将数字化信息与实体结构相结合,达到所见即所得的效果。

3D 打印混凝土技术是一种基于数字模型与计算机控制,将三维立体模型拆解为多层二维平面,然后通过喷射或挤出等方式将混凝土按照预设路径逐层堆积,最终形成三维结构的建造技术。3D 打印过程由产品设计、打印路径设计、材料调控、材料泵送运输及打印系统打印等多方面协同运作完成。目前,主流的 3D 打印混凝土技术主要基于挤出成型工艺。打印过程中,混凝土先在搅拌容器中拌制,然后泵送至打印机料斗。在挤出压力作用下,料斗内的混凝土经由打印喷头挤出形成条带,与此同时,打印喷头按照预设打印路径移动,完成打印条带的挤出—沉积过程,最终通过层层堆叠形成三维结构。

从生产力和成本的角度来看,世界范围内,建筑行业传统的低效率生产方式已经存续了许多年。与其他新兴领域的高研发投入占比相比,土木工程建造领域的智能化程度低、研发投入不足、技术更新缓慢等问题尤为突出。在过去几十年中,建造与施工工艺几乎没有实质性改进。相较于传统建造方式,3D 打印混凝土技术将数字化建模、自动化控制与机器人技术引入了建筑行业,能够有效缩短施工时间,提高生产效率,具有更高的资源利用率与施工精度,降低人工成本,减少建筑废物及其对周边环境的影响,提升工程安全性。

3D 打印混凝土技术的重要意义在于将计算机辅助设计工具应用于施工过程中,进而推进施工过程的智能化。随着结构复杂程度的增加,3D 打印混凝土技术在成本控制及市场占有率上的优势将更加明显,这是因为在传统建造工艺中,结构复杂程度的增加会使模板制作和浇筑过程的成本和时间也增加,而 3D 打印混凝土技术在建造全过程中无须模板辅助,在复杂结构成型中具有显著优势。另外,全球人口老龄化问题加剧,将会进一步推高建筑行业的用工成本,提高传统建造方式的整体成本。可以预见,3D 打印建造技术在未来会有长足的发展。

从环境影响的角度来看,建筑行业的碳排放主要集中于建筑材料的生产。大量研究表明,相比传统建造形式,数字化 3D 打印建造形式在进行复杂程度较高的结构施工时,耗能更低。另外,由于传统建造形式受限于模板的使用,很难做到结构的优化,而 3D 打印技术则可以根据工况做到结构的优化,能够有效减少建筑材料、模板和机械的使用,进而降低碳排放。

同时，数字化3D打印能够使一些构件的功能集成化，进而减少材料的使用。

1.2 3D打印混凝土技术的发展历程与技术分类

作为一项新兴制造技术，3D打印混凝土技术自20世纪80年代后期逐渐兴起，发展至今在建筑领域应用的大尺度三维增材制造技术主要有轮廓工艺、D-型工艺、混凝土打印工艺和数字建造技术。3D打印混凝土技术最早可以追溯到美国纽约的伦斯勒理工学院。1997年，Pegna首次探索并证明了3D打印技术在建筑领域的可行性和前景。2001年，美国南加州大学的Behrokh Khoshnevis使用计算机对3D打印机进行精确控制，实现了混凝土的自动浇筑过程，该项技术被命名为“轮廓工艺”。D-型工艺最早由意大利工程师Enrico Dini等发明。2007年，英国Monolite公司展示了D-型3D打印技术，通过预置在打印机底部的喷头喷射镁质黏合剂黏结混凝土配料粉末，最终形成了石质固体构件。2009年，英国拉夫堡大学的Buswell等人开发出分层叠加混凝土材料的制造工艺，与轮廓工艺相比，该工艺使用的设备和计算机控制程序更为简单，被定义为“混凝土打印工艺”。2015年，苏黎世联邦理工学院(ETH Zurich)的学者利用3D打印技术建造聚合物网膜，以选择大小合适的粗骨料进行混凝土配料，探索数字化制造具有高几何复杂性混凝土构件的可能性。近年来，中国大批科研院所及企业对3D打印混凝土设备、材料和工程应用进行了研究，中国有关3D打印混凝土技术的文献数量自2016年起便居世界领先地位。3D打印混凝土技术逐渐成为研究热点，并成功应用于不同建筑形式。

轮廓工艺的目标是实现整个结构及附属构件的自动化建造，支持定制化设计，以实现复杂造型建筑的建造。其现已成为的主流建筑3D打印技术之一。轮廓工艺通过计算机控制，将打印材料的输送及使用集成到一个系统中，各种结构实体直接、快速地成型。通过合理调控材料的挤出速度、填充模板内部的速度、材料的固化速度和强度发展速度等，可实现最佳的打印效果。其主要有设计自由度高、建造速度快及定制化程度高等优点。到目前为止，基于轮廓工艺的3D打印技术已经得到了一定的发展，在世界各地得到了初步的应用。

D-型工艺是一种基于砂石粉末分层黏结叠加的增材制造技术。大型D-型打印机配有数百个打印喷头，其利用镁基黏结剂将建筑材料黏结在一起，形成类石材结构。最大粒径不超过5 mm的颗粒材料都可以作为打印基材。相较于在施工现场装配构件的建造方式，D-型工艺可以实现在现场直接打印完整的建筑结构。D-型工艺的主要优点为成本较低，打印材料的强度较高，可获得良好的表面光洁度，超大尺寸结构的打印效率较高，特别适合打印具有中空孔洞和悬挑等特征的复杂结构。其缺点为设备占地面积大，现场应用时受天气影响较大，摊铺材料及移除未使用材料的工作量很大，打印尺寸受设备尺寸的限制，等等。

混凝土打印工艺与轮廓工艺相似，用于挤出胶凝材料的打印喷头也需要安装在桥式行车上。但是，混凝土打印工艺更注重于保证材料在挤出过程中的高精度，其打印精度为5~24 mm，比轮廓工艺的精度更高，可打印更复杂的结构构件，但打印效率相对较低。该技术基于胶凝材料挤压成型，通过连续2D材料层叠建造3D建筑构件，无须使用模板。通过优化打印路径大幅提升工作效率是该技术的主要优势。该技术的主要缺点为初始打印层表面较粗糙，且构件尺寸受打印机的限制。

数字建造的概念最早由麻省理工学院的 Gershenfeld 教授提出，其用来表示使用计算机控制工具的过程。数字建造本质上并非单纯的 3D 打印工艺，而是一种融合了多种技术的系统性工程方法。苏黎世联邦理工学院的数字建造国家研究中心(NCCR)提出了建筑领域的数字建造概念。其通过数字技术与物理建造过程的无缝结合，推动建筑领域数字技术的发展，开发面向未来的突破性技术。NCCR 有现场建造、网格模板、数字混凝土加工、复杂构件 3D 打印及多机器人建造等研究项目。以网格模板为代表的数字建造技术，其主要优点为能极大地提高施工效率，适用于现场建造，降低人力、材料和运输成本，建造过程更加智能化，实现结构功能一体化等。在建筑业中应用数字建造技术，使得大规模定制复杂造型结构成为可能。

通过对四种主要的建筑 3D 打印技术的介绍，土木建造领域应用大尺寸的三维增材制造技术的主要特征可概括为：基于挤出工艺的分层打印混凝土、粉末床配合使用黏结技术及增强网格。由于不同技术之间存在相互融合的趋势，在具体应用时，可以结合某一种或某几种技术。

近些年，3D 打印技术受到越来越多国家的重视。我国国务院于 2015 年印发的《中国制造 2025》文件以及 12 部门于 2017 年印发的《增材制造产业发展行动计划(2017—2020 年)》文件中均提到要大力推进 3D 打印技术。中国土木工程学会 2017 年学术年会指出，在推进“智能技术”过程中，土木工程需要与新型材料、3D 打印、机器人等新兴产业紧密结合。近年来，3D 打印技术已广泛应用于汽车、航空航天、机械工业、电子消费品、生物医疗、珠宝设计、艺术创作、建筑业、消费品、服装设计等诸多领域。随着我国建筑工业化和信息技术的不断发展，3D 打印混凝土技术为建筑工业化发展提供了新的选择，可推进建筑产业的升级和转型。

2014 年，我国通过装配 3D 打印预制构件，在 24 h 内建造了 10 栋无配筋的小型建筑，如图 1-1(a)所示。2019 年，3D 打印双层示范建筑，7.2 m 高的双层办公楼完成现场打印，如图 1-1(b)所示。其墙体为中空形式，便于进一步填充和预埋，以实现结构功能一体化。与传统施工工艺 60 d 的工期相比，该技术可缩短工期至 5 d，节省约 20%的建筑材料费和 80%的人工，降低 30%~50%的建造成本。

(a)3D 打印五层住宅楼

(b)3D 打印双层办公楼

图 1-1　3D 打印居住建筑

2020 年，我国完成了位于南京江北新区市民中心主入口处的市民游客服务中心 3D 打印外墙项目[图 1-2(a)]，该项目采用工厂 3D 打印外墙构件，然后运送至现场装配，总面积为 286 m^2。同年，美国 Apis Cor 公司主持设计建造了目前世界上最大的 3D 打印建筑——迪拜市政府大楼[图 1-2(b)]，高度达到 9.5 m，项目面积为 640 m^2。大楼采用现场原位打印建造的方式，3D 打印整个建筑的墙体结构只需要 3 个工人和配套的机器装置。

(a) 3D 打印外墙

(b) 3D 打印迪拜市政府大楼

图 1-2　3D 打印公共建筑

图 1-3(a)所示为混凝土打印工艺制作的多功能挡土墙，其试样 28 d 抗压强度可达 40 MPa，经冻融循环 50 次后，其强度损失小于 25%，质量损失小于 5%。混凝土打印工艺制作的挡土墙不仅能有效抵挡水体冲刷和土体砂石挤压，还能在墙体上种植各种绿植或蔬菜，起到美观装饰的效果。图 1-3(b)所示为 3D 打印检查井，是根据实际埋深需要和井道内径进行精准打印的，墙体厚度为 310 mm，墙体单点吊挂力可达 1200 N，不同加载方向 28 d 抗压强度至少为 30 MPa，且整体结构为双层打印、一次成型，杜绝污水泄漏对土体的二次污染。检查井为工厂打印和现场安装，基于计算机信息模型的 3D 打印过程，可实现井盖与检查井口的精准吻合，避免人工砌筑误差和人工放坡过程中的潜在危险。

(a) 3D 打印挡土墙

(b) 3D 打印检查井

图 1-3　3D 打印基础设施构件

2019 年，苏州市创新实施河道生态治理工程，成功运用了 3D 打印混凝土技术建造二级护岸结构，如图 1-4 所示。该预制构件采用装配式数字化成型工艺，单体重达 5 t，标准段长 4 m，通过工业化生产与现场模块化吊装实现快速施工。测算表明，相较于传统现浇混凝土挡墙，该技术体系可降低 2/3 的混凝土消耗量，在确保结构安全稳定性的同时兼顾了景观协调性。项目实施过程中，通过智能建造技术显著节约原材料投入，减少人工成本约 45%，综合建设周期较常规工法缩短 60%，形成了生态护岸工程领域可复制的绿色建造样板。同年，我国通过 3D 打印混凝土技术建造了一座装配式混凝土 3D 打印赵州桥，如图 1-5(a)所示。该桥全长 28.1 m，净跨度 17.94 m，于 2020 年创下了“最长的 3D 打印桥”吉尼斯世界纪录。2021 年，我国在上海市建造了 3D 打印混凝土步行桥，如图 1-5(b)所示。该步行桥全长 26.3 m，宽 3.6 m，桥梁结构采用单拱结构承受荷载，拱脚间距为 14.4 m。

图 1-4　3D 打印护岸结构

(a) 3D 打印赵州桥

(b) 3D 打印混凝土步行桥

图 1-5　3D 打印桥梁

图 1-6 所示为 3D 打印混凝土技术在声屏障中的应用案例，该技术在苏州绕城高速中得到示范应用，其分为平面型和曲面型，尺寸分别为 4.5 m×24 cm 和 4.5 m×18 cm，长度可根据里程数自由打印。经检测，平面型 3D 打印声屏障能够有效降噪约 30 dB，与采用传统工艺的声屏障相比，其降噪效果更为明显。曲面型声屏障采用波浪形设计，凹面的波谷会将声音聚集在一个特定的区域并产生延时反射，而凸起的波峰可将声波向多个不同方向传播，波峰与波谷相融合，便可将噪声沿不同方向消散，隔音效果是传统降噪结构的 2~3 倍。

(a) 平直型声屏障

(b) 曲面型声屏障

图 1-6 3D 打印声屏障

1.3 3D 打印与智能建造

1.3.1 3D 打印与智能化

人工智能(artificial intelligence, AI)的概念始于 1956 年。在计算机科学中,人工智能被理解为“智能代理人”,即能感知环境并采取最优行动的系统。在学科交叉日益紧密的今天,人工智能技术已成为技术行业的重要组成部分,进一步冲击着传统学科的格局。3D 打印混凝土技术主要分为打印设备制造、打印材料、打印路径优化和精度控制等多个方面。将 AI 引入 3D 混凝土打印可提升混凝土结构的设计、制造过程和可持续性,推动以性能为导向的探索和资源配置,提高效率和可持续性,并促进这两项技术的协同发展和行业应用。AI 驱动的系统在优化混凝土可打印性、实时监测错误、改进材料性能以及提高大规模建筑项目效率方面也具有显著优势。

传统设计中所采用的试错(trial-and-error)设计方法是针对某一指标不合格的方案不断进行调试,使其满足业主、建筑师、结构师等多方的设计要求。在参数化设计中,上述重复性的工作可借助人工智能技术提升执行效率。参数化设计基于参数化模型,设计意图参数的变化会自动映射到最终的设计对象参数中。这种全自动化的方案生成方式与优化算法结合,可代替传统的人为试错设计模式。此外,参数化建模技术本身就基于计算机技术,具备利用机器学习等数据驱动技术的潜力。智能化技术与参数化建模技术的结合将会进一步加快结构设计智能化的实现。

参数化设计的实现方案与 3D 打印技术的呈现手段具有天然的协同性,两者的发展是相辅相成的。3D 打印增材制造的造型优势恰好可以通过参数化设计充分体现。参数化设计的造型复杂程度相比传统产品设计大大提高,假如使用传统的加工方式来制作,不仅成本很高,有些造型和结构甚至是传统制造工艺无法制造的,3D 打印正是一种适合复杂形态,又能有效控制成本的生产方式,可以将参数化设计

AI

AI微课

参数化设计与3D打印技术

的复杂形体付诸实物生产，实现设计方案的落地。此外，3D 打印必须依靠精准的 3D 数字模型提供准确的数据。近年来，参数化设计与 3D 打印结合，在鞋服、汽车、医疗、家具等诸多领域都有广泛的应用落地。AI 通过拓扑优化技术优化 3D 打印结构的设计，尽量减少材料的使用并确保结构的稳定性。例如，AI 在辅助设计承重构件(如梁、板和拱)时，有助于生成性能最大化、材料使用最小化的几何形状，从而提升可持续性并降低成本。

3D 打印混凝土技术的另一个重要意义在于将计算机辅助设计工具应用于施工过程中，进而推进施工过程的智能化，并有效缩短施工时间，提高生产效率。3D 打印混凝土技术在施工中实现几何成型的主要原理是让打印喷头沿着特定路径(tool path)运动，与此同时，泵送系统通过管道将混合好的打印材料运输至打印喷头并挤出。AI 与 3D 打印过程的整合有望克服该技术带来的特定挑战，例如，打印过程中材料挤出精度、相变控制与测量、分层过程中冷缝的形成、配筋以及表面质量等，还有大规模 3D 打印中面临的改进路径规划、材料设计以及处理复杂几何结构等挑战。深度强化学习等 AI 算法被用于优化 3D 打印路径，而遗传算法和反向传播神经网络则帮助改进材料混合物的设计。借助 AI 技术也可通过实时控制打印参数或自主调整打印过程来提高设计与建造的一体化程度。另一方面，AI 驱动的质量控制系统对于监控和检测 3DCP 中的缺陷至关重要。通过计算机视觉和预测模型，AI 可以实时检测结构的缺陷，并在打印过程中提供修正反馈。AI 驱动的诊断侧重于检测和预测打印缺陷、材料变形、表面质量问题以及 3D 打印过程整体精度等问题，并通过自动化提高打印的效率和精度，实现实时调整，减少对人工检查的依赖，也可帮助减少材料浪费并提高 3D 打印混凝土结构的耐久性。关键的诊断技术包括基于机器学习的预测和模拟、基于 ANN 的材料性能评估模型，以及用于追踪和监控打印过程的计算机视觉系统。深度学习模型，如深度卷积神经网络(DCNN)和条件生成对抗网络(cGAN)，被用于图像处理和材料分析。这些 AI 方法帮助克服了如快速施工需求、高纤维掺量以及大规模 3D 打印中的表面质量问题等挑战，从而确保更可靠且高质量的打印结构。

宝安 3D 打印公园项目作为全国首个 3D 打印市政工程，于 2021 年年中完成，位于深圳市宝安区，公园面积 5500 m^2，其充分体现了智能建造的优势。项目的建造系统由数字建筑设计、机器人技术、3D 打印技术、混凝土材料技术四部分组成，形成技术集成。基于数字设计的公园形态是项目全过程的开端。在公园总平面的设计中，团队首先使用 Grasshopper 的行人模拟插件 Quelea 模拟人群的活动，并找到其中人流密集的区域来布置主要的公园景观。在此基础上，通过奇异吸引子算法生成公园总平面的雏形，进而对公园的总体规划进行设计建模，完成公园的三维模型，其中包含公园地形和各种景观小品(图 1-7)。在建立模型的基础上，设计团队进行了打印路径规划，并将路径规划的代码传输给机械臂。施工时，设计团队将智能打印设备运输到工地，用它进行公园主体的建造工作。在建造的全过程中，智能建造工具的应用，极大地提升了建造效率，建设工期缩短至 3 个月。同时，机械臂替代人工，大幅减少了人力需求，因为一台设备只需要两人操作。通过智能建造，在节省约 20%造价的同时，更加环保的施工过程和更为整洁的工地现场也得以实现。智能建造在重构建造过程的同时，也重构了施工的组织设计与施工队伍结构。区别于传统建设团队，智能建造还包含了虚拟建造的设计团队。设计团队包括掌握数字技术的建筑师、结构工程师、混凝土材料专家、机械设计师和工程师、编写工程代码的软件工程师等，这些设计人员及相关技术人员共同组成了智能建造项目团队。

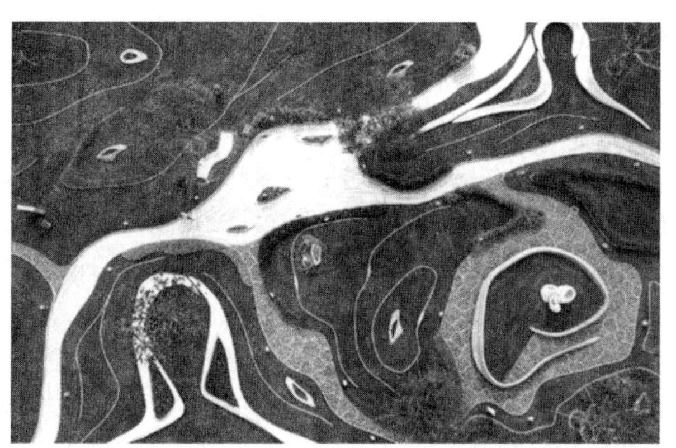

图 1-7 宝安 3D 打印公园北部鸟瞰实景图

1.3.2 3D 打印与低碳化

3D 打印混凝土技术在实现低碳建造方面也具有重大潜力。在建筑全生命周期中，材料生产、建造施工和运行维护是碳排放产生的主要阶段。传统建筑施工阶段，碳排放主要源于大量的模板使用和密集的人工劳作。而 3D 打印自动化施工过程通过引入数字化控制系统、建筑机器人等高科技智能化设备，具有更高的运行效率以及更低的能耗，且劳动力需求量大幅下降，能够有效减少施工阶段人工产生的碳排放。此外，由于 3D 打印混凝土过程无须模板支护，因此能够减少或免除建筑施工及预制构件生产过程中模板的使用，从而降低模板制造的成本与能耗，并减少废弃模板产生的建筑垃圾。同时，得益于无模板施工的特点，3D 打印建造有助于实现诸多资源节约型的结构设计方式。例如，通过高效保温结构降低建筑运维阶段的能耗，通过拓扑优化结构设计最大限度地减少建筑材料的使用等。由于胶凝材料含量较高，材料低碳化是目前 3D 打印建造所面临的挑战之一。近年来，通过固废利用、轻质化、地聚物替代水泥以及纤维复合等方式形成的低碳混凝土材料体系已经在 3D 打印建造的低碳性方面展现出重要的应用前景。由此可见，打印工艺、结构设计和材料研发是利用 3D 打印混凝土技术实现低碳建造的重要途径。已有研究表明，相较于传统施工方式，建筑 3D 打印技术的应用可以使建筑垃圾减少 30%~60%、人工消耗降低 50%~80%、建造时间缩短 50%~70%，这一系列优势与建筑行业未来绿色低碳、智能高效的发展方向高度契合。

建筑全生命周期中，建造阶段所产生的碳排放量占比最高。在以模板支撑、钢筋绑扎、浇筑混凝土为施工方式的传统建造场景中，密集的人力劳作和大量模板消耗均会产生不可忽视的碳排放。相比之下，建筑 3D 打印技术的自动化施工方式具有减少人工、免模板的工艺特点，能够有效降低建造阶段的碳排放。工艺特点是 3D 打印建造技术的重要特征，也是其实现低碳建造的重要方面。建筑 3D 打印技术将数字信息技术引入建筑行业，由于大量的人工操作被机器取代，其应用有望改变建筑行业的劳动力结构。在传统建筑行业中，施工现场人员包括项目管理者、普通建筑工人以及技术工人等，其中普通建筑工人主要承担材料运输、模板支护、浇筑混凝土等一系列繁重的体

AI
AI微课
混凝土碳排放如何计算

力劳动。而当数字化技术应用于建筑领域时，普通建筑工人的劳作能够被机械自动化施工所代替，使得人力资源需求从大量体力劳动者转为仅需少量数字化操作人员及技术工种，使现场施工人员需求大幅减少，从而使现场施工人员的碳排放量有效减少。例如，在 3D 打印混凝土人行天桥项目中，基于 LCA（生命周期评估），对总高 8 m、总跨径 60 m 的 3D 打印桥梁进行了全生命周期的碳排放模拟计算。结果显示，相较于传统建造方式，3D 打印技术的应用使得人力消耗大幅减少，施工人员总碳排放量从 6520. 8 $kgCO_2e$ 下降到 2340. 8 $kgCO_2e$，下降幅度达 64. 1%。

建筑结构设计对材料用量、运行能耗等方面有重要影响。结构设计是实现建筑绿色低碳的重要途径之一。然而，受限于模板的使用，传统建造方式主要用于制造标准化的梁、板、柱等构件，难以进行复杂结构的建造。相比之下，得益于极高的设计自由度，3D 打印技术有助于实现多种绿色低碳结构设计。目前，多种资源、能源节约型的高效化和功能化的建筑结构设计已经通过建筑 3D 打印技术实现。其中，拓扑优化结构、多功能一体化结构以及可拆卸再建造结构是当下 3D 打印低碳结构设计的 3 个典型方面。拓扑优化（topology optimization）是一种集优化算法、物理模型以及数学模型为一体，对给定负载、约束及性能指标条件下材料分布进行优化设计的方法。通过计算机模拟计算，3D 打印技术可以根据实际情况将拓扑结构优化集成于建筑外形设计中。通过结合拓扑优化，3D 打印技术可以最大限度地提高材料的利用率，减少材料的用量，从而实现更为高效低碳的建筑形式。借助大规模 3D 打印技术，可以实现高效多功能一体化的结构设计，即在结构中嵌入附加功能设计，使其不仅满足力学性能要求，还具有隔音保温等功能性特征，例如具有优异隔热性能的功能空心墙体、垂直绿色墙体系统等。可拆卸设计（design for deconstruction，DfD）是一种基于预制、装配以及模块化的结构设计策略。将构件 3D 打印技术与工程模块化、装配式建造相结合，不仅能够实现工程结构批量化生产，而且有效保证了工程结构构件质量，大大提升了作业效率，还降低了工程施工对建设环境的影响。与此同时，模块化的施工建造方式也为结构构件的重复利用提供了可能。

与传统浇筑成型技术相比，3D 打印混凝土技术基于泵送—挤出—堆叠的方式进行建造，对混凝土拌合物的流变性能、可打印性能以及凝结时间等早期性能提出了更高的要求。目前，针对 3D 打印混凝土材料的低碳问题已出现了多种优化措施，如使用粗骨料和再生骨料、掺入固废、采用轻质泡沫混凝土以及使用地聚物混凝土等。此外，增强服役性能和耐久性，减少建筑修复和重建也是建筑材料低碳性的重要组成部分。其中，3D 打印粗骨料混凝土不仅能够减少水泥用量和碳排放，降低施工成本，还可以回收利用建筑固体废物。此外，增加粗骨料的掺量还可以使混凝土的水化热收缩明显降低，体积稳定性提高。

智慧启思

政策赋能下的技术跃迁——3D打印混凝土技术从“政策跟随者”到“战略承担者”

认知拓展

实践创新

思考题

1. 请简述 3D 打印混凝土技术的基本原理及其核心流程。

2. 与传统建造方式相比，3D 打印混凝土技术在资源利用和施工效率上有哪些优势？请结合教材案例说明。

3. 3D 打印混凝土技术的低碳化路径包括哪些材料优化措施？请举例说明“固废利用”和“地聚物替代水泥”的具体应用场景。

4. 根据本章内容，你认为 3D 打印混凝土技术在建筑工业化转型中可能面临哪些挑战？请从技术、成本、标准规范三个角度展开讨论。

5. 假设某传统现浇混凝土挡墙项目改为 3D 打印混凝土技术，请结合教材中的苏州河道护岸案例，分析其可能减少的碳排放来源及量化效益。

6. 人工智能如何与 3D 打印混凝土技术结合？请列举至少两种 AI 技术（如计算机视觉、强化学习）在打印过程中的具体应用场景。

7. 若你需设计一座 3D 打印混凝土人行天桥，请从结构形式（如单拱、悬索）、材料选择（如轻质骨料、纤维增强）、功能集成（如绿化、照明）三个方面提出创新方案，并说明其可行性。

第 2 章

3D 打印工艺

AI微课

本章思维导图

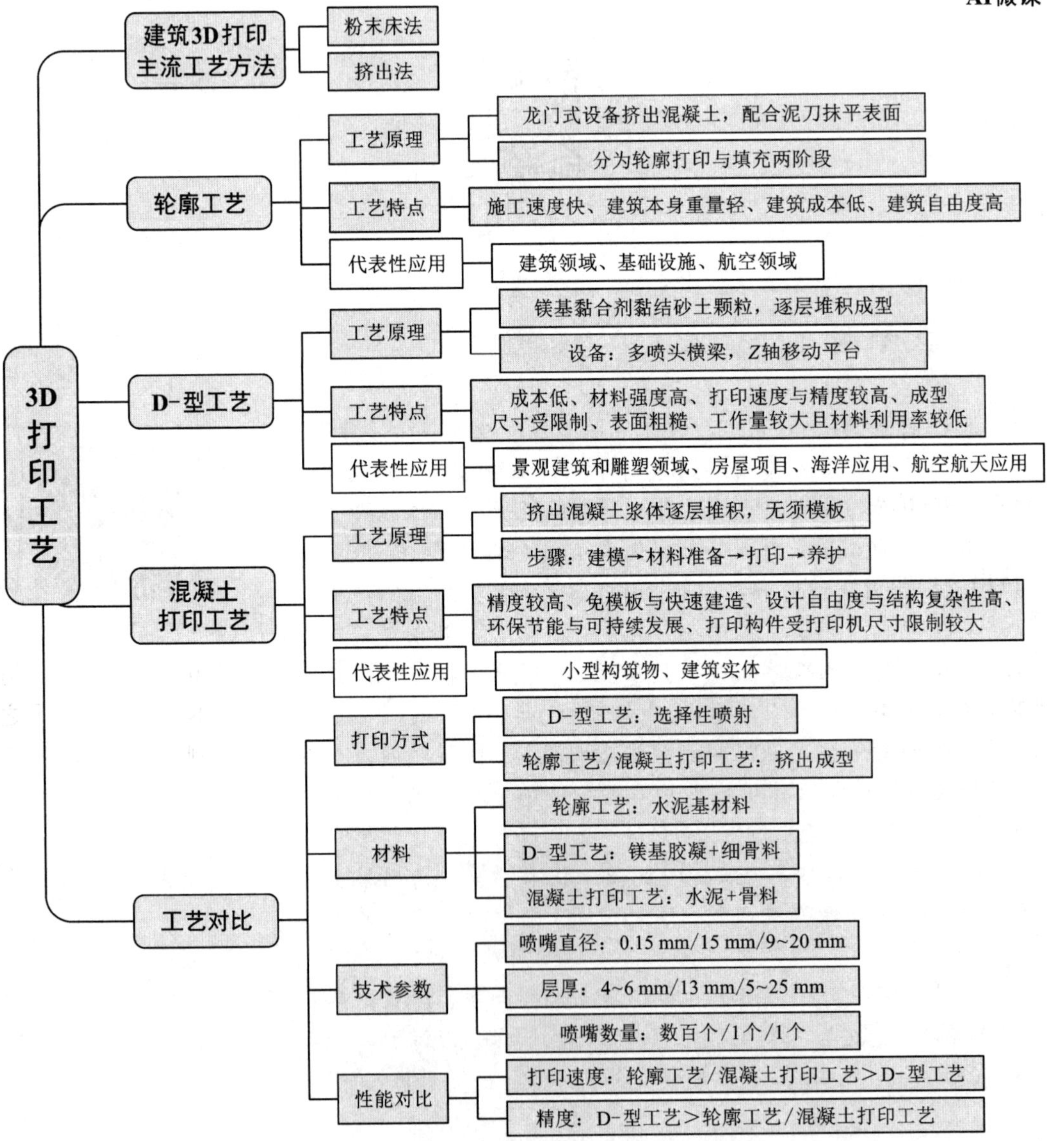

- 3D打印工艺
  - 建筑3D打印主流工艺方法
    - 粉末床法
    - 挤出法
  - 轮廓工艺
    - 工艺原理
      - 龙门式设备挤出混凝土，配合泥刀抹平表面
      - 分为轮廓打印与填充两阶段
    - 工艺特点
      - 施工速度快、建筑本身重量轻、建筑成本低、建筑自由度高
    - 代表性应用
      - 建筑领域、基础设施、航空领域
  - D-型工艺
    - 工艺原理
      - 镁基黏合剂黏结砂土颗粒，逐层堆积成型
      - 设备：多喷头横梁，Z轴移动平台
    - 工艺特点
      - 成本低、材料强度高、打印速度与精度较高、成型尺寸受限制、表面粗糙、工作量较大且材料利用率较低
    - 代表性应用
      - 景观建筑和雕塑领域、房屋项目、海洋应用、航空航天应用
  - 混凝土打印工艺
    - 工艺原理
      - 挤出混凝土浆体逐层堆积，无须模板
      - 步骤：建模→材料准备→打印→养护
    - 工艺特点
      - 精度较高、免模板与快速建造、设计自由度与结构复杂性高、环保节能与可持续发展、打印构件受打印机尺寸限制较大
    - 代表性应用
      - 小型构筑物、建筑实体
  - 工艺对比
    - 打印方式
      - D-型工艺：选择性喷射
      - 轮廓工艺/混凝土打印工艺：挤出成型
    - 材料
      - 轮廓工艺：水泥基材料
      - D-型工艺：镁基胶凝+细骨料
      - 混凝土打印工艺：水泥+骨料
    - 技术参数
      - 喷嘴直径：0.15 mm/15 mm/9~20 mm
      - 层厚：4~6 mm/13 mm/5~25 mm
      - 喷嘴数量：数百个/1个/1个
    - 性能对比
      - 打印速度：轮廓工艺/混凝土打印工艺>D-型工艺
      - 精度：D-型工艺>轮廓工艺/混凝土打印工艺

传统的现场拌和、浇筑混凝土施工方式已在很大程度上被预制装配式建筑取代。将 3D 打印技术应用于建筑行业，将为未来的设计与制造开辟全新的发展空间。本章主要介绍当前建筑 3D 打印技术的主流工艺，系统阐述各工艺的成型原理、关键技术特点、典型应用场景以及各自的优势和局限，并对三大代表性工艺进行综合对比分析。

2.1　建筑 3D 打印主流工艺方法

目前，在建筑 3D 打印领域，主流的工艺方法为粉末床法和挤出法。

AI
AI微课
建筑3D打印的两大工艺方法

2.1.1　粉末床法

粉末床法是一种基于砂石粉末分层黏合叠加的增材制造技术，能生产高精度的小规模和复杂建筑构件，如面板、室内结构和永久性模板，可以在打印完成后安装。该方法的代表技术有 Joseph Pegna 开发的打印技术和 D-型工艺。其中，Joseph Pegna 开发的打印技术通过选择性地交替沉积砂与硅酸盐水泥薄层，逐层累积砂浆并利用快速蒸汽养护方式，打印出混凝土(砂浆)结构，具有材料利用率高、材料可循环使用等优点；D-型工艺是在建造过程中，首先喷出砂粉末并压实，接着喷射黏结剂，选择性地逐层黏结、硬化砂粉末，然后清除多余的粉末，最终实现目标构件的堆积成型，具有打印构件强度高、整体性好等优点，并凭借其大规模打印能力和材料多样性，成为建筑 3D 打印技术中的一项关键工艺。

2.1.2　挤出法

挤出法类似熔融沉积成型技术，是一种基于挤压的逐层建造技术，在建筑领域应用十分广泛，其代表技术有轮廓工艺和混凝土打印工艺。在建造过程中，新拌材料通过机械被泵送至喷头，随后被挤压；在材料被挤出的同时，打印机根据打印模型移动打印喷头位置，建造出所设计的结构构件。挤出法的优点是操作系统简单、操作方便、制造成本较低等；不足之处在于打印悬挑结构时须提供支撑，能实现的最终打印高度受打印设备限制等。目前，挤出法通常用于建筑领域的结构应用，如具有复杂几何形状的大型建筑构件。

2.2 轮廓工艺

2.2.1 工艺原理

轮廓工艺(contour crafting，CC)，是一种先进的自动化分层增材制造技术，由 Behrokh Khoshnewvis 教授于 2001 年提出。该工艺是一种基于混凝土的大规模自动化施工方法。据 Berokh Khoshnevis 介绍，轮廓工艺其实就是一台超级机器人，其外形像一台悬停于建筑物之上的桥式起重机，两边是轨道，中间横梁上安装有打印喷头，横梁可以上下前后移动，进行 X 轴和 Y 轴的打印工作，将房屋一层层打印出来。目前，轮廓工艺 3D 打印技术常用的打印材料有混凝土、石膏、塑料、陶瓷和复合材料等。按照预先设计，利用 3D 打印机喷头挤出高密度、高性能的混凝土，逐层打印墙壁、隔间及装饰等，再用机械臂建造整座房屋的基本框架，全程由计算机程序控制。

AI 微课
轮廓工艺

图 2-1 为轮廓工艺打印的基本工作原理示意图。在待建房屋两侧各设置一条轨道，用计算机控制龙门起重装置牵引打印喷头沿 X 轴或 Z 轴方向移动，两个平行的滑移结构牵引喷头沿 Y 轴方向移动。轮廓工艺包括挤出和填充过程。在打印喷头上安装两把抹刀以形成光滑的物体表面。根据预先的程序设定，打印喷头首先打印出外部轮廓，然后中间的喷嘴在外部轮廓形成的内部空间中灌入另一种类型的黏结材料(混凝土)或布置桁架状结构(用于填充保温材料和预留各种基础设施管道以及电气设备的空间)。采用具有快速固化特性和低收缩性的材料，可实现对结构物的快速建造。

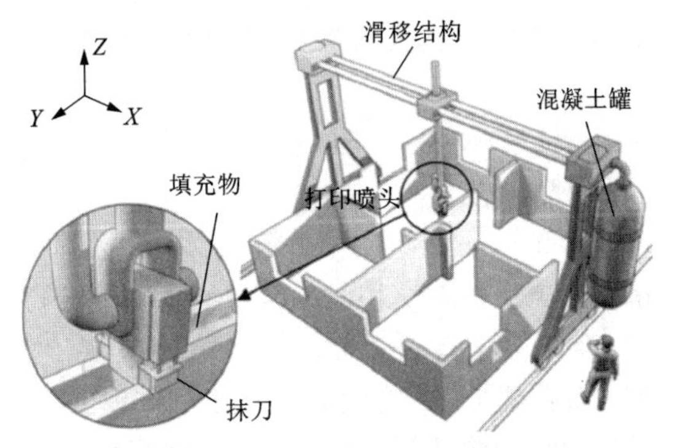

图 2-1　轮廓工艺打印的基本工作原理示意图

2.2.2 工艺特点

1. 施工速度快

轮廓工艺可以直接逐层打印建筑物，显著提高施工速度，缩短施工时间。据报道，轮廓工艺 24 h 之内可打印出一栋两层楼高，约 232 m^2 的房子。打印的轨迹优化配合程序优化，路径优化以及打印机速度的提升在降低打印时间上很有潜力。针对不同环境和受力要求的墙体，采取有针对性的、不同的墙体形式可以节省更多时间，将打印机喷头设置多元化可以提高效率，优化建造模式。

2. 建筑本身重量轻

轮廓工艺打印出来的墙是空心的，其间布置桁架状构造，这样不但大大减轻了建筑本身的重量，还可在空隙处填充保温材料，使其成为整体的自保温墙体。同时预留“梁”与“柱”浇筑的空间，并处理各种基础设施管线及电气布置。

3. 建筑成本低

轮廓工艺可以显著降低商业建筑的成本，预测表明其成本将仅为传统建筑的 1/5。轮廓工艺打印成品为中空结构，便于后续施工的同时可节省 20%～25%的资金和 25%～30%的材料。同时，通过使用 3D 打印机，轮廓工艺将节省 45%～55%的人工，不仅大大降低了成本，还提高了速度。该机器人不仅可负责打印外墙、铺地板、安装水管、电线，甚至上漆、贴墙纸也可包办，但它并不能完全取代工人，住宅建筑的许多部分，诸如水电、供热管道、门窗和吊顶等仍需要工人手工完成安装。

4. 建筑自由度高

轮廓工艺可通过其较为优异的表面抹灰功能，生产出平滑度和精准度较高的平面。另外，可将建筑构件根据需求制成任意形状，并非一定是传统直线形，比如可以让房屋墙面具有弧形或波浪形的独特外观，既丰富了建筑美感，又能取得经济及环保效益。

除了上述优点，轮廓工艺也存在一些缺点，如打印精度依赖泥刀等后处理，打印尺寸、高度等受打印系统的限制，层间黏结力较低，对材料承载力要求较高。

2.2.3　工艺应用

1. 建筑领域

轮廓工艺已在原位建筑工程中得到应用，包括独立式建筑、多层建筑等。其中，较为显著的一个例子就是 Andy Rudenko 的花园，在这个花园里面建造了一座城堡，所用材料是水泥和砂土的混合物，除了塔顶是单独打印完成后再装配到城堡上面以外，整个建筑的打印过程一气呵成[图 2-2(a)]。2019 年 11 月，我国完成了一栋 7.2 m 高、总面积 230 m^2 的双层办公楼的打印[图 2-2(b)]。主体打印只需 3 d，节约材料超过 60%，打印出的中空墙壁还可以填充保温材料，达到节能降噪的目的。2014 年，我国用一台超大 3D 打印机(150 m×10 m×6.6 m)于 24 h 内在上海张江高新青浦园区打印了 10 栋房屋，每栋房屋(房屋面积 200 m^2)的建筑材料是高规格混凝土和玻璃纤维[图 2-2(c)]。此后，又建造了最高的 3D 打印建筑——一栋 5 层公寓楼[图 1-1(a)]和世界上第一幢 3D 打印的别墅。图 2-2 为轮廓工艺打印得到的全尺寸建筑物。

2. 基础设施

在公共设施建设中，轮廓工艺 3D 打印技术可以用于制作复杂的公共设施部件，如雕塑、装饰品等。这种技术能够精确地按照设计图进行打印，确保部件的精度和美观度，且许多类型的基础设施元素可以通过轮廓工艺 3D 打印技术的变体自动构建。例如，我国提出了一种新的混凝土高塔自主施工方法，该方法适用于风力发电塔、桥塔、水塔、筒仓、烟囱等。图 2-3 为采用轮廓工艺打印的塔。该方法采用了一套协同的垂直攀爬机器人，该机器人携带特殊的 Contour Crafting® 喷嘴组件、运动控制系统，以及特殊的胶凝材料输送系统。该系统的小型版本已经建成，并且该概念的可行性已得到证明。

(a) 3D打印的城堡

(b) 3D打印的双层办公楼

(c) 3D打印的房屋

图 2-2　轮廓工艺打印的全尺寸建筑案例

图 2-3　轮廓工艺打印的塔（图片来源：Contour Crafting 官网）

3. 航空领域

轮廓工艺不仅仅局限在地球上使用，还可以应用于外太空。一些轮廓工艺研究团队也正在与 NASA 合作，研究如何利用 3D 打印建造技术在月球和火星上建造临时庇护所的基础设施。建造外星栖息地、实验室或其他必要设施的能力是人类在月球或火星上长期生存的关键要素。轮廓工艺技术有潜力在人类抵达月球、火星之前建造安全、可靠且经济实惠的月球和火星结构、栖息地、实验室和其他设施。有研究团队提出了一种月球轮廓工艺系统的概念设计，可以利用基于月壤的高强混凝土(包括玻璃增强杆或从月壤中提取的纤维)在月球表面自动完成整体结构建造。图 2-4 为采用轮廓工艺 3D 打印技术建造的火星和月球项目原型。

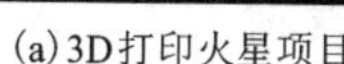
(a)3D打印火星项目

(b)3D打印月球项目

图 2-4 轮廓工艺打印的火星/月球原型(图片来源：Contour Crafting 官网)

2.3 D-型工艺

2.3.1 工艺原理

1. D-型工艺原理

D-型(D-Shape)工艺是一种独特的 3D 打印技术，主要用于建筑和雕塑的制造。该技术利用含有镁元素的黏合剂将分散的砂土颗粒黏结起来，形成具有类岩石物理力学性质的材料。

D-型打印机的工作原理和结构示意图如图 2-5 和图 2-6 所示。D-型打印机整体框架由 4 根竖直纵梁和 1 个矩形基座组成，基座可以在 4 个步进电机驱动下顺着竖直纵梁沿 Z 轴方向上下移动。D-型打印机的核心是一根并排装配有 300 个微型喷头的铝制水平横梁，水平横梁及微型喷头组成打印机的打印喷头。其中，水平横梁长度为 6 m，微型喷头间距为 20 mm，打印喷头以矩形基座为支撑，并可在步进电机控制下沿 X 轴方向自由移动。

同时，为了确保“胶水”能够填补喷嘴间 2 mm 的空白，喷头能沿 Y 轴做辅助移动。当喷头梁沿 X 轴运动时，工作台上的粉末会被刮刀刮平，然后滚筒组将会把分层均匀地压实。垂直方向则是由一台交流电机控制，并采用增量式编码器保证 0.5 mm 的定位精度，每完成一层的打印后上升固定高度。最终经过砂石和黏合剂的层层堆积完成打印件，形成石质目标零部件。

2. 成型过程

与工业级 3D 打印技术中的选择性激光烧结工艺类似，D-型工艺打印过程可概括为：粉细砂基层的沉积、基层的分散和抹平、添加黏合剂、形成 5 mm 厚的打印层，逐层重复至最终成型，如图 2-7 所示。首先，在打印台上平铺一层均匀的砂土作为基底，然后装有一系列喷

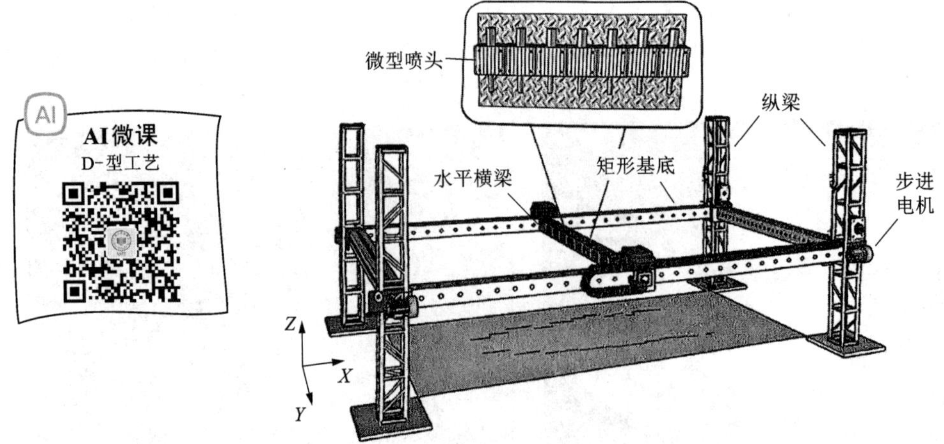

图 2-5　D-型工艺原理示意图

(a) 打印喷头

(b) D-型打印机整体

图 2-6　D-型打印机

头的打印喷头在数字模型的控制程序驱动下，将液体黏合剂喷射到砂层的特定位置，使其与砂结合并迅速固化，以达到选择性黏合砂土的目的。与此同时，剩余未被黏合的砂土用于支撑已经黏合完成的结构。完成一次喷射后，待该层完全干涸，再进行下一层的打印，以此类推，层层叠加，直至整个物体打印完成。

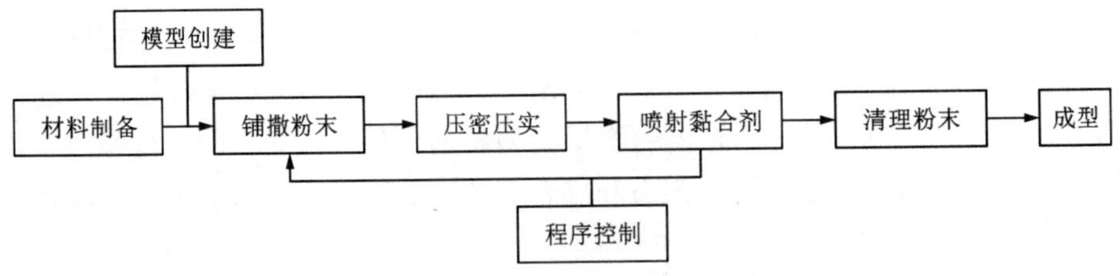

图 2-7　D-型工艺流程图

最终打印完成后的固化成型阶段包括移除支撑材料、黏结剂的渗透及抛光三个阶段。将已打印完成的部分从未黏合的砂土中取出，而未黏合的砂土可用于装配制造其他结构物体。

2.3.2　工艺特点

1. 成本低、材料强度高

D-型工艺利用含有镁元素的黏合剂将分散的砂土颗粒黏结起来，形成具有类岩石物理力学性质的材料，比混凝土的强度更高。采用 D-型打印工艺的建造速度比常规建筑方法要快得多，而且所使用的原料只有原来的 1/3～1/2，更重要的是几乎不会产生任何废弃物。据报道，在打印相同大小和形状的结构物时，D-型工艺所耗费的时间仅为传统方法的 1/4。若打印物体结构较为复杂，D-型工艺能体现出比传统工艺更为明显的省时特性。如果采用波特兰水泥建造上凸或下凹结构，传统工艺就比较费时，并且还需人工浇筑及搭设复杂的脚手架。相比之下，D-型工艺能够轻而易举地完成复杂结构物体的建造，不受几何结构的约束。

2. 打印速度与精度较高

D-型工艺采用逐层打印的方式，通过精确控制每一层黏合剂的喷射量，实现物体的构建。D-型打印机的喷头每打印一层就形成 5～10 mm 的厚度。尽管这种速度看似较慢，但考虑到其通常用于打印较大规模的建筑和雕塑，实际应用中这样的打印速度是可以接受的。D-型工艺的高度自动化特性使其可以实现连续作业，进一步提高了打印效率。一旦设置好打印参数和模型，打印机就可以自动完成打印任务，无须过多的人工干预。

同时，通过 CAD 制图软件操控，D-型工艺可以精确控制每一层的打印位置和形状，实现高精度打印。这种精确控制对于建筑和雕塑等需要高精度的领域至关重要。此外，D-型工艺使用的镁质黏合剂与砂之间具有很强的黏合强度，确保打印出的物体具有高度的整体性和稳定性。同时，D-型工艺使用的砂和镁质黏合剂等材料本身具有良好的物理和化学性质，这些材料的特性也进一步保证了打印物体在精度上的表现。

3. 成型尺寸限制

D-型工艺在成型尺寸方面存在一定的限制，这主要是由其打印原理、设备尺寸以及材料特性等因素决定的。D-型工艺的成型尺寸受到打印设备尺寸的直接限制。具体来说，打印平台的大小决定了可以打印的最大横截面积，而打印喷头的高度则决定了可以打印的最大高度。因此，当需要打印的物体尺寸超过设备的限制时，就无法一次性完成打印。此外，D-型工艺使用的砂和镁质黏合剂等材料具有特定的物理和化学特性，这些特性在一定程度上决定了它们在成型过程中的尺寸限制。例如，砂颗粒过大或过小、黏合剂的黏度不合适都可能导致打印过程中出现问题，从而影响成型尺寸。

4. 表面粗糙

D-型工艺打印出的物体表面通常较为粗糙，具有砂粒状的纹理，这与其使用砂作为主要打印材料有关。虽然这种表面质量对于某些应用（如景观建筑、雕塑等）来说是可以接受的，但对于需要更高表面质量的应用（如精密部件、艺术品等），则需要通过后处理来改善。

5. 工作量较大且材料利用率较低

前期准备材料及清除打印剩余材料，不仅增加了工作量，而且颗粒状建筑材料的利用率较低。因此，通常情况下，相较于熔融沉积成型技术（FDM），D-型 3D 打印技术应用偏少，但二者可以实现互补。

2.3.3　工艺的应用

第2章

1. 景观建筑和雕塑领域

D-型工艺在景观建筑和雕塑领域得到广泛应用，以其高精度和可定制性而闻名。一座大型雕塑在某公园采用 D-型工艺打印而成，如图 2-8 所示，其设计独特，高度达 5 m，宽度达 3 m。雕塑采用环保型材料，每层打印的精度控制在 5～10 mm，使雕塑的细节和纹理清晰可见。整个过程从设计到打印完成仅用了两个月，大大缩短了传统雕塑制作的时间。

图 2-8　D-型工艺打印雕塑

2. 房屋项目

D-型打印机已经参与了多项 3D 打印房屋项目。早期，Enrico Dini 采用该技术制造了高达 1.6 m 的异形建筑结构[图 2-9(a)]，其流体形式由精心堆叠的定制 3D 打印块构建而成。该设计的灵感来自优雅的哥特式肋拱顶，其中细长的组件升起并横跨墙壁，形成一个稳定、完整的圆顶。2010 年，意大利采用 3D 打印技术建造了世界上第一座"一次性"房屋[图 2-9(b)]。该房屋采用 D-型工艺通过连续流程建造，尺寸为 2.40 m×4 m，室内设计经过有效规划，设有浴室、厨房和卧室。施工过程在三周内完成，凸显了 3D 打印在建筑领域的力量。2014 年，荷兰阿姆斯特丹的 Ruijssenaars 使用 D-型打印机建造了一座两层单片环状结构楼房，设计尺寸为 6 m×9 m，类似于莫比乌斯环被压扁后的构造[图 2-9(c)]。考虑到 D-型砂层不能支撑整个结构，因此 Ruijssenaars 采用 D-型打印机分段打造建筑构件，组成外部轮廓，并用薄层的砂、无机黏结剂及钢筋混凝土加固。

3. 海洋环境应用

长期以来，D-Shape 公司一直致力于用行动保护我们赖以生存的地球环境。该公司开发出 3D 打印人工珊瑚礁[图 2-10(a)]，尝试解决海洋栖息地的退化问题。3D 打印人工珊瑚礁是以海洋沉积物形成的沉积岩作为原材料，并与获得专利的生态黏合剂进行化学结合而成，且人工礁石的设计考虑了海洋生物的需求，包括礁石的形状、大小和孔洞等。通过长期监测发现，人工礁周围的海洋生物种类和数量明显增加，从而促进了海洋生态平衡的恢复，为海

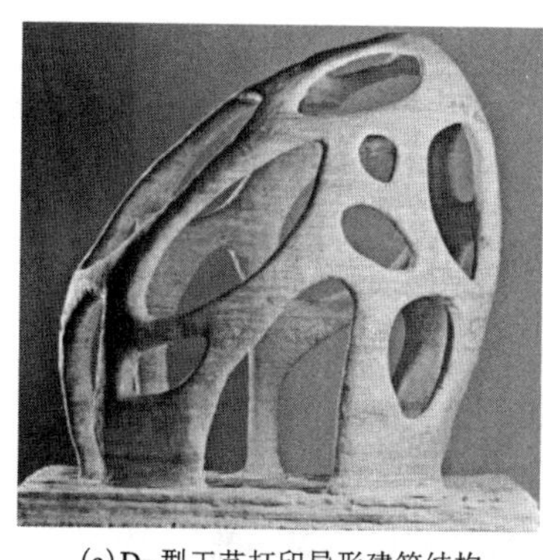

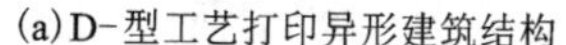

(a) D-型工艺打印异形建筑结构

(b) D-型工艺打印“一次性”房屋

(c) D-型工艺打印两层单片环状结构楼房

图 2-9　D-Shape 打印房屋

洋生物提供了栖息和繁殖的场所。另外，D-Shape 公司在意大利圣托斯特凡诺港宁静水域 10~15 m 深度，打造了一个完全通过 3D 打印技术建造的水下现代艺术博物馆——Under MoMA[图 2-10(b)]。水下现代艺术博物馆呈椭圆形布局，周围环绕着一系列新建珊瑚礁，界定了这个独特的水下保护区的边界。博物馆中展示了十件设计精美的雕塑，这些雕塑在支持鱼类放养、为海洋生物繁衍生息提供安全港湾方面发挥着关键作用。

(a) 3D打印人工珊瑚礁

(b) 3D打印水下现代艺术博物馆

图 2-10　D-Shape 的海洋应用(图片来源：D-Shape 官网)

4. 航空航天应用

2007 年，欧洲航天局(European Space Agency，ESA)的一个项目通过 D-型工艺将人造月壤成功打印成全尺寸的月球栖息地(图 2-11)。D-型工艺设计了一个试点月球基地，可容纳四名宇航员，并配有陨石防护、辐射屏蔽和温度控制设施。底座由火箭发射的紧凑圆柱体展开而成。充气圆顶延伸，为 3D 打印保护壳提供支撑骨架。D-型工艺正在推动太空居住的前沿，但 D-型打印机如何在月球环境里正常工作仍需试验。

图 2-11　3D 打印月球栖息地(图片来源：D-Shape 官网)

2.4　混凝土打印工艺

2.4.1　工艺原理

1. 混凝土打印工艺原理

混凝土打印工艺由英国拉夫堡大学建筑工程学院提出，该技术与轮廓工艺相似，其通过3D 打印机喷头挤压出混凝土，采用层叠法建造构件。

图 2-12 解释了混凝土打印工艺的基本操作原理。安装在管状钢筋梁上的打印喷头可以沿 *X* 轴、*Y* 轴、*Z* 轴方向自由移动，呈流动状态的混凝土首先通过泵体输送到传输管，然后混凝土材料在泵体的作用下被运送到打印喷头，混凝土浆体从喷头喷出，形成结构物组件的某一横截面，继而通过挤出装置层层打印部件的轮廓最终叠加成型。

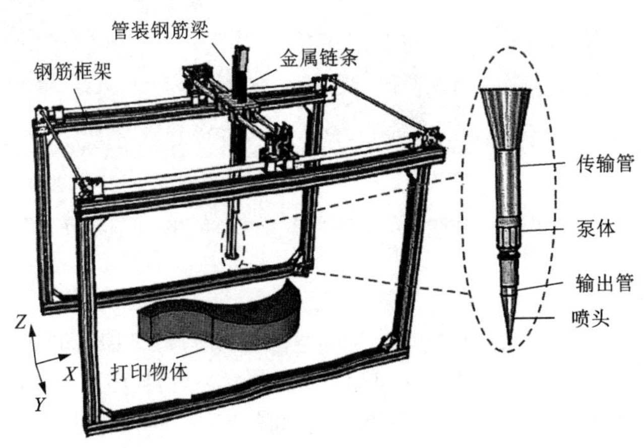

图 2-12　混凝土打印工艺原理示意图

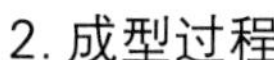

2. 成型过程

混凝土打印过程主要分为四个阶段，分别是数据模型准备阶段、混凝土材料准备阶段、模型结构打印阶段及养护与处理阶段。

①三维模型准备阶段：在计算机上进行三维建模，设计出需要打印的混凝土结构的具体形态。这包括建筑的整体结构、外观、内部布局等。将绘制好的建筑设计模型转换为切片打印程序，并将切片数据导入打印系统。

②混凝土材料准备阶段：使用经过改良的、具有快速凝固特性的特殊混凝土浆体作为打印材料。这种混凝土材料能够在打印过程中保持一定的流动性和可塑性，同时又能快速固化，保证打印结构的稳定性和强度。

③模型结构打印阶段：打印喷头按照设计文件的指示，沿着 X 轴、Y 轴平移，并通过 Z 轴的升降逐层堆积混凝土材料。每打印一层后，下一层会在前一层尚未完全固化但具有一定强度的基础上叠加，直至整个结构打印完成。

④养护与处理阶段：打印完成后，对混凝土结构进行必要的保湿、保温养护，以确保其达到设计要求的力学性能和耐久性。这一过程采取喷水、覆盖塑料薄膜保湿等措施。

2.4.2　工艺特点

1. 精度较高

混凝土打印工艺是基于挤出混凝土砂浆来实现的，并且该方法具备较小的沉积分辨率，喷嘴直径 9~20 mm，层厚 6~25 mm。因此对复杂几何形体的表面质量有较好的控制，具有生产高度个性化建筑构件的潜力。

2. 免模板与快速建造

混凝土砂浆通过喷嘴喷出形成结构物组件的过程无须借助模板，也无须对混凝土砂浆进行持续振捣，这不仅降低了建造成本，还加快了施工进度。

3. 设计自由度与结构复杂性高

混凝土打印工艺提供了更大的设计自由度，可以创造出传统方法难以实现的复杂几何形状和结构。通过数字化建模，能够实现复杂的自由形态设计，不受传统模板、模具和施工工艺的限制。这种技术特点使得打印混凝土技术能够制造出具备复杂三维内部构造的构件，提高了结构的强度、稳定性和耐久性。

4. 节能环保与可持续发展

混凝土打印工艺相比传统建筑方法更环保、节能。施工过程中低扬尘、低噪声和低污染，减少了对环境的负面影响。另外，仅在需要的地方沉积材料，减少了材料浪费和运输成本，降低了建筑能耗。这些特点使得混凝土打印工艺在可持续发展方面具有很大潜力。

5. 打印构件受打印机尺寸限制较大

一方面是因为考虑到打印结构物需移出打印设备，所以打印设备的上侧横梁限制了结构物的高度；另一方面，可移动的水平横梁和打印喷头减小了实际打印区域。同时，当打印结构物尺寸较大时，结构物的质量成为打印尺寸的限制因素。当然，可以采取其他方法改进打印装备，其中包括借助机器人来实现打印过程。

2.4.3 工艺应用

1. 小型构筑物打印施工

混凝土打印工艺还可用于小型构筑物的打印施工，由于混凝土打印工艺具备较高的设计自由度，可以生产出传统工艺无法生产的复杂结构。这种技术为未来的智能化建筑施工提供了可行性路径。2009 年，英国拉夫堡大学的 Lim 等人运用 3D 打印混凝土技术，使用水泥材料建构，石膏材料支撑，尝试打印了一款座椅，如图 2-13(a)。此种材料 100%可回收利用。2011 年，该小组在伦敦建筑中心展览会上展出了使用 3D 打印混凝土技术制造的双弯曲 4 件式夹层板(1.5 m×1.5 m×0.1 m)，如图 2-13(b)所示。2014 年，美国加州建筑公司 Emerging Objects 使用 3D 打印技术开发了一种建筑构件，无须钢筋混凝土也能抵御地震，该构件以水

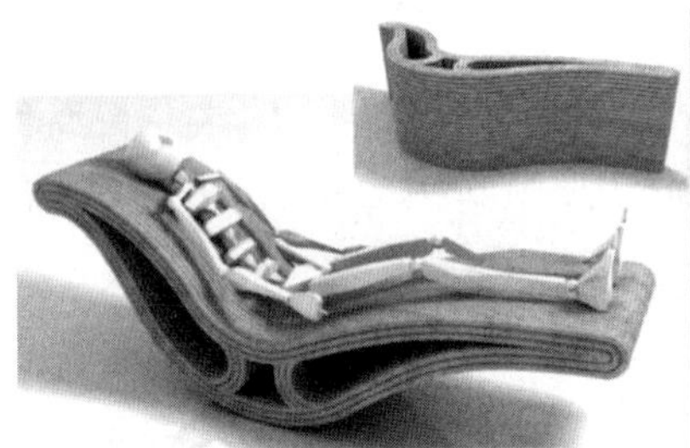
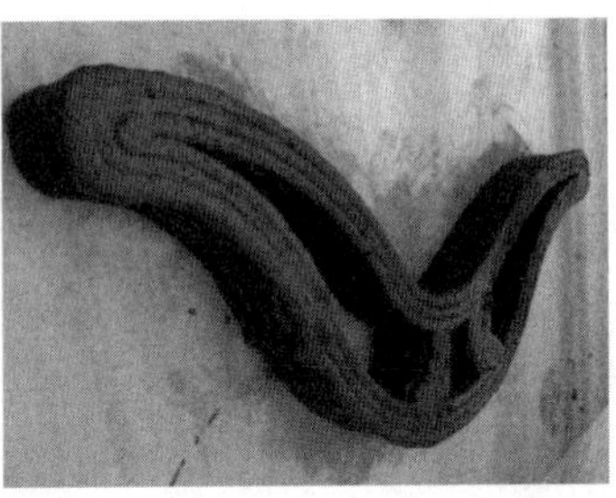

(a) 3D 打印躺椅模型

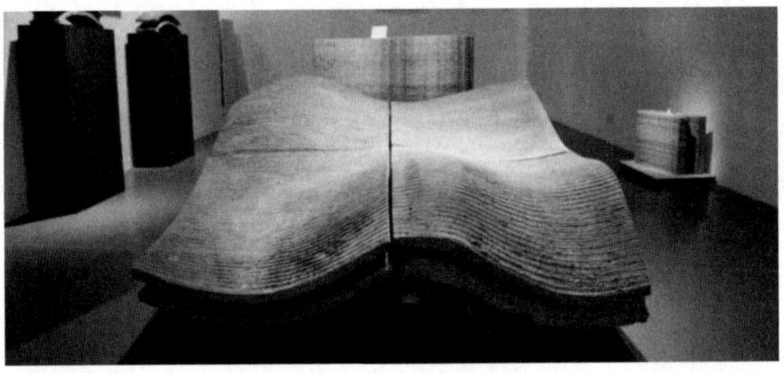

(b) 3D 4 件式夹层板

(c) 3D 打印砖块及整体结构

图 2-13　混凝土 3D 打印构筑物

泥做材料，由 3D 打印砖块拼接而成，每块砖都巧妙地与周围的砖块咬合在一起，如图 2-13(c)所示。3D 打印的砖块是空心的，具有很高的强度-质量比。据了解，他们对每个 3D 打印砖块都进行了编号，并指定其位置和施工顺序。此外，每个砖块内部均有把手，以便安装和运输。

2. 建筑实体

很多大型的 3D 打印建筑都是应用该技术建造完成的，国内比较著名的案例有 3D 打印的中式庭院、别墅等(图 2-14)。其中，中式庭院和别墅等大型建筑采用“预制打印+现场拼装”的方式建造，即先在预制厂打印好结构配件，再运输到场地装配成型。相较于传统的建筑，该建造方式具有建造速度快、成本低、能耗低、污染少等优势。北京市 3D 打印的双层别墅是全球首座 3D 现场/整体打印的建筑物，该别墅的施工时长仅为 45 d，打印过程中几乎没有人力介入，只需技术专家监督建造过程，且建筑物的抗震等级达 8 级以上。

(a) 3D 打印中式庭院

(b) 3D 打印独栋别墅

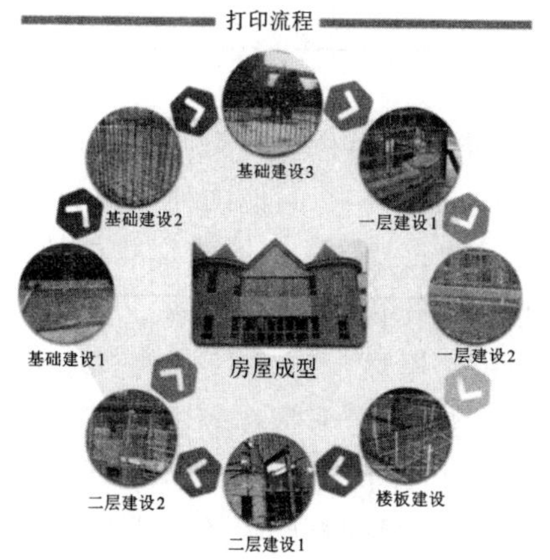

(c) 3D 双层别墅

图 2-14　混凝土打印建筑实体

混凝土打印工艺仍然处于逐步发展完善的阶段，建筑构件的质量也在逐渐提高，将其应用于几何形状较为复杂的结构建造过程中，具有广阔的发展前景。

2.5　建筑3D打印工艺对比

前面分别介绍了应用到实际建筑生产中的打印工艺，即轮廓工艺、D-型工艺和混凝土打印工艺。这三种大规模生产建造工艺的共同点在于，它们均是自动打印生产构件，并且以逐层打印的方式进行。然而，每一种生产工艺又有其独到之处，在生产建造过程中，分别体现了各自的优缺点。表2-1概括了每一种大尺寸增材制造工艺的性能特征。

表2-1　建筑3D打印技术对比分析

工艺名称	打印过程	打印材料	喷嘴直径	打印层厚度	喷嘴数量	打印速度	打印尺寸	技术特点
轮廓工艺	挤出成型	黏土质、水泥基材料	15 mm	13 mm	1个	快	超大尺寸	喷嘴外侧抹刀、表面光滑
D-型工艺	选择性喷射黏结剂	镁基胶凝材料和细骨料	0.15 mm	4~6 mm	数百个	慢	受打印框架限制	高强度
混凝土打印工艺	挤出成型	以水泥为主的胶凝材料、骨料、水及外加剂	9~20 mm	5~25 mm	1个	快	受打印框架限制	精度和自由度高

在打印尺寸方面，轮廓工艺因其具有多轴向移动功能的机械臂而可以打印建造现实建筑物，因而被认为是很有发展前景的3D打印技术。与轮廓工艺不同，其他两种工艺的打印生产尺寸受沉积方法和打印框架尺寸的限制，打印框架的尺寸直接决定了被打印物体的尺寸。在打印速度方面，由于轮廓工艺和混凝土打印工艺配备了一个单独的尺寸喷头，所以具有较快的打印速度，同时也决定了其较低的分辨率和较大的单层厚度。D-型工艺的打印喷头直径较小，因此具有较高的打印分辨率。所以，只能在较高的打印分辨率和较快的打印速度之间二选一。要想获得较为精确的打印构件，就必须延长打印时间，减小单层打印厚度，增加构件的打印层数。在沉积路径方面，轮廓工艺通过两条行为路径的打印喷头来描画整个打印层，缩短了层间操作所需时间，这样的打印过程使得打印诸如墙体一样的结构或构件时更加专业化。D-型工艺通过一次性横贯打印整个横截面。混凝土打印工艺也采用了一个单独的沉积喷嘴，但与D-型工艺不同的是，混凝土打印工艺需要多个循环来完成整个横截面的打印。在生产过程中，悬空结构方面，轮廓工艺需要一个过梁来连接窗户之间的缝隙，或采用自支撑层来打印小曲率结构。因此，轮廓工艺不能一次性直接打印出包含窗户和屋顶的整栋建筑。基于粉末结构的D-型工艺则可以较好地解决这个问题，在整个建造过程中，围绕在未完工物体周围未完全胶结的粉末可以用来支撑整个物体结构，只要打印机尺寸比所建房屋尺寸大，那么D-型工艺就可以将整栋房屋打印出来。

轮廓工艺、D-型打印技术和混凝土打印工艺各有特点和应用优势。在提升建筑效率和实现复杂结构设计方面，轮廓工艺和混凝土打印工艺表现突出，而 D-型打印技术以高强度和无须加固的特点备受关注。然而，这些技术也面临一些挑战，如打印精度、材料承载力、技术成熟度等问题。未来，随着技术的不断发展和完善，将结合两种或多种打印喷头与材料传输路径技术，研发适用于建筑行业的复合型 3D 打印机。这些建筑级 3D 打印技术有望在建筑领域发挥更大的作用。

智慧启思

南龙古村老宅改造——3D打印混凝土技术与传统木构的共生实践

认知拓展

实践创新

第2章

思考题

1. 列出建筑行业主要的 3D 打印工艺方法。

2. 简述轮廓工艺的成型原理及优点。

3. 简述 D-型工艺的成型原理及特点。

4. 简述混凝土打印工艺的成型原理及优缺点。

5. 请列出三大主流建筑 3D 打印工艺的区别，并谈谈这些技术可以跟哪些技术相结合，使建筑 3D 打印工艺更具实用性。

6. 谈一谈三大主流建筑 3D 打印工艺与传统建筑业的关系。

第 3 章

3D 打印设备

AI微课

本章思维导图

- 3D打印设备
  - 工业机器人
    - 工业机器人机械系统
      - 主体
      - 末端执行器
      - 行走机构
    - 工业机器人传感系统
      - 内部传感器
      - 外部传感器
      - 传感器性能指标
    - 工业机器人控制及编程
      - 示教-再现编程
      - 机器人语言编程
      - 离线编程
  - 3D打印机器人
    - 3D打印机器人机械结构
      - 轨道式机器人
      - 移动式机器人
      - 控制柜及示教器
      - 配套设施
    - 3D打印机器人软件
      - 运动控制
      - 仿真模拟
  - 框架式打印机
    - 小型框架式打印机
      - 硬件
      - 软件
    - 工业级框架式打印机
      - 硬件
      - 软件
    - 打印应用实例
      - 教学
      - 科研
      - 工程

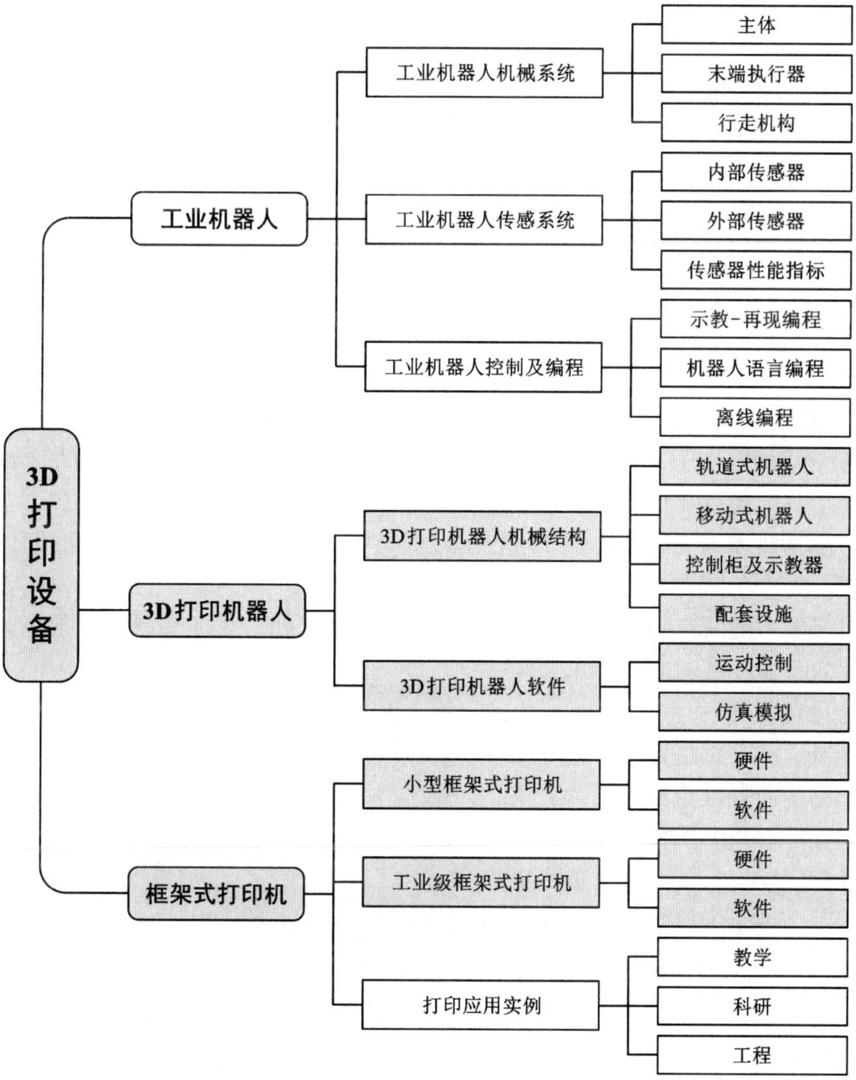

3D 打印设备综合信息科学、精密机械、自动控制、材料科学等多学科技术，是 3D 打印技术的终端输出设备。本章首先对工业机器人技术进行整体介绍，在此基础上分别对 3D 打印机器人和框架式打印机两类 3D 打印设备的软、硬件特性及设备应用实例进行阐述。

3.1 工业机器人

3.1.1 工业机器人概述

1. 定义

工业机器人是综合了机械工程、电子信息、计算机、自动控制及人工智能等多学科技术的智能化设备，代表了机电一体化的最高水平，是当代科技发展最活跃的领域之一。有别于其他机电产品，工业机器人应具有以下特性：

①特定的机械结构。动作具有类似于人或其他生物某些器官(肢体、感受等)的功能。

②通用性。可完成多种工作、任务，可灵活改变动作程序。

③不同程度的智能。如记忆、感知、推理、决策、学习等。

④独立性。完整的机器人系统在工作中可以不依赖人工干预。

2. 发展

工业机器人的发展可以追溯到 20 世纪 50 年代，美国 Unimation 公司发明制造了世界第一台工业机器人 Unimate(图 3-1)，Unimate 的意思是“万能自动”，该设备是液压驱动 5 轴机器人，用于进行压铸成型。手臂的控制由一台计算机完成，能够记忆 180 个工作步骤。20 世纪 60 年代，美国 AMF 公司生产出圆柱坐标的机器人 Versatran(图 3-2)，为多用途搬运机器人，用于机器间物料运输，其手臂可绕底座回转、沿垂直方向升降，也可沿半径方向伸缩。20 世纪 70 年代，德国 KUKA 公司制造了世界上第一台机电驱动的 6 轴机器人 Famulus(图 3-3)。随后机器人发展经历了 20 世纪 80 年代的普及期和 90 年代的低谷期，并在近年来迅猛发展。

我国对机器人的研究起步较晚，始于 20 世纪 80 年代初。为加快制造强国建设步伐，推动工业机器人产业发展，2021 年 12 月，工业和信息化部发布《“十四五”机器人产业发展规划》，提出要重点推进工业机器人等产品的研制及应用，提高工业机器人性能、质量和安全性，推动产品高端化、智能化发展，同时开展工业机器人创新产品发展行动，完善《工业机器人行业规范条件》并加大其实施和采信力度。2019—2022 年，我国工业机器人市场规模已从 369. 94 亿元增至 585. 17 亿元，复合年均增长率达到了

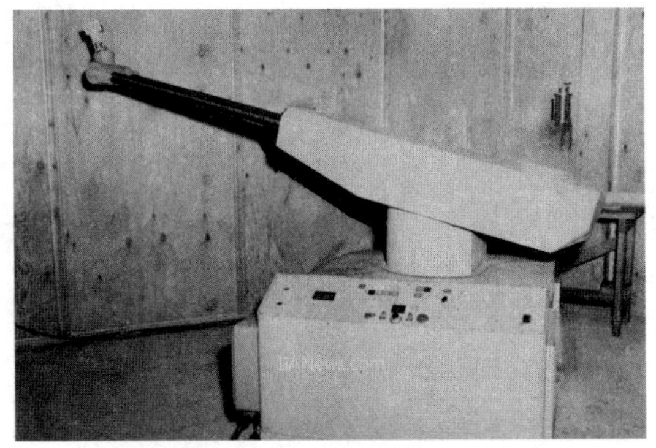

图 3-1　机器人 Unimate

16.5%。预计 2030 年市场规模将突破千亿元大关。

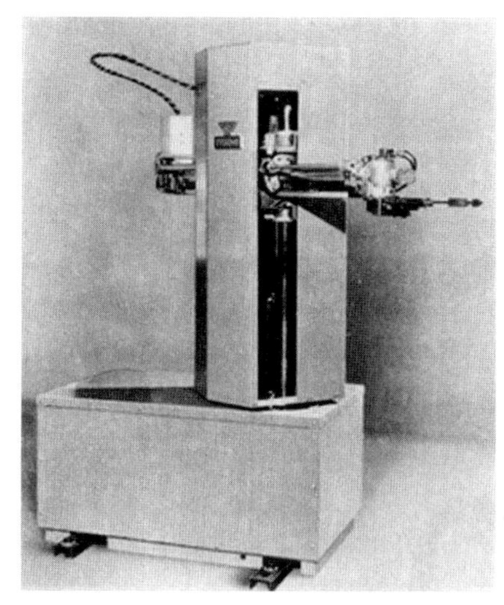

图 3-2 机器人 Versatran

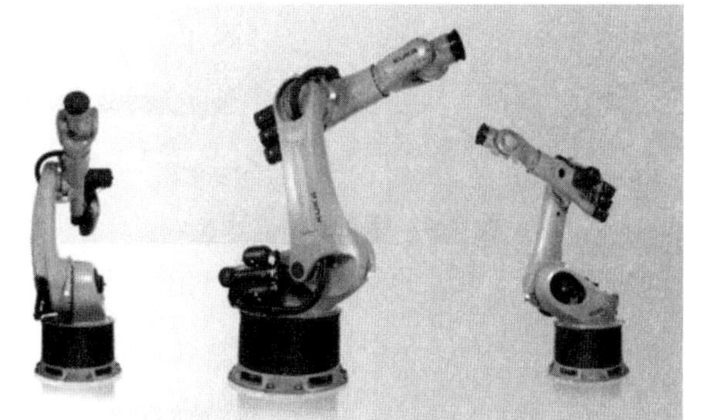

图 3-3 机器人 Famulus

3. 分类

工业机器人按照坐标特性分类可分为直角坐标机器人(图 3-4)、柱面坐标机器人(图 3-5)、球面坐标机器人(图 3-6)、多关节型机器人。多关节型机器人又可分为垂直多关节机器人(图 3-7)和水平多关节机器人(图 3-8)。按照控制方式分类可分为：非伺服控制机器人、伺服控制机器人。按照拓扑结构分类可分为：串联机器人、并联机器人、混联机器人(图 3-9)。

工业机器人还可以按照智能程度、驱动类型等分类。按照智能程度分类可分为：示教-再现机器人、感知机器人、智能机器人。按照驱动类型分类可分为气压驱动、液压驱动、电力驱动、新型驱动。

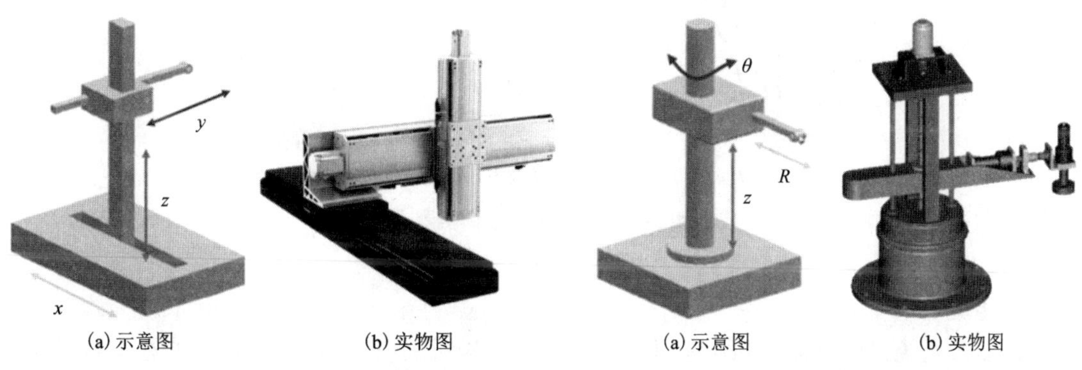

图 3-4 直角坐标机器人

图 3-5 柱面坐标机器人

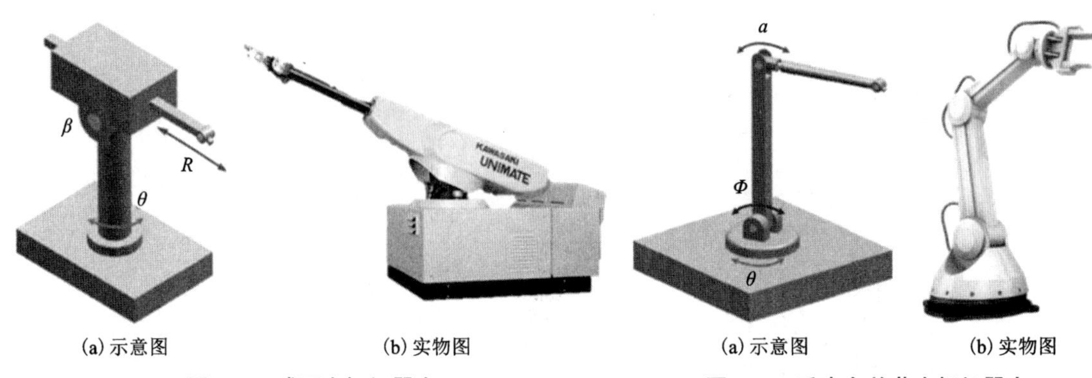

(a) 示意图　(b) 实物图

图 3-6　球面坐标机器人

(a) 示意图　(b) 实物图

图 3-7　垂直多关节坐标机器人

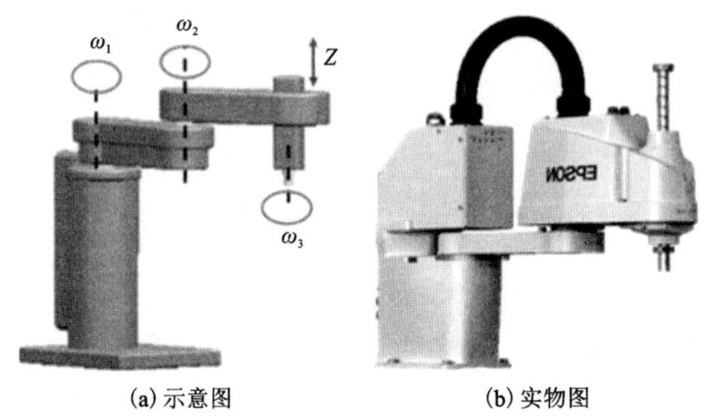

(a) 示意图　(b) 实物图

图 3-8　水平多关节坐标机器人

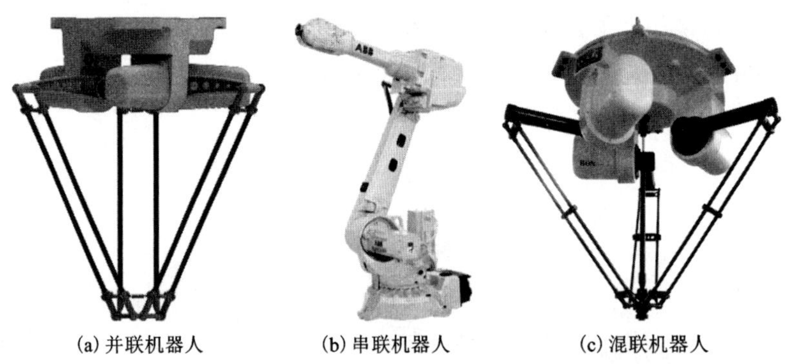

(a) 并联机器人　(b) 串联机器人　(c) 混联机器人

图 3-9　不同拓扑结构机器人

4. 组成

机器人系统是由机器人和作业对象及环境共同构成的(图 3-10)，其中机器人包括机械系统、控制系统及感知系统。

机械系统包括主体、末端执行器、行走机构等机械结构，以及驱动这些机械结构的驱动器。机械系统相当于工业机器人的身体。控制系统包含硬件及软件部分，硬件包含计算机及控制器，软件包含人机交互软件、编程系统、控制算法。控制系统相当于工业机器人的大脑。

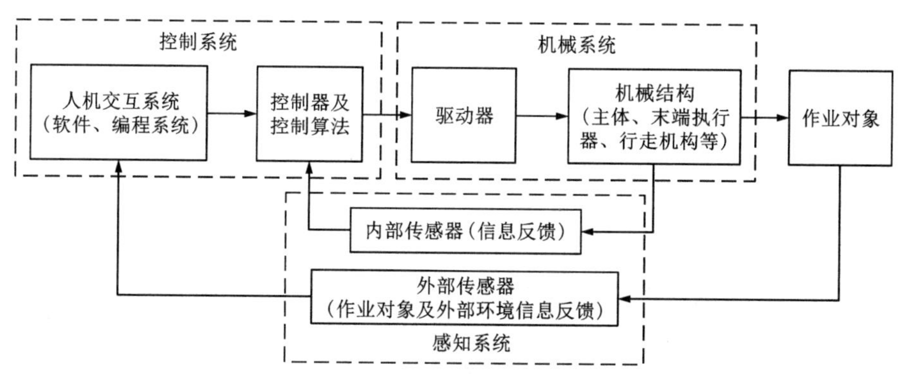

图 3-10 工业机器人系统组成及各部分之间关系

感知系统相当于工业机器人的五官，由内部传感器和外部传感器组成，其作用是获取机器人内部信息和外部环境信息，并把这些信息反馈给控制系统。

5. 技术参数

技术参数反映了机器人可胜任的工作及所具有的最高操作性能等情况，是选择、设计、应用机器人时必须考虑的参数。机器人的主要技术参数一般包括自由度、定位精度、重复定位精度、作业范围、承载能力及最大工作速度等。

(1) 自由度

机器人所具有的独立坐标轴的运动数目，不包括末端执行器的开合自由度。机器人的一个自由度对应一个关节或一个轴，自由度的数目与关节或轴的数目相等。自由度是表示机器人动作灵活程度的参数，自由度越多就越灵活，但机器人结构也越复杂，控制难度越大。所以机器人的自由度要根据其用途设计，一般在 3 至 6 个之间。

(2) 定位精度和重复定位精度

定位精度是指机器人末端执行器的实际位置与目标位置之间的偏差，由机械误差、控制算法误差与系统分辨率等因素综合决定。重复定位精度是指在同一环境、同一条件、同一目标位置、同一命令下，机器人连续重复运动若干次，其实际达到位置的分布情况，是关于精度的统计数据。因重复定位精度不受工作载荷变化的影响，故通常用重复定位精度这一指标作为衡量示教-再现工业机器人水平的重要指标。

(3) 作业范围

作业范围是机器人运动时手臂末端或手腕中心所能到达的所有点的集合。由于末端执行器的形状和尺寸是多种多样的，为了真实反映机器人的特征参数，作业范围是指不安装末端操作器时的工作区域。作业范围的大小不仅与机器人各连杆的尺寸有关，而且与机器人的总体结构形式有关。

(4) 承载能力

承载能力是指机器人在作业范围内的任何位置上以任意姿态所能承受的最大载荷。承载能力不仅取决于负载的质量，还与机器人运行速度和加速度的大小和方向有关。为保证安全，将承载能力这一技术指标确定为高速运行时的承载能力。通常，承载能力不仅指负载质量，还包括机器人末端执行器的质量。

（5）最大工作速度

生产机器人的厂家不同，最大工作速度的含义也可能不同。有的厂家将其定义为工业机器人主要自由度上最大的稳定速度，有的厂家将其定义为手臂末端最大的合成速度，对此厂家通常都会在技术参数中加以说明。最大工作速度越快，机器人的工作效率就越高。但是，工作速度高就要花费更多的时间加速或减速，对工业机器人的最大加速度或最大减速度的要求更高。

3.1.2 工业机器人机械系统

工业机器人机械系统是机器人的支承基础和执行机构，计算、分析和编程的最终目的是要通过主体的运动和动作完成特定的任务。工业机器人的机械系统包括机器人主体、末端执行器、行走机构等机械结构，以及驱动这些机械结构的控制器（图 3-11）。

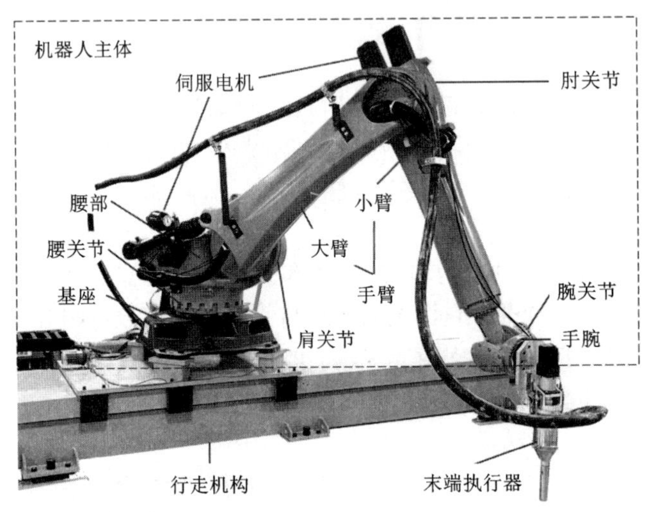

图 3-11　工业机器人机械系统基本构造

1. 机器人主体

机器人主体（见图 3-11），也叫手部，是工业机器人的主要机械结构。以典型的串联机器人为例，机器人主体可分为手腕、手臂、机身几部分（图 3-12）。

（1）手腕

工业机器人的手腕是连接手臂和末端执行器的部件，用以调整末端执行器的方位和姿态。它通常具备 2~3 个自由度，以满足机器人手部完成复杂的姿态需求。典型的工业机器人手腕可完成扭转、俯仰、偏摆 3 个动作。

（2）手臂

工业机器人的手臂是连接机身和手腕的部件，它的主要作用是确定末端执行器的空间位置，满足机器人的作业空间要求，并将各种载荷传递到基座。工业机器人的手臂多由大臂和小臂组成，其驱动可为气动、电动或液压驱动，其自由度有 3 个，即手臂的伸缩、回转和俯仰（或升降）。在机器人运动时，机器人手臂直接承受腕部、手部和末端执行器的动、静载荷，

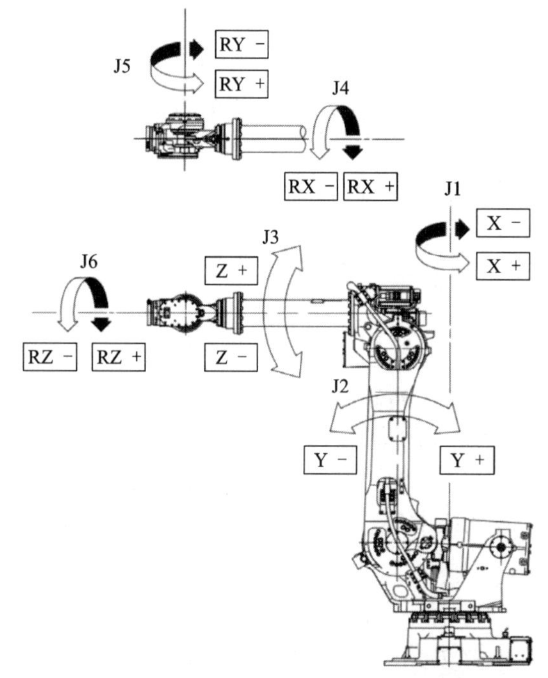

J1 轴(轴 1)—工业机器人基座旋转轴，其正负方向定义遵循右手螺旋法则，即右手拇指指向外法向、弯曲的四指指向为该旋转轴正方向(J1 X+)，反之为负方向(J1 X-)；

J2 轴(轴 2)—工业机器人肩部摆动轴，其摆动正负方向定义顺时针为正(J2 Y+)，逆时针为负(J2 Y-)；

J3 轴(轴 3)—工业机器人肘部弯曲轴，其摆动正负方向同样定义顺时针为正(J3 Z+)，逆时针为负(J3 Z-)；

J4 轴(轴 4)、J5 轴(轴 5)—工业机器人手腕旋转轴，其正负方向定义同样遵循右手螺旋法则，正方向(J4 RX+、J5 RY+)，负方向(J4 RX-、J5 RY-)；

J6 轴(轴 6)—工业机器人末端扭转轴，其正负方向定义同样遵循右手螺旋法则，正方向(图 3-12 中 J6 RZ+)，负方向(J6 RZ-)。

图 3-12　工业机器人手臂及手腕自由度示意图

特别是高速运动时，将产生较大的惯性力，引起冲击，影响定位的准确性。

(3)机身

机器人的机身是直接连接、支撑和传动手臂及行走机构的部件。实现臂部各种运动的驱动装置和传动件一般都安装在机身上。臂部的运动越多，机身的受力越复杂。机器人的机身依据安装方式可分为固定式和行走式，固定式机身直接连接在地面基础上，行走式机身则安装在移动机构上。

2. 末端执行器

工业机器人的末端执行器，也叫手部，直接安装在工业机器人的手腕上，用于夹持工件或让工具按照规定的程序完成指定工作。

末端执行器的主要特点如下。

①与腕部相连处可拆卸：一个机器人可有多个末端执行装置或工具。

②形态各异：可以有手指或无手指，可以有手爪或者作业工具。

③通用性较差：一种工具往往只能执行一种作业任务。

④是一个独立的部件：手部是工业机器人机械系统中的三大部件之一。

由于工业机器人所能完成的工作非常广泛，末端执行器很难做到标准化，因此在实际应用中，末端执行器常根据其实际要完成的工作进行定制。常用的末端执行器有以下几种：

(1)夹钳式末端执行器

夹钳式末端执行器通常也称为夹钳式取料手(图 3-13)，是工业机器人最常用的一种末端执行器形式，在装配流水线上用得较为广泛。它一般由手指(手爪)、驱动机构、传动机构、连接与支承元件组成，工作原理类似于常用的手钳，即用手爪的开闭动作实现对物体的夹持。

(2)吸附式末端执行器

吸附式末端执行器靠吸附力取料(图 3-14)，适用于大平面、易碎(玻璃、磁盘)、微小的物体，使用面较广。根据吸附力的不同分为气吸附和磁吸附两种。气吸附式末端执行器广泛应用于非金属材料或无磁材料的吸附，但要求物体表面较平整光滑、无孔、无凹槽。磁吸附式末端执行器是利用永久磁铁或电磁铁通电后产生的磁力来吸附工件，其应用比较广泛，不会破坏被吸构件表面质量。

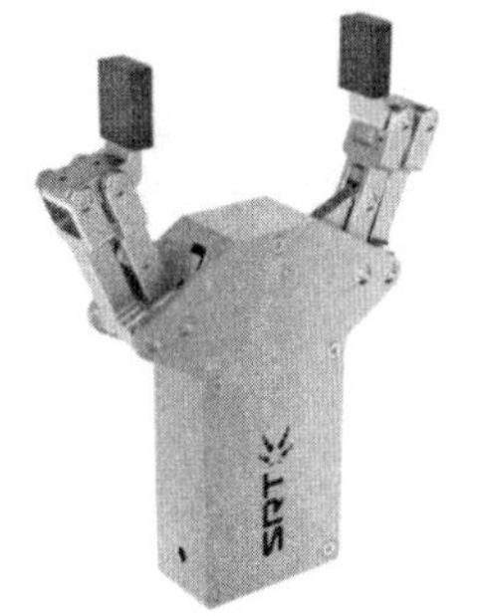

图 3-13　夹钳式末端执行器

(a) 气吸附

(b) 磁吸附

图 3-14　吸附式末端执行器

(3)专用末端执行器

机器人是一种通用性很强的自动化设备，可根据作业要求完成各种动作，再配上各种专用的末端执行器后，就能完成各种不同的工作。例如，在通用机器人上安装焊枪就成为一台焊接机器人；安装拧螺母机构则可成为一台装配机器人；安装 3D 打印喷头(图 3-15)则可成为 3D 打印机器人。

(4)工具快换装置

机器人工具快换装置(图 3-16)，用于机器人在数秒内快速更换不同的末端执行器，使机器人更具有柔性、更高效，被广泛应用于自动化行业的各个领域。工具快换装置在一些重要的应用中还可为工具提供备用工具，有效避免意外事件发生。

图 3-15　3D 打印喷头

图 3-16　工具快换装置

(5) 仿人机器人末端执行器

大部分工业机器人的末端执行器只有两个手指，而且手指上一般没有关节，无法对复杂形状的物体进行夹持和操作的要求。仿生手(图 3-17)作为仿人机器人的末端执行器，在结构上模拟人手，能像人手一样进行各种复杂的作业。

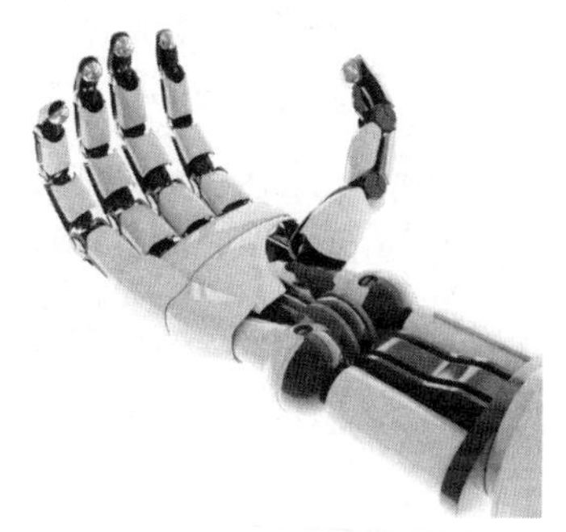

图 3-17　仿生手

3. 行走机构

工业机器人可以分为固定式和行走式两种。一般的工业机器人是固定式的，还有一部分可以沿固定轨道(行走机构)移动。随着机器人在更多领域的推广应用，具有一定智能的行走式机器人将是今后机器人发展的方向之一。

行走机构是行走式机器人的重要执行部件，它由行走驱动装置、传动机构、位置检测元件、传感器、电缆及管路等组成。行走机构一方面支承机器人的机身、臂部和手部，因而必须具有足够的刚度和稳定性；另一方面，还需根据作业任务的要求，实现机器人在更广阔空间内的运动。

行走机构按其运动轨迹可分为固定轨迹式和无固定轨迹式两类。固定轨迹式行走机构多为工业机器人沿固定轨道(行走机构)移动(图 3-18)。无固定轨迹式行走机构根据其结构可

图 3-18　固定轨迹式行走机构

分为轮式行走机构(图 3-19)、履带式行走机构和足式行走机构(图 3-20)等。在行走过程中，前两种行走机构与地面连续接触，其形态为运行车式，应用较多，一般用于野外、较大型作业场合，相对比较成熟；后一种与地面为间断接触，形态为动物的腿脚式，该类机构正在发展和完善中。

图 3-19 轮式行走机构

图 3-20 足式行走机构

3.1.3 工业机器人传感器系统

工业机器人工作的稳定性与可靠性，依赖于机器人对工作环境的感知和自适应能力，因此需要高性能传感器及各传感器之间的协调工作。传感器在机器人控制中起到关键作用，正因为有了传感器，机器人才具备了类似人类的感知功能和反应能力。传感器技术、通信技术和计算机技术是现代信息技术的三大支柱，被并称为“信息技术的三大支柱”。

机器人工作时，需要检测其自身的状态、作业对象和作业环境的状态。工业机器人的传感器据此可分为内部传感器和外部传感器两大类。内部传感器是用于检测机器人自身状态参数(如手臂间的角度等)的元件。外部传感器用于测量与机器人作业有关的外部信息，这些外部信息通常与机器人的目标识别、作业安全等有关。

1. 传感器的性能指标

传感器一般有以下性能指标：

①灵敏度：传感器的输出信号达到稳定时，输出信号变化与输入信号变化的比值。

②线性度：反映传感器输出信号与输入信号之间的线性程度。

③测量范围：指被测量的最大允许值和最小允许值之差。

④精度：由传感器的测量输出值与实际被测量值之间的误差决定。

⑤重复性：指传感器在对输入信号按同一方式进行全量程连续多次测量时，相应测试结果的一致程度。

⑥分辨率：指传感器在整个测量范围内所能辨别的被测量的最小变化量，或者所能辨别的不同被测量的个数。

⑦响应时间：是传感器的动态特性指标，指传感器的输入信号变化后，其输出信号随之变化并达到稳定值所需的时间。

⑧抗干扰能力：通过单位时间内发生故障的概率来定义的，是一个统计指标。

在选择工业机器人传感器时，需要根据实际工况、检测精度、控制精度等具体要求来确定所用传感器的各项性能指标，同时还需要考虑机器人工作的一些特殊要求，比如重复性、稳定性、可靠性、抗干扰性等，最终选择出性价比较高的传感器。

2. 常用工业机器人内部传感器

(1)位置和位移传感器

工业机器人关节的位置控制是机器人最基本的控制要求，而对位置和位移的检测也是机器人最基本的感知要求。位置和位移传感器根据其工作原理和组成的不同有多种形式，常见的有电阻式位移传感器、电容式位移传感器、电感式位移传感器、光电式位移传感器、霍尔元件位移传感器、磁栅式位移传感器等。

(2)旋转角度传感器

应用最多的旋转角度传感器是旋转编码器，一般安装在机器人各关节的旋转轴上，用来测量各关节转轴的实时角度。

(3)速度传感器

速度传感器是工业机器人中较重要的内部传感器之一。工业机器人中主要需测量的是机器人关节的运行速度，即角速度。目前广泛使用的角速度传感器有测速发电机和增量式光电编码器两种。

(4)加速度传感器

加速度传感器一般安装在工业机器人各杆件上或末端执行器上，用于测量振动加速度并进行反馈，以改进工业机器人的性能。

3. 常用工业机器人外部传感器

(1)视觉传感器

为了使机器人能够胜任更复杂的工作，机器人不但要有更好的控制系统，还需要更多地感知环境的变化。其中机器人视觉以其可获取的信息量大、信息完整等特点而成为机器人最为重要的感知功能(图 3-21)。机器视觉系统是指通过机器视觉传感器抓取图像,然后将该图像传送至处理单元,通过数字化处理,根据像素分布和亮度、颜色等信息,进行尺寸、形状、颜色等判别,进而根据判别的结果来控制现场设备动作的系统。机器视觉系统由视觉传感器、图像采集处理卡、光源及计算机等几部分组成。

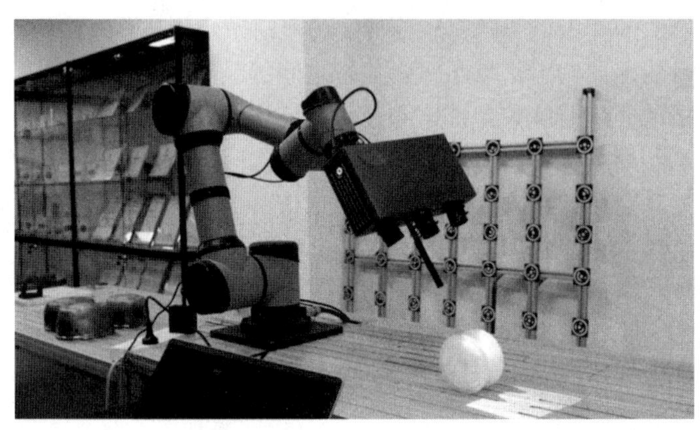

图 3-21 搭载视觉传感器的工业机器人

(2)触觉传感器

触觉是人与外界环境直接接触时的重要感觉功能,研制出满足要求的触觉传感器是机器人发展中的关键技术之一。触觉信息的获取是机器人对环境信息直接感知的结果。接触觉传感器可检测机器人是否接触目标或环境,用于寻找物体或感知碰撞。传感器可装于机器人的运动部件或末端执行器(如手爪)上,用以判断机器人部件是否和对象物体发生了接触,以确定机器人的运动正确性,实现合理抓握或防止碰撞。

(3)接近觉传感器

接近觉传感器通常用来检测机器人与周围物体之间的相对位置和距离,可以设置距离阈值,以二值输出,表明在规定距离范围内是否有物体存在,这时接近觉传感器可称为接近开关。一般地说,接近觉传感器主要用于机器人需要近距离抓取物体或避障的场合,是机器人外部传感器。目前使用最为广泛的接近觉传感器可分为电感式、电容式、光电式、霍尔效应式、超声波式和气压式传感器,是非接触检测器件。

3.1.4 工业机器人控制系统及编程

1. 工业机器人的控制系统

控制系统是工业机器人的重要组成部分,用于操作控制硬件完成指定动作、执行特定的工作任务,其需具备以下基本功能:记忆;示教;与外围设备通信;坐标设置;人机接口;传感器接口;位置伺服控制;故障诊断及安全保护。

与传统机械系统控制技术相比,机器人控制系统的独特性主要在于:多关节联动控制,即每个关节由一个伺服系统控制,多个关节的运动要求各个伺服系统协同工作以实现联动控制;基于坐标变换的运动控制,即工业机器人的空间点位运动控制,需要进行复杂的坐标变

换运算，以及矩阵函数的逆运算；复杂的数学模型，即其数学模型是一个多变量、非线性和变参数的复杂模型，控制中经常使用复杂控制技术。

工业机器人控制系统主要由以下部分组成(图 3-22)。

工控机：控制系统的总体调度指挥。

示教器：与主计算机之间以串行通信方式实现信息交互。

操作面板：由各种操作按键、状态指示灯等构成。

数据存储：存储机器人工作程序的外部存储器。

I/O 接口：各种状态和控制命令的数字量和模拟量的输入输出。

打印接口：用于记录需要输出的各种信息。

传感器接口：用于传感器信息的自动检测，实现机器人柔顺控制。

伺服控制器：完成机器人各关节位置、速度和加速度的控制。

网络及通信接口：实现机器人和工控机及其他设备的信息交换。

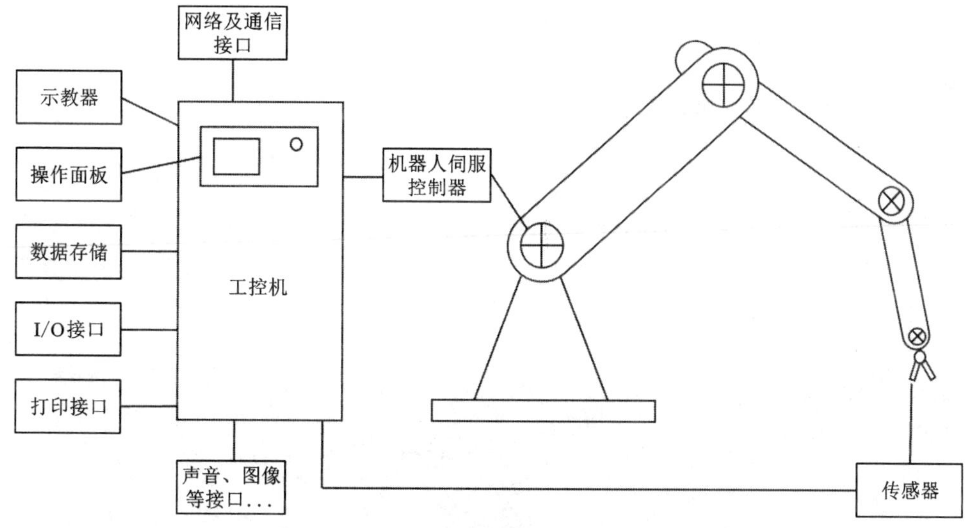

图 3-22　工业机器人控制系统组成

工业机器人控制系统的硬件结构按照其控制方式可分为三类。①集中控制系统：用一台计算机实现全部控制功能。②主从控制系统：采用主、从两级处理器实现系统的全部控制功能。③分散控制系统：系统控制的每一个模块各有不同的控制任务和控制策略。

2. 工业机器人的编程

机器人编程是指为了使机器人完成某项作业而进行的程序设计。机器人编程语言是描述机器人运动轨迹、作业条件和作业顺序等信息的指令集合，用这些指令编写出动作程序来完成某种作业任务。目前应用于机器人的编程方式主要有以下三种。

(1)示教-再现编程

早期的机器人编程几乎都是采用示教编程方法，而且它仍是目前工业机器人使用最普遍的方法。采用这种方法时，程序编制是在机器人现场进行的。首先，操作者必须把机器人末端移动至目标位置，并把此位置对应的机器人关节角度信息写入内存储器，这是示教的过程。当要求复现这些运动时，顺序控制器从内存储器中读出相应位置，机器人就可重复示教时的轨迹和各种操作。

(2)机器人语言编程

机器人语言编程是指采用专用的机器人语言来描述机器人的动作轨迹。机器人语言编程基于计算机编程，这类语言具有良好的通用性，同一种机器人语言可用于不同类型的机器人。此外，机器人编程语言可解决多台机器人之间协调工作的问题。

(3)离线编程

离线编程是在专门的软件环境支持下，用专用或通用程序在离线情况下进行机器人轨迹规划编程的一种方法。这种编程方法与数控机床中编制数控加工程序的编制方法非常相似。一些离线编程系统带有仿真功能，这使得在编程时就可解决障碍干涉和路径优化问题。

3.2 3D 打印机器人

3.2.1 3D 打印机器人机械结构

混凝土 3D 打印机器人(图 3-23)是用于混凝土、水泥砂浆、地聚合物等水泥基复合材料 3D 打印的工业机器人。传统建筑行业安全事故多、环境污染重、劳动力需求量大，以混凝土 3D 打印机器人为代表的智能建造设备在建筑行业的推广应用，可提高建造过程的智能化水平，减少对人的依赖，达到安全建造的目的，提高建筑的性价比和可靠性。

图 3-23 混凝土 3D 打印机器人

与其他工业机器人相比较，混凝土 3D 打印机器人在使用环境和动作要求方面有如下特点：工作环境包含粉尘、水、泥浆；运动轨迹上各点均为作业点；末端大负载。因此，对混凝土 3D 打印机器人有如下要求：机器人需要具备大负载，以满足末端打印喷头及混凝土材料的重量；机器人需要具备足够的灵活性，以适应曲面打印等复杂的打印形式，常用机器人为六自由度机器人；要求速度均匀，特别是在轨迹拐角处误差要小，以避免打印不均匀；一般采用连续轨迹控制方式。另外，可能需要位置检测及轨迹跟踪等装置；可能涉及双臂、多臂协同的工况；并且可能涉及在线编程的工况。

典型的混凝土 3D 打印机器人系统由机器人主体、配套设施、软件三部分构成。其中机器人主体包括手臂基座、行走机构、打印料筒喷头；配套设施包括供料系统、清洗装置等；软件包含系统运动控制及 3D 打印规划仿真功能。按照行走机构的不同类型，可将混凝土 3D 打印机器人分为轨道式和移动式两种。轨道式混凝土 3D 打印机器人属于工厂内打印，即在工厂进行混凝土结构或构件的批量打印制作，通常与装配式工艺相结合。移动式混凝土 3D 打印机器人多用于原位施工，即在工程现场进行原位打印，其对设备的耐久性和操作要求相对更高。

1. 轨道式混凝土 3D 打印机器人

轨道式混凝土 3D 打印机器人以地轨作为移动机构（图 3-24），通过延长地轨，可以延伸打印系统沿着地轨方向的打印范围。典型的轨道式混凝土 3D 打印机器人主体由机器人、基座、地轨（行走机构）和打印料筒喷头等构成，如图 3-24 所示。

图 3-24　轨道式混凝土 3D 打印机器人主体

对于混凝土材料的 3D 打印，制约打印效率的主要因素之一是材料的凝结时间，即在快速打印时，下层材料由于未完成凝结，无法给上层材料提供足够的支撑强度。因此，在打印时需要降低打印速度，以满足材料凝结的需求，这会使打印效率下降。另一方面，由于打印成型的结构构件需要进行养护成型，在养护完成（终凝）前无法移动，这也限制了打印机器人的使用效率。

轨道式混凝土 3D 打印机器人的结构设计可以在一定程度上提高打印工作效率。一方面，设备可以同时打印多个结构构件，即沿地轨方向完成多个构件同水平层的打印，再进行下一水平层打印，这样可以显著提高整体打印效率。另一方面，通过延长地轨，可以增加设备可打印量程，这样在批量打印时，可以节约等待养护完成所需的时间，进而提高使用效率。从另一个角度来看，通过延长地轨增加沿地轨方向的设备使用量程，可以在不显著增加设备成本的前提下，完成梁、柱等大构件的打印，进而丰富设备的使用场景。

2. 移动式混凝土 3D 打印机器人

移动式混凝土 3D 打印机器人搭载的移动机构可以是轮式底盘、履带式底盘、平台车等。混凝土 3D 打印机器人搭载不同类型的移动机构，可以满足不同场景的移动作业需求。典型的移动式混凝土 3D 打印机器人主体由手臂、基座、移动机构、延长臂和打印料筒喷头等构成，如图 3-25 所示。

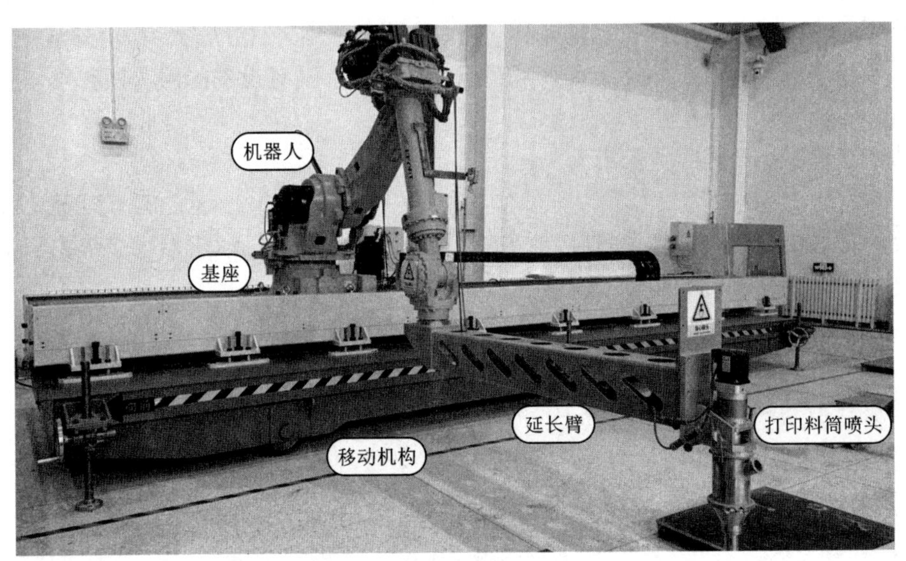

图 3-25　移动式混凝土 3D 打印机器人主体

搭载轮式底盘的移动式混凝土 3D 打印机器人适用于厂区环境小范围移动使用的场景。当一个目标物打印完成后，可将打印机器人移动至厂区内另一地点或其他厂区进行下一目标物的打印。搭载履带式底盘的移动式混凝土 3D 打印机器人适用于长途移动或野外作业，比如山地环境建筑施工、军事掩体快速修建等场景。搭载平台车的移动式混凝土 3D 打印机器人适用于地下矿井巷道封堵、极端环境设施建造等不适合人工作业的场景。与轨道式混凝土 3D 打印机器人相比，移动式混凝土 3D 打印机器人的优势在于能够灵活移动、使用场景更加多元化；但其每次移动后都需要进行设备调平、找基准点等初始化操作，使用略为烦琐。

3. 机器人控制柜及示教器

机器人控制柜及示教器是机器人控制系统的硬件部分，用来实现机器人的基本操控。典型的机器人控制柜布局，如图 3-26 所示。

示教器及其基本结构如图 3-27 所示。示教器的基本操作简述如下。

①拔下示教器：按下按钮，从控制柜中拔下示教器。

②运行方式选择：切换各种运行模式。

③急停：用于在危险情况下关停机器人。按下急停装置时，它会自动闭锁。

④空间鼠标：用于手动移动机器人。

⑤移动键：用于手动移动机器人。

⑥自动倍率：用于设定程序倍率的键。

⑦手动倍率：用于手动设定倍率的按键。

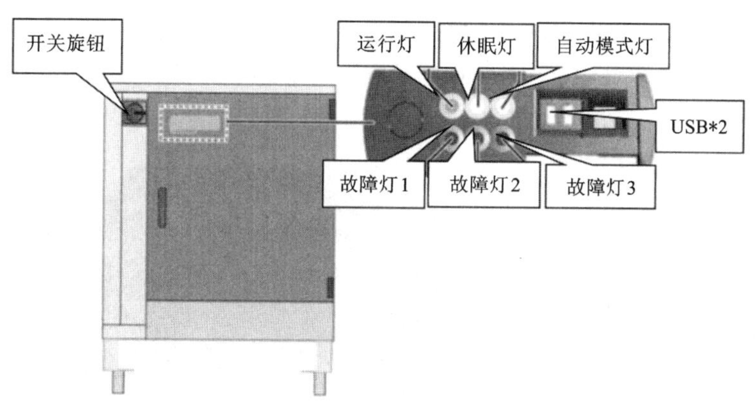

图 3-26 机器人控制柜布局

⑧主菜单：用于在示教器上菜单项显示出来。此外，可以通过它创建屏幕截图。

⑨状态键：状态键主要用于设定可选软件包中的参数。其确切的功能取决于所安装的可选软件包。

⑩启动键：按下启动键，可启动一个程序。

⑪逆向启动键：按下逆向启动键，逆向启动一个程序，程序将逐步执行。

⑫停止键：按停止键可暂停运行中的程序。

⑬键盘按键：显示键盘。通常不必特地将键盘显示出来，因为示教器可识别需要通过键盘输入的情况并自动显示键盘。

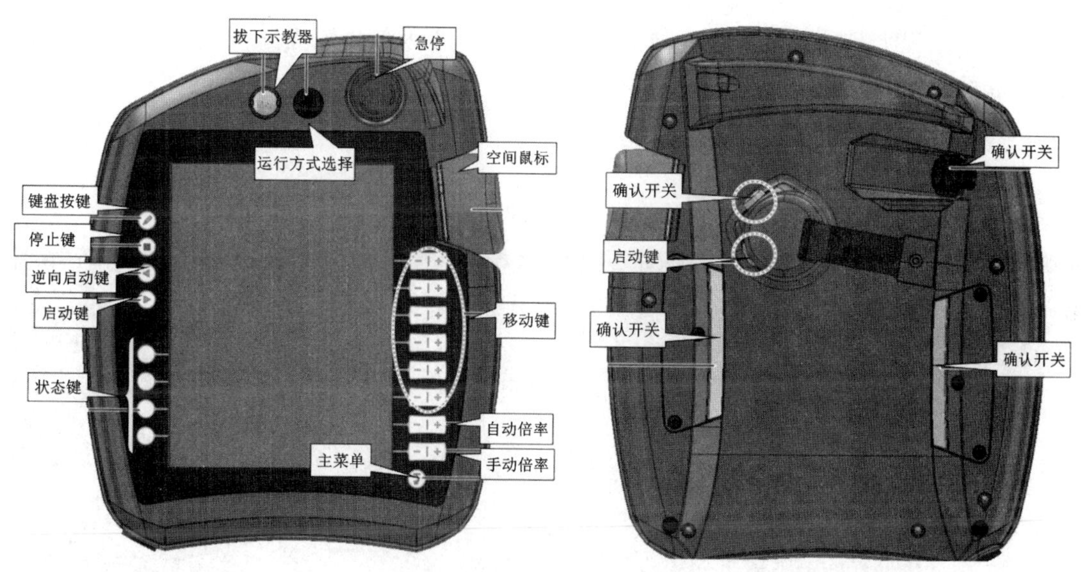

图 3-27 机器人示教器

4. 供料系统

典型的供料系统包含砂浆搅拌及持续泵送两个功能(图 3-28)，用于在打印过程中向打印料筒喷头持续输送水泥砂浆。对于小体量打印工况，供料系统可以是搅拌机和砂浆泵的组合。其中，搅拌机用于搅拌水泥砂浆，保持砂浆的流动性；砂浆泵用于向打印喷头持续泵送砂浆。对于大体量工业级打印工况，供料系统应为特制的供料仓及砂浆泵站。

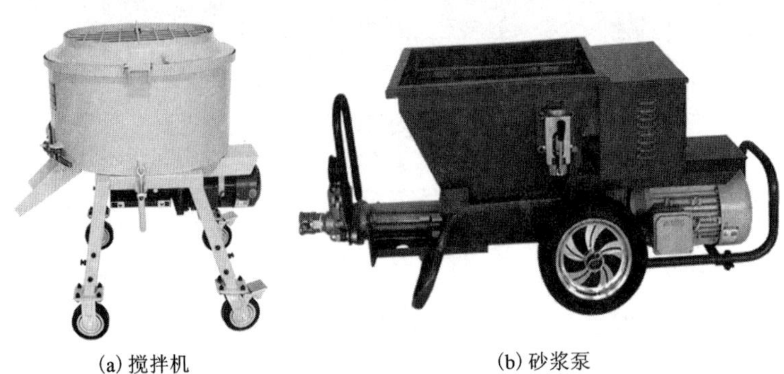

(a) 搅拌机　　　　(b) 砂浆泵

图 3-28　供料系统

3.2.2　3D 打印机器人软件

混凝土 3D 打印机器人软件应包含以下两部分功能：3D 打印规划仿真以及打印系统运动控制。3D 打印规划仿真功能应涵盖以下内容：对 Solidworks、AutoCAD、UG 等制图软件输出的模型进行切片；对切片图形进行轨迹规划及优化处理，并创建打印路径；进行打印仿真，预估打印时长及打印用料预估；输入运动控制系统支持的后置程序。运动控制系统需要适配支持相应品牌机械臂的运动控制，以实现打印操作。

以一个工程实例展示混凝土 3D 打印机器人软件功能及使用流程：

①在软件中加载打印机及打印模型(图 3-29)。

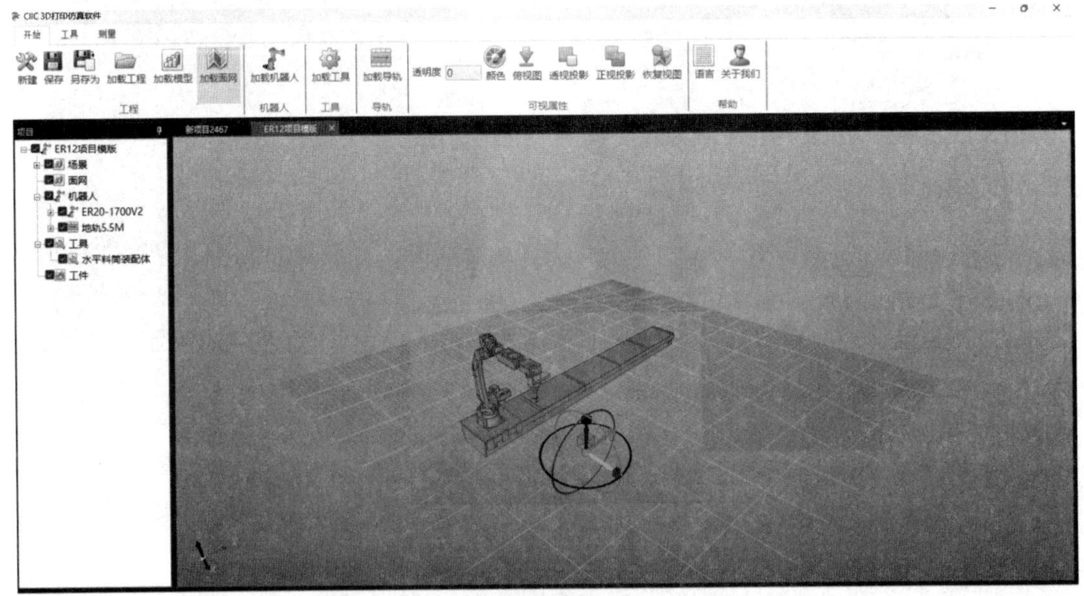

图 3-29　加载打印机及打印模型

②添加工艺轨迹(切片)。视模型格式不同，添加工艺轨迹(图 3-30)方式分为三种，即切片(图 3-31)、从平面图(图 3-32)、曲面切割(图 3-33)。其中“切片”方式适用于三维图模型；“从平面图”方式适用于 CAD 导出的二维图模型；“曲面切割”方式专用于曲面打印。由于三维图模型是最常用的模型，故而“添加工艺轨迹”常用“切片”这一更直观的表述代替。

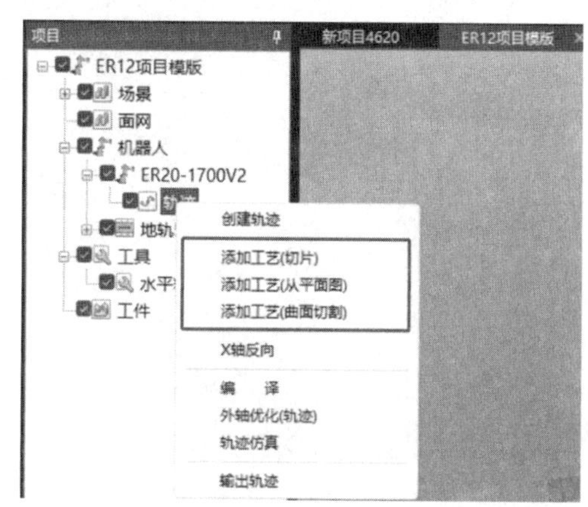

图 3-30　添加工艺选项

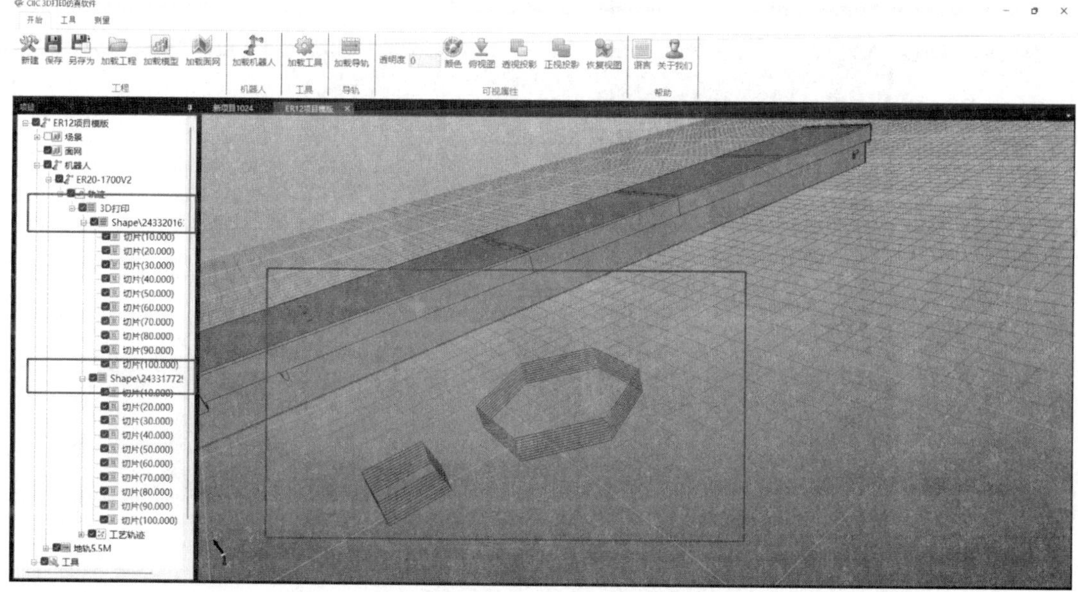

图 3-31　“切片”方式

③打印路径规划。打印路径规划主要对切片图形进行轨迹规划及优化处理，并创建打印路径。打印路径规划主要涉及喷头宽度(刀宽)设置、打印层数(墙体数目)设置(图 3-34)、实体填充方式选择(图 3-35)、路径优化(图 3-36~图 3-37)、打印排序(图 3-38、图 3-39)等操作。

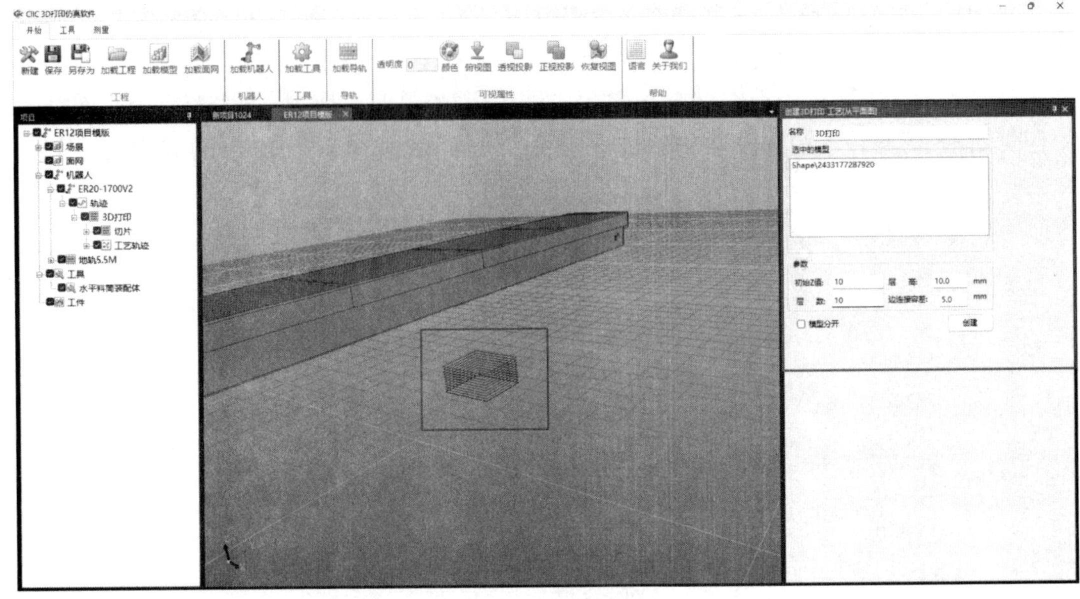

图 3-32 “从平面图”方式

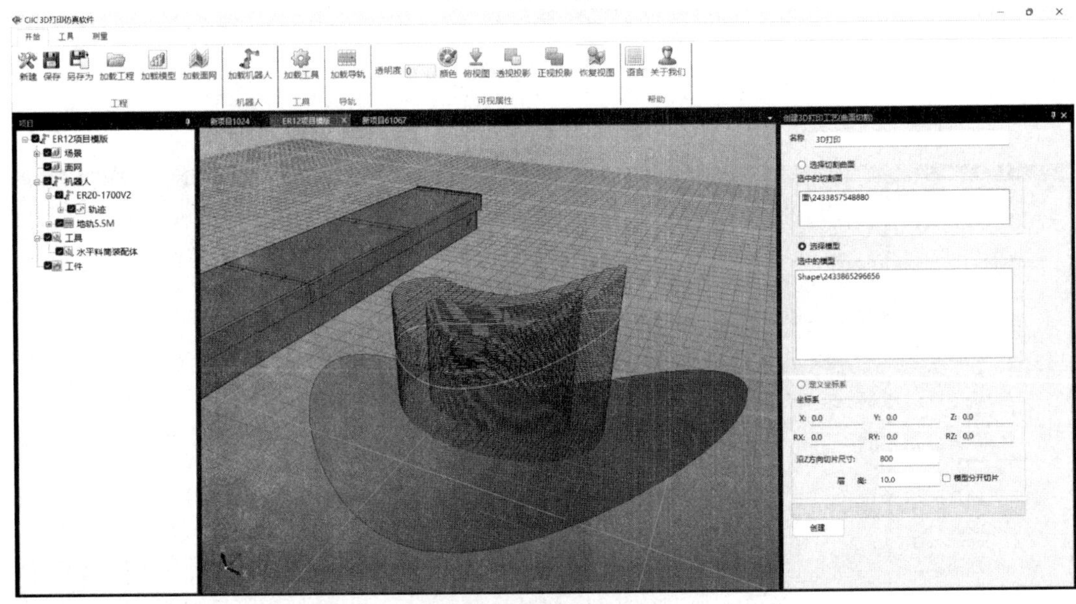

图 3-33 “曲面切割”方式

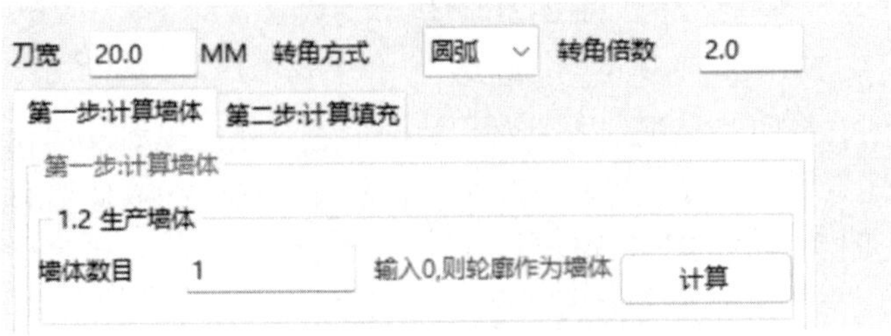

刀宽 20.0 MM 转角方式 圆弧 转角倍数 2.0

第一步:计算墙体 第二步:计算填充

第一步:计算墙体

1.2 生产墙体

墙体数目 1 输入0,则轮廓作为墙体 计算

图 3-34 喷头宽度及打印层数等设置

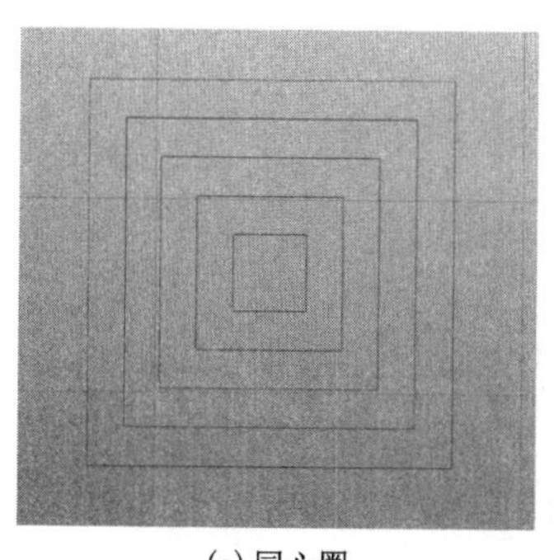
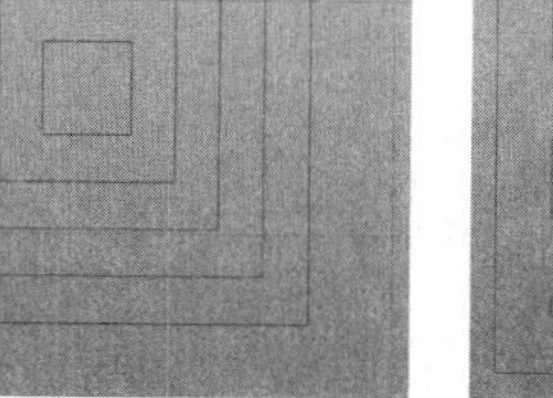

(a) 同心圈　　(b) 回环　　(c) 十字网格

图 3-35　三种填充方式

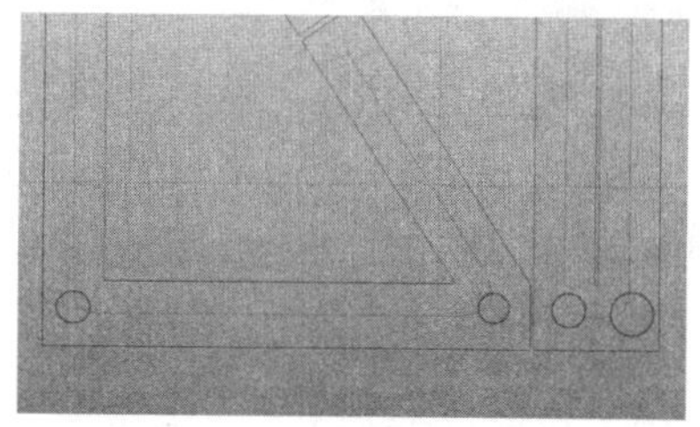
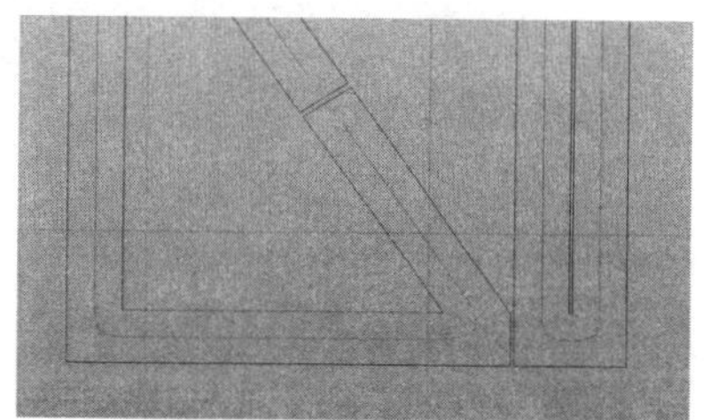

图 3-36　路径优化——移除短线

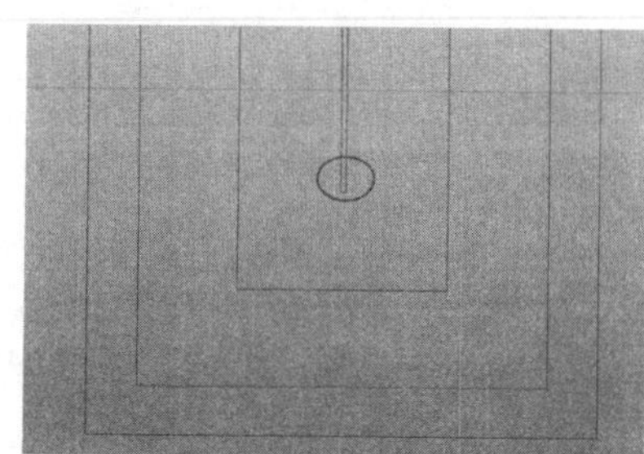
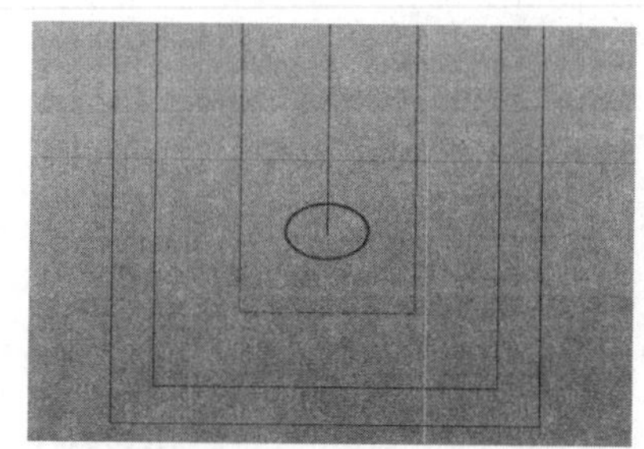

图 3-37　路径优化——合并邻近线条

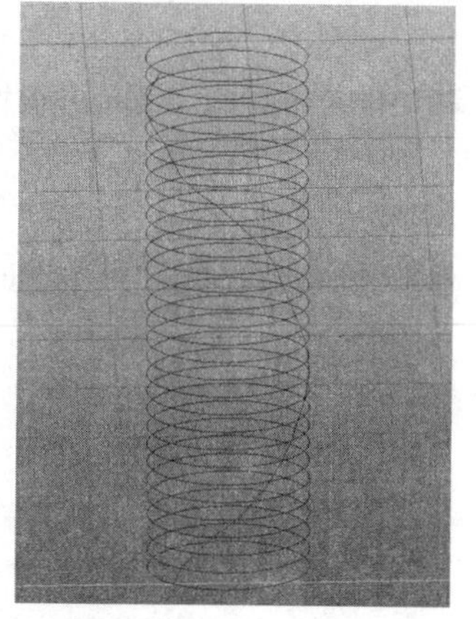

图 3-38　每层打印起始点排序

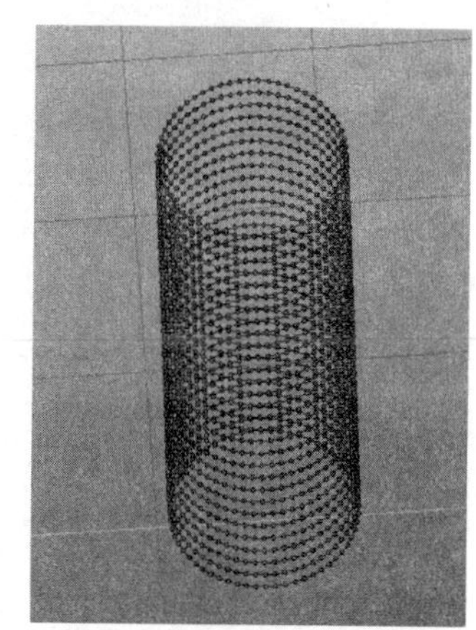

图 3-39　均匀布点

④编译。编译是对机器人和外部轴在打印时的动作进行的设置。可以进行打印喷头末端与机器人底座的偏移值(图 3-40)、外部轴线性赋值(图 3-41)等设置。

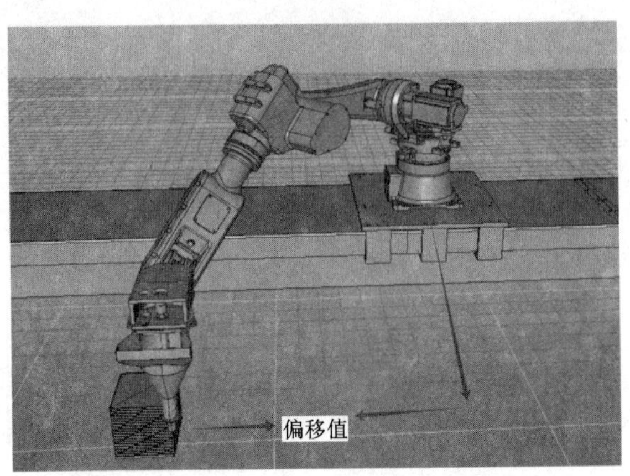

图 3-40 偏移值设置

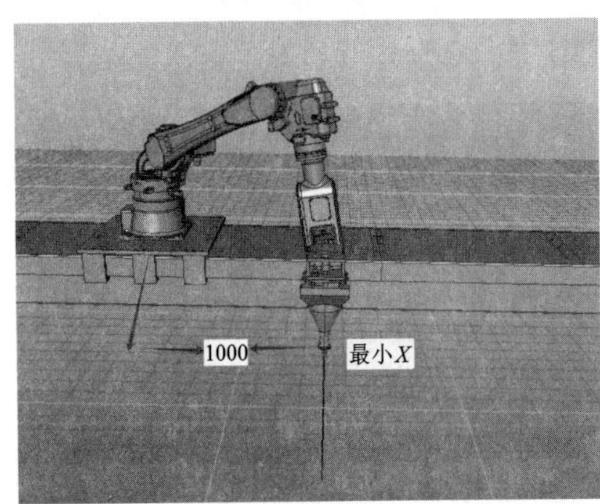

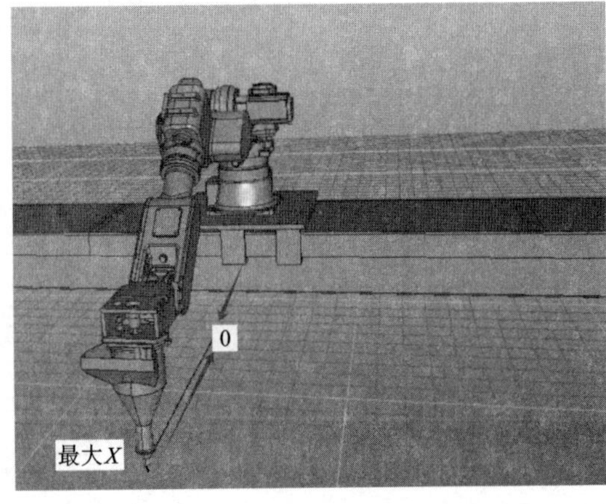

图 3-41 外部轴线性赋值

⑤打印仿真。打印仿真(图 3-42、图 3-43)操作是通过软件对打印过程进行仿真模拟。一方面可以直观地看到打印过程，另一方面可以对打印过程是否产生奇异点等异常情况进行预判，以便修正程序。

⑥输出工艺轨迹。输出用于执行打印的机械臂运动控制执行程序(图 3-44)。

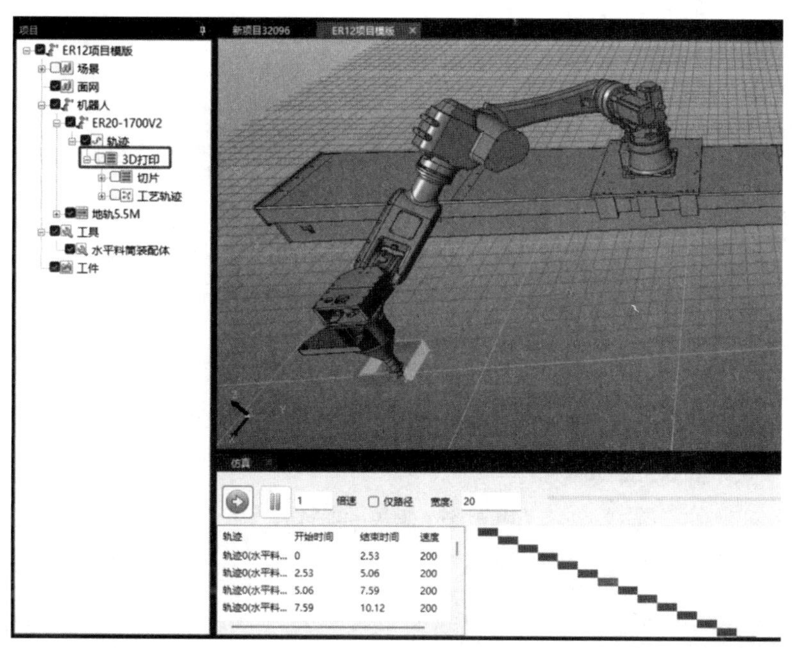

图 3-42　打印仿真

估算用料、打印时长

打印速度:	200	mm/秒		
打印头直径:	20	mm	层高:	10 mm
打印路径总长:	16200	mm,计:	16.2	m
预计打印时长:	81	秒,计:	0.02	小时
预计打印用料:	3240000	mm³,计:	0	m³

估算

图 3-43　打印时长及打印用料预估

第3章

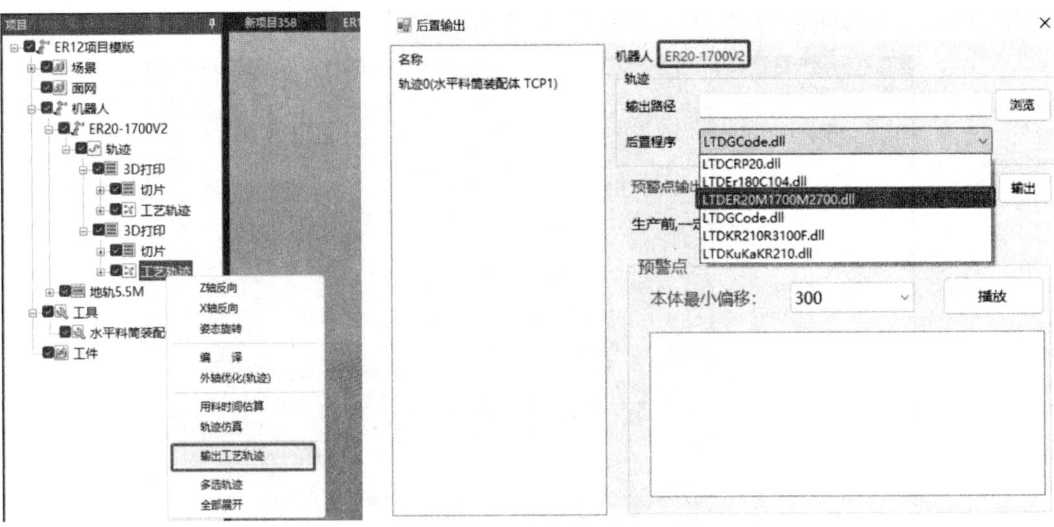

图 3-44　输出工艺轨迹

3.3　框架式打印机

3.3.1　小型框架式打印机

框架式混凝土3D打印机的运动基于 X、Y、Z 三维空间坐标系。其在 X 轴、Y 轴、Z 轴分别具有独立的运动控制能力，其末端的打印喷头具有搅拌控制功能。框架式混凝土3D打印机各坐标轴名称分别定义为 X、Y、Z、θ（θ 为旋转轴），如图 3-45 所示。

AI微课
G-code在3D打印中关键作用解析

通常来说，框架式混凝土3D打印机支持的文件格式为G代码（G-code）。设备需要支持断点续打、打印暂停、从指定高度打印等操作。设备在 X、Y、Z 三轴方向需要具备限位报警及抱闸功能，以便在异常状况发生时，保护设备安全。打印机的料筒喷头部分需要能快速拆装，以便清洗。

小型框架式混凝土3D打印机（图 3-46）多为实验室使用，用于水泥基复合材料可打印性测试（可挤出性、可建造性、流动性、凝结性等）；水泥基复合材料3D打印教学演示；3D打印混凝土抗压、抗折等小型试件及小型工艺品等。小型框架式混凝土3D打印机体积小、结构简单，配备小型砂浆搅拌机（图 3-47）即可使用。由于可打印范围小，每次打印用料少，小型框架式混凝土3D打印机多配备开放式料筒并采用手动加料的方式（图 3-48）。

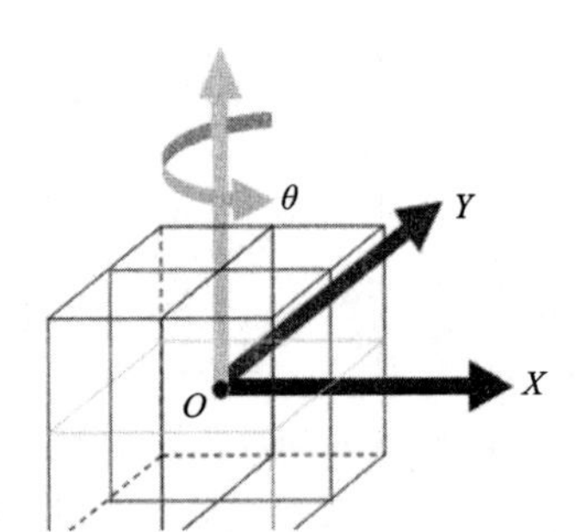

图 3-45　框架式打印机空间坐标定义

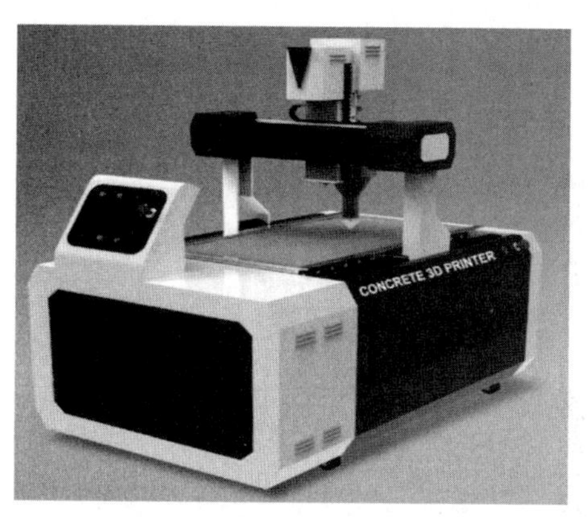

图 3-46　小型框架式打印机

图 3-47　小型砂浆搅拌机

不同于混凝土 3D 打印机器人的示教器操作，框架式混凝土 3D 打印机由于运动方式简单，一般通过设备自带的触控屏即可完成相应的打印操作。

以下是框架式混凝土 3D 打印机触控屏打印操作流程：

①触控屏主界面可以选择 3D 打印、系统设置、售后服务、安调模式等操作，如图 3-49 所示。

②将装有后置程序的 U 盘插入到屏幕左侧的 USB 插孔，点击“导入程序”(图 3-50)。

图 3-48　手动加料的开放式料筒

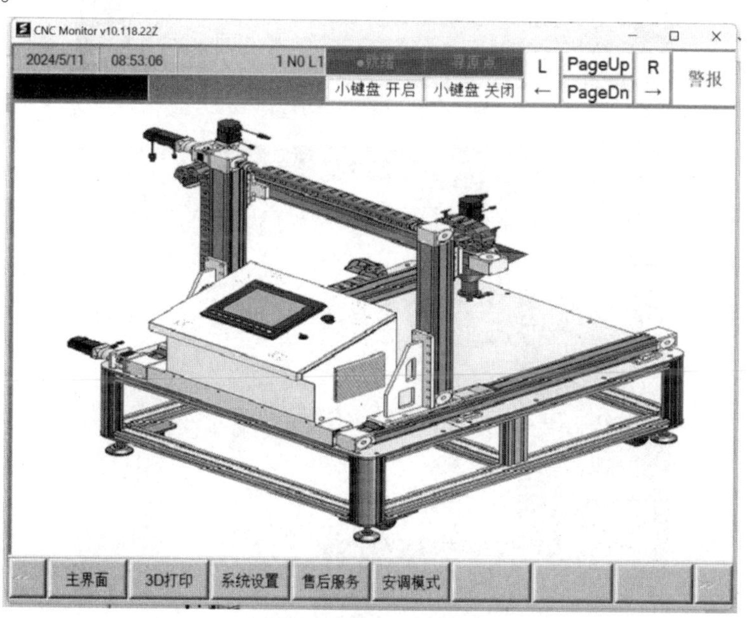

图 3-49　触控屏主界面

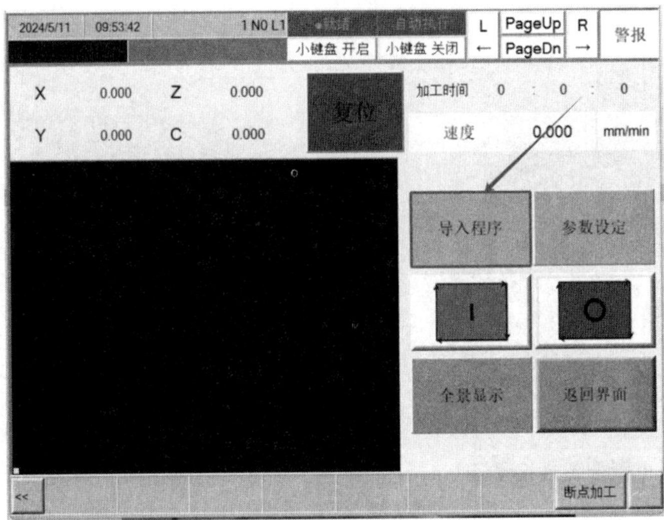

图 3-50　3D 打印界面

③将打印文件拷贝到系统中，设置打印参数，进行打印(图 3-51～图 3-53)。

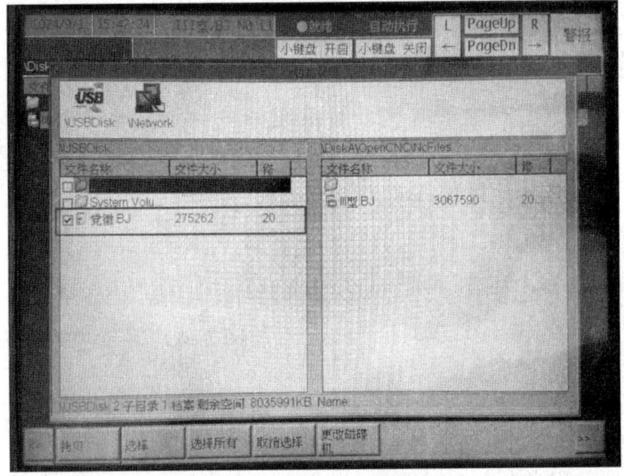

图 3-51　拷贝打印程序

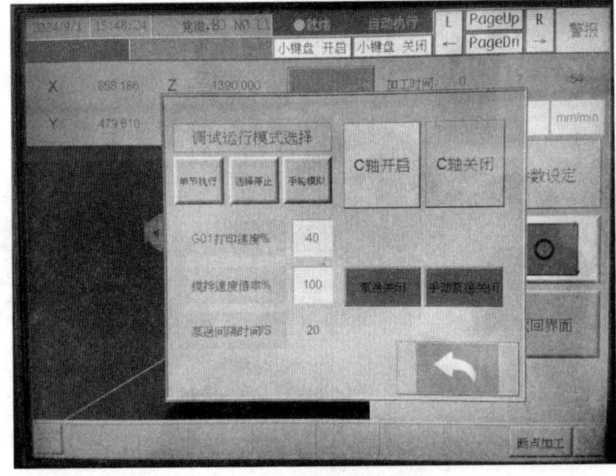

图 3-52　设置打印参数

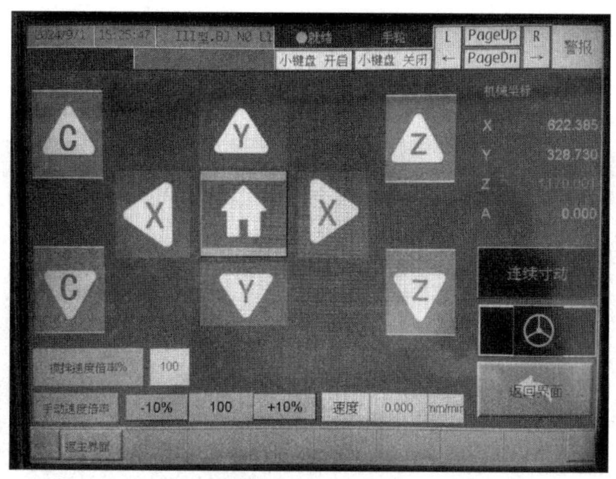

图 3-53　手动操作

3.3.2　工业级框架式打印机

与小型框架式混凝土 3D 打印机相比，工业级框架式混凝土 3D 打印机(图 3-54)的特点是打印范围大、打印自动化程度高、设备需要在工程现场使用。目前常用的工业级框架式打印机长、宽两个方向的打印范围可以达到几米至几十米，已有报道用工业级框架式打印机整体打印办公厂房的案例。但由于纵向钢筋整体打印技术还没有被很好地解决，目前框架式打印机在高度方向的打印范围仍被限制在 1~2 层楼的高度。

图 3-54　工业级框架式打印机概念图

典型的工业级框架式打印机(图 3-55)由主体、配套设施、软件几部分构成。其中主体主要包括打印主机、打印料筒喷头；配套设施包括供料系统、清洗装置等；软件同样包含系统运动控制及3D打印规划仿真功能。打印主机多为可拼接式桁架结构，一方面需要轻质高强耐用，适用于工程现场；另一方面需要便于装配和拆卸，适用于场地间移动。工业级框架式打印机的打印料筒多为封闭式料筒，便于连续自动供料。

图3-55　工业级框架式打印机系统组成

工业级框架式打印机的供料系统及清洗装置与打印机器人类似，但需考虑到工程现场的使用环境。与打印机器人相比，框架式打印机的控制软件整体功能相同，其开发难度相对较低，使用更为简单。

以下是框架式混凝土3D打印机软件功能及使用流程简述：

①在软件中加载打印机及打印模型(图3-56)。

图3-56　加载打印机及打印模型

第3章

②打印设置(图 3-57~图 3-58)：

打印线宽：打印线条的宽度。

初始层厚：打印第一层的厚度。

分层厚度：除第一层外其他各层的厚度。

墙体数目：打印的墙体数输入 0，则以轮廓为墙体。

填充方法：包括同心圆填充、回环填充、直线填充。

填充密度：填充的比例，1 表示 100%填充，0.5 表示 50%填充。

填充角度：填充的起始角度，对回环填充有效。

交叉角度：填充本层与上一层交叉的角度，对回环填充有效。

排序方法：对每条路径之间的过渡线进行排序，排序方法包括最少空走排序、均衡衔接排序、分组排序。

参考点：手动输入一个参考点，将排序后的过渡线安排在此参考点。

最小长度：所有打印路径中的最小长度不小于此长度。

最大偏移：所有打印路径中存在的最大偏移长度应不大于此偏移长度。

最小角度：所有打印路径的最小角度不小于此角度。

最大偏差：圆弧拟合的最大偏差。

狭窄因子：通常用于刀具系统的参数计算。生成单刀时需要设置狭窄因子这一参数。

创建：是否创建打印路径。

使用墙体：是否创建外墙体，如不创建，只打印内部填充。

入口高度：打印前喷头从此高度位置下降到打印位置。

安全高度：不同打印路径之间打印时喷头抬起的高度。

忽略空走距离：小于此数值，喷头不会空走，直接到下一个打印位置。

步长：路径点之间的间距，每个点对应一个坐标，从而生成相应程序。

开泵距离：提前或延后多少距离控制出料。

关泵距离：提前或延后多少距离控制不出料。

打印设置

属性名称	属性值
打印线宽	1mm
初始层厚	1mm
分层厚度	1mm
墙体	
墙体数目	1
填充	
填充方法	不填充
填充密度	1
填充角度	45
交叉角度	90
排序	
排序方法	最少空走排序
参考点	
Apply	☐
X	0
Y	0
Z	0

简化	
最小长度	2mm
最大偏移	0.1mm
最小角度	0
圆弧拟合	
最大偏差	0.5mm
计算单刀	
狭窄因子	0.1
打印路径	
创建	☑
使用墙体	☑
入口高度	50mm
安全高度	50mm
忽略空走距离	50mm
步长	10mm
开泵距离	2mm
关泵距离	-2mm

图 3-57　打印设置

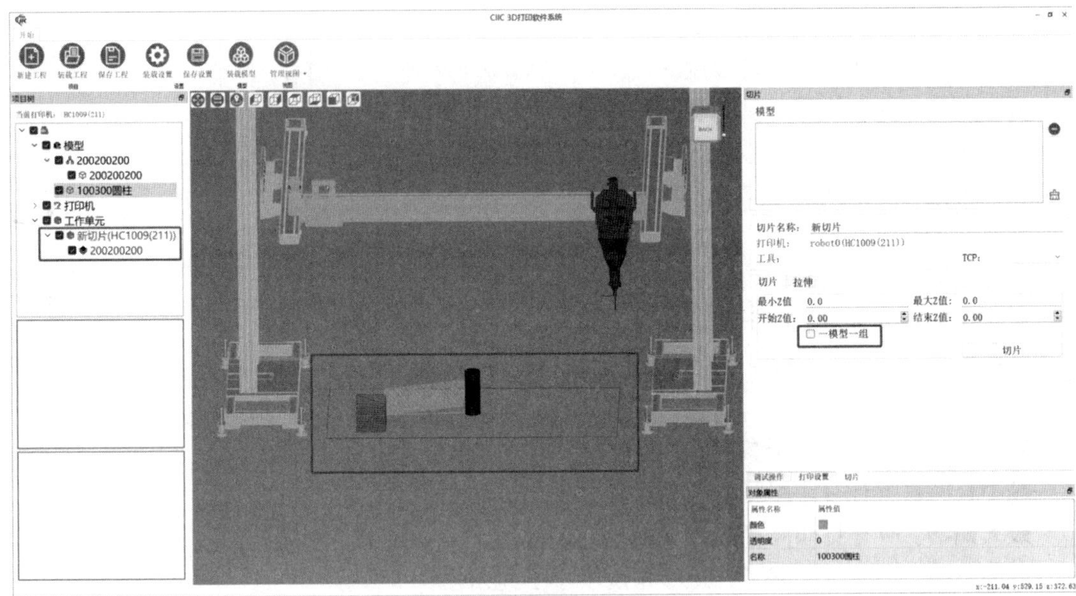

图 3-58　多模型同时打印设置

③打印仿真。

打印仿真用于在上料打印前对程序进行仿真，查找可能存在的问题，图 3-59 所示为打印仿真界面。

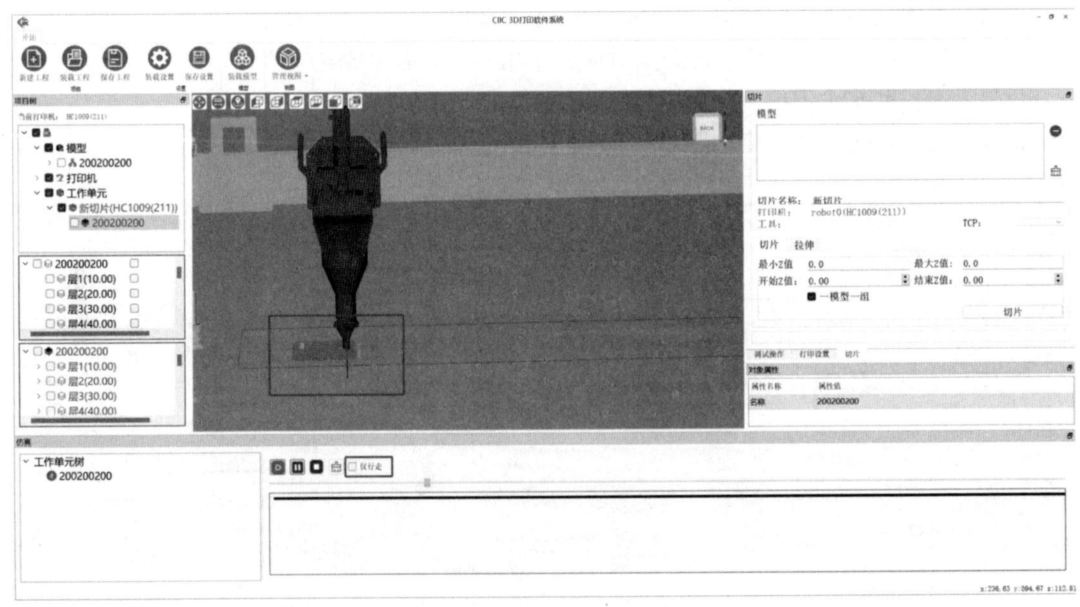

图 3-59　打印仿真界面

④输出 G 代码文件。

输出用于执行打印的 G 代码文件，图 3-60 所示为输出 G 代码文件界面。

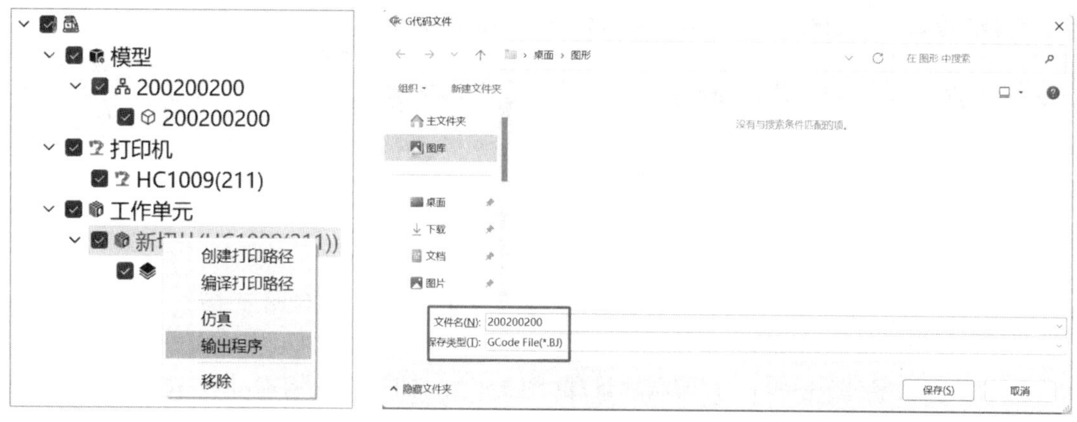

图 3-60　输出 G 代码文件界面

3.3.3　应用实例

目前 3D 打印混凝土技术的市场应用主要在教学、科研和工程领域。小型混凝土打印机可用于智能建造等相关专业的理论教学、教学演示、课程实践等(图 3-61)。

(a) 理论教学

(b) 教学演示

(c) 课程实践

(d) 仿真模拟

(e) 打印实操

图 3-61　混凝土打印机用于教学

混凝土打印机可服务于材料工程、土木工程等专业的科研工作(图 3-62)。

在工程应用方面，混凝土打印技术可广泛应用于打印小型试件及工艺品(图 3-63)、打印 LOGO 及艺术字(图 3-64)、打印园林景观(图 3-65)、打印建筑结构(图 3-66)、打印市政设施(图 3-67)等。

(a) 打印路径规划

(b) 凝结性能测试

(c) 流动特性研究

(d) 可打印性测试

(e) 建造性能测试

PP纤维

(f) 纤维混凝土打印

(h) 构件减重设计

(g) 超高性能混凝土构件打印

(i) 结构拓扑优化

图 3-62　混凝土打印机用于科研

图 3-63　3D 打印小型试件及工艺品

图 3-64　3D 打印 LOGO 及艺术字

(a) 花盆、花坛

(b) 家具、摆件

(c) 艺术桌椅　　　(d) 绿化围墙

图 3-65　3D 打印园林景观

(a) 弧形结构　　　(b) 多角结构

图 3-66　3D 打印建筑结构

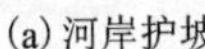

(a) 河岸护坡

(b) 景观小品

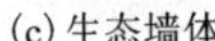

(c) 生态墙体

(d) 休闲凉亭

(e) 景观桥梁

(f) 设备用房

图 3-67　3D 打印市政设施

智慧启思

国产混凝土3D打印设备案例

认知拓展

实践创新

思考题

1. 机器人的主要特性包括哪些？
2. 工业机器人的组成部分有哪些？
3. 工业机器人的主要技术参数一般包括哪些？
4. 混凝土 3D 打印软件应包含哪些功能？

第 4 章

3D 打印水泥基材料

本章思维导图

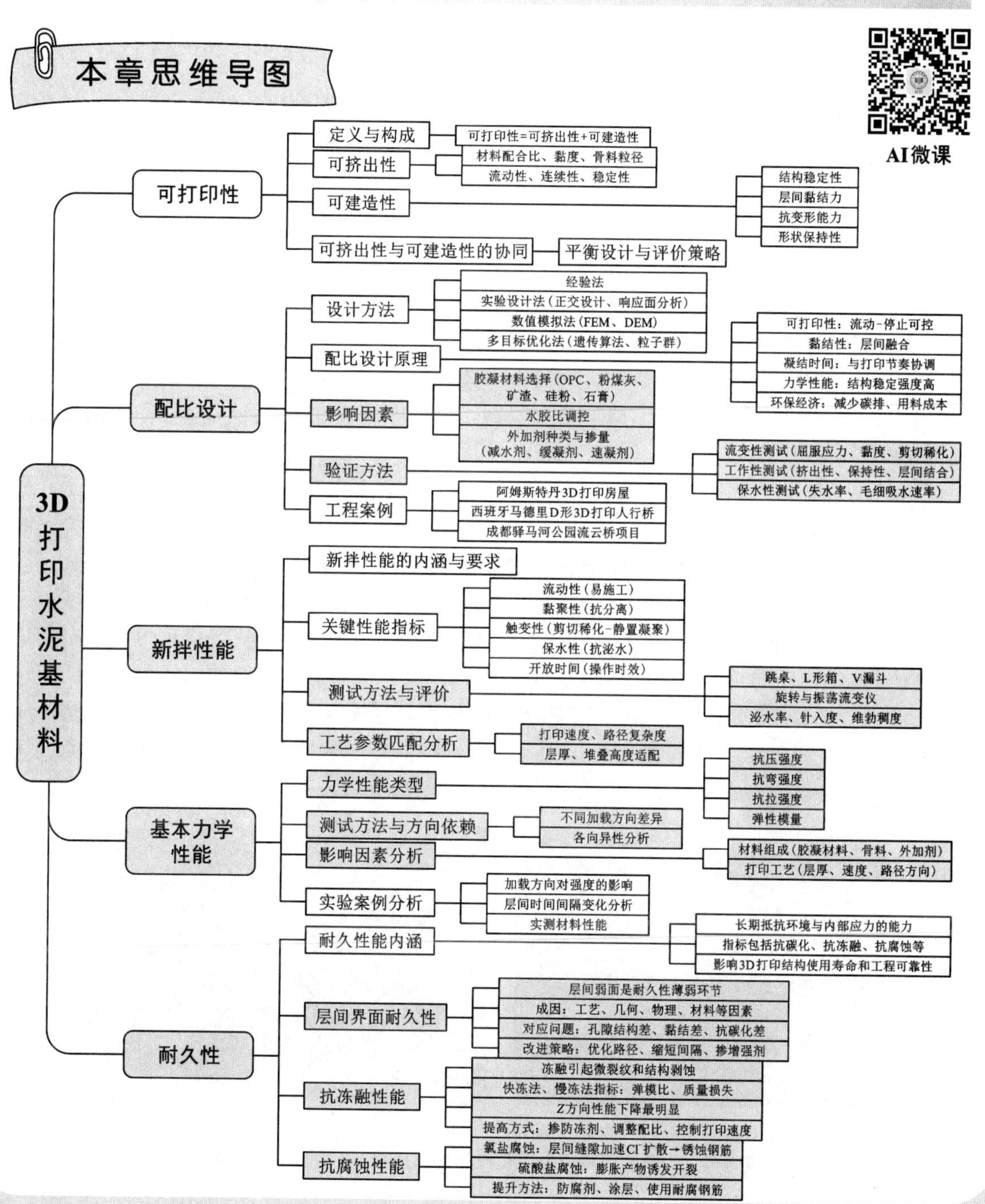

3D 打印混凝土技术的核心是水泥基材料性能与打印工艺的深度融合。传统混凝土设计方法难以满足挤出沉积工艺对材料可打印性的严苛要求，需要通过骨料级配优化、流变性能调控及外加剂复配等手段重构配合比设计体系。本章系统阐述从可打印性、配合比设计、新拌性能到基本力学性能、长期性能的全链条调控机制，对 3D 打印混凝土的结构可靠性进行介绍。

4.1 可打印性

4.1.1 可打印性的定义

3D 打印水泥基材料的可打印性，是指材料在打印过程中能够顺利成型、保持结构稳定，并实现预期结构设计目标的能力。作为一个综合性概念，可打印性涵盖了材料从拌合、泵送、挤出到堆叠成型等多个建造环节的性能要求，体现了其在整个增材制造过程中的适应性和稳定性。在 3D 打印水泥基材料的建造流程中，材料需依次满足泵送、逐层挤出、堆叠成型等操作要求，良好的可打印性是 3D 打印技术成功应用的关键。

在泵送运输阶段，混凝土需具备足够的流动性，以便顺利通过输送管道到达打印喷头。这一过程受到材料与管道内壁摩擦力、材料内部黏聚力以及管道中流体流动速度等因素的影响。同时，需要避免在泵送压力作用下发生泌水和离析，以防止管道堵塞、打印中断、设备损坏。

在挤出阶段，混凝土在打印喷头处需具备适宜的塑性和黏聚性，以确保能够均匀地、连续地挤出，并准确匹配预设路径与结构形状。塑性和黏聚性不适宜时会出现打印中断，如图 4-1(a)所示。材料在挤出后应具备迅速成型能力，即其流动性应快速下降至临界值以下，以保持稳定的外形，支撑后续堆叠。

在堆叠成型阶段，新挤出的材料必须与已成型部分良好黏结，并在自身重力及上层负载作用下维持结构稳定，避免过度下沉或侧向变形。这要求材料具备良好的层间黏结强度与自支撑能力，层间黏结质量直接影响打印结构的整体力学性能与耐久性，若黏结不良，则可能出现裂缝或层间弱面，削弱结构的整体性。自支撑能力不足会出现变形坍塌现象，如图 4-1(b)所示。

(a) 打印中断

(b) 变形坍塌现象

图 4-1　混凝土可打印性不良出现的打印中断、变形坍塌现象

3D 打印工艺可简化为挤出阶段和堆叠成型阶段两个阶段。相应地，可打印性也可以划分为两个核心部分，即可挤出性(extrudability)和可建造性(buildability)。前者对应材料在泵送与挤出阶段的表现，强调其流动性与连续挤出能力；后者则聚焦于堆叠成型过程中的稳定性与支撑性。理想的可打印性要求材料在保证足够流动性的同时，具备良好的成型稳定性和快速硬化能力，从而在完成打印后确保结构的力学性能和长期稳定性。因此，在实际材料设计中，需要在可挤出性与可建造性之间实现有效平衡。

4.1.2　可挤出性

可挤出性是 3D 打印水泥基材料顺利成型的关键性能之一，指的是材料在不发生堵塞、撕裂或断裂的情况下，能够持续地、稳定地从喷嘴挤出的能力。它不仅决定了打印过程的连贯性和效率，还直接影响打印构件几何参数的准确性和结构完整性。在实际打印过程中，材料的可挤出性与泵送性、可建造性以及开放时间密切相关，构成了可打印性的重要基础。图 4-2 展示了 3D 打印水泥基材料的挤出过程。

图 4-2　3D 打印水泥基材料的挤出过程

配合比设计是决定材料可挤出性的关键因素。在满足结构性能与早期成型稳定性要求的前提下，适当提高水胶比有助于增强材料的泵送性和可挤出性。掺入粉煤灰、硅灰等矿物掺合料可以改善浆体的包裹性与流动性能，增强浆体对骨料的润滑作用，从而提升整体的可加工性。在此基础上，外加剂的使用也具有显著作用。高效减水剂可以在不增加拌合用水的情况下改善材料的流动状态，降低黏度，提高材料在泵送及挤出过程中的稳定性。

骨料特性是另一项关键的影响因素。骨料的粒径、颗粒形态及级配结构共同决定了浆体与骨料之间的相互作用。过大的骨料容易在喷头处堆积，增加其堵塞风险；而过细的骨料虽可提升成型的表面质量，但会显著增大材料黏度，增加流动阻力。因此，在材料设计中，应控制骨料的最大粒径，并与喷头口径匹配，优化级配结构，以保障骨料顺利通过喷头，实现连续挤出。

施工工艺条件，尤其是喷头结构参数，对可挤出性的施工表现有直接影响。喷头口径决定了允许通过的最大骨料尺寸，喷头长度关系到材料在喷头内部的剪切路径与阻力积累，截面形状则影响材料的流动速率及线条截面形貌。喷头的合理设计应结合材料组成特性与构件打印要求进行确定，以确保挤出过程的顺畅性与打印线条的几何一致性。

对可挤出性的评价通常基于实际打印过程中的表现，包括材料是否连续出料、是否发生堵塞、挤出的线条是否均匀等。通过优化配合比、调控骨料特征及合理设置施工参数，可有效提升材料的可挤出性能，确保 3D 打印过程的稳定性和构件的成型质量。

目前，关于可挤出性的评价尚无统一标准。在工程实践与研究中，通常通过观察打印过程的连续性与稳定性，结合材料的基础性能测试结果，来对可挤出性进行综合判断。打印过程中常见的观测判断标准包括是否出现流动中断、出料不均或线条塌陷等现象。这些现象可作为直观判断的依据。在实验室条件下，可借助流变仪测定屈服应力、塑性黏度与触变性等参数，用以量化分析材料的流动特征，辅助评估其可挤出性。

实现良好的可挤出性需要在材料设计阶段进行系统考虑。配合比的优化是基础环节，适当提高含水量有助于改善浆体的流动性，但水胶比的增大不应以牺牲成型稳定性与力学性能为代价。掺入粉煤灰、硅灰等细粒径材料，有助于润滑骨料表面、填充颗粒间空隙，从而增强拌合物的连续性与泵送性。外加剂的选用，尤其是高效减水剂，可进一步降低黏度，提高材料在泵送和挤出过程中的流动效率。良好的可挤出性依赖于配合比设计、骨料特性与施工设备参数之间的协调匹配，通过对材料组成和新拌性能的综合调控，使其具备满足 3D 打印工艺要求的成型流动特性，是实现稳定挤出的关键。

4.1.3 可建造性

3D 打印水泥基材料在本质上属于泵送型混凝土，材料从搅拌设备输送至打印喷头的过程是其施工的关键阶段。泵送性反映了混凝土在泵送过程中是否能够保持良好的流动状态，以克服管道壁的摩擦阻力和材料本身的内聚力，是保障连续打印作业的重要前提。

在 3D 打印过程中，混凝土泵送阶段最常见的问题是管道堵塞，通常由泵送压力过大引起，当外部压力超过混凝土内部结构所能承受的范围时，材料易发生泌水离析现象。过高的压力会导致浆体从骨料间被挤出，削弱浆体对骨料的包裹能力，进而加剧颗粒之间的摩擦，使整体流动性下降。此外，大粒径骨料或不合理的级配也会导致材料在管道中发生堆积，形成局部堵塞，导致该区域内压力进一步升高，引发连锁堵塞现象，不仅导致泵送过程中断，还会造成设备损坏。

混凝土泵送性可通过流动性和保水性进行评价，具体指标为坍落度、扩展度以及压力泌水率。坍落度反映了材料在静止状态下的初始流动性，而扩展度则进一步衡量其在剪切作用下的流动表现，较高的流动性表明材料具备良好的泵送能力，但当流动性过高时，浆体与骨料分离的可能性大大增加。压力泌水率用于表征材料在外力作用下的稳定性，较低的压力泌水率表明浆体在外力作用下能持续包裹骨料，有效抑制泌水现象，维持混凝土在泵送过程中的结构完整性与均匀性。

泵送阶段后，3D 打印水泥基材料的施工进入挤出与堆叠阶段。3D 打印水泥基材料应具备良好的自支撑能力，在挤出后应能够迅速形成稳定形态，承受自身重量以及后续层的叠加荷载，不发生明显的塌落或变形。3D 打印混凝土自支撑力差会导致构件坍塌，如图 4-3 所示。成型稳定性是实现高层堆叠和复杂几何结构构件建造的基础，在尚未硬化的状态下，材料需依靠自身的抗形变能力维持打印路径的准确性，防止侧向变形或局部下沉。打印过程中，各层材料必须快速形成一定的初始强度，以抵抗逐渐增加的上层荷载，维持整体结构的稳定性。

在堆叠过程中，层间黏结性能也是衡量可建造性的重要指标。新一层材料与前一层之间必须形成足够的界面结合力，以确保硬化后结构的整体性和力学性能。若层间黏结不足，可能导致结构出现分层、裂缝或界面薄弱区，严重时将影响构件的使用寿命与安全性能。材料的触变性、开放时间等是影响层间黏结性能的主要因素。层间黏结性能通常采用单轴拉伸加

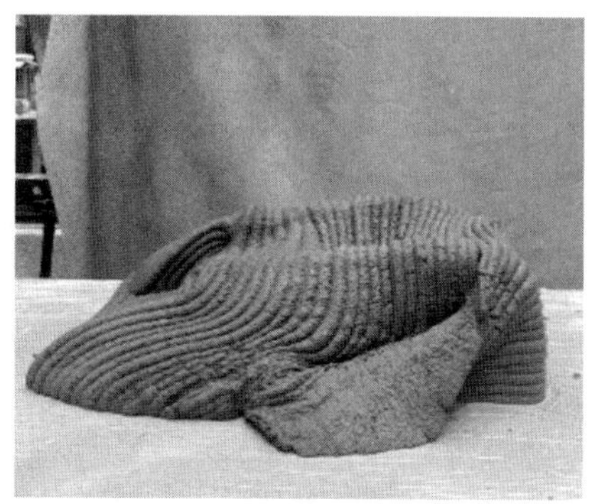

图 4-3　3D 打印混凝土自支撑力差导致构件坍塌

载测试测得，如图 4-4 所示。

图 4-4　单轴拉伸加载测试层间黏结性能

可建造性作为构成可打印性的另一关键指标，决定着 3D 打印水泥基材料从泵送、挤出到堆叠成型的全过程。需要强调的是，3D 打印水泥基材料的可打印性应与具体的施工参数相适应。相同性能参数的材料在不同的构件尺寸、打印条带规格及打印设备参数设定条件下，往往无法达到一致的建造效果。能够适应特定工况与工艺要求，实现稳定打印与成型质量的可打印性，是优良的 3D 打印水泥基材料配合比设计的基本要求。

4.2　配合比设计

水泥基材料是 3D 打印建筑中不可或缺的重要材料，其性能直接影响建筑 3D 打印技术的发展与应用。为满足 3D 打印的要求，这类材料必须在打印过程中具备优异的可打印性、流变性和保水性等，同时在固化后还需保持优异的力学性能。目前，针对 3D 打印水泥基材料的配合比设计主要包括以下几种方法。

1. 经验配比法

经验配比法是一种传统且广泛应用的设计方法，它基于已有的混凝土配比经验，通过调整水泥、砂和添加剂的比例，逐步探索适用于 3D 打印的优化配合比。这种方法依赖于丰富的工程经验和大量的试验数据，但对新材料或新工艺的适应性较差。

2. 实验设计法

随着计算工具和统计方法的进步，实验设计法成为另一种重要的配合比设计手段。该方法利用正交试验设计和响应面分析等统计学手段，能够系统地调整各组分的比例，并评估其对材料性能的影响。这种方法不仅可以显著减少试验次数，还能有效确定最优配合比，为提高材料性能提供科学依据。

3. 数值模拟法

数值模拟法是借助先进的计算机模拟技术，利用有限元分析和离散元模拟对材料流动性、可打印性和力学性能等进行模拟，以达到指导配合比设计的目的。目前，这种方法已被广泛应用于材料行为预测，并在设计阶段提供定量数据支持。

4. 多目标优化法

该方法通过考虑材料的可打印性、力学性能和耐久性等多个指标，利用遗传算法和粒子群优化算法等多目标优化技术，在不同应用场景下实现材料性能的全面优化。这种方法能够同时平衡多个性能要求，从而设计出在多种环境中均表现优异的材料。

4.2.1　配合比设计的基本原理

在 3D 打印水泥基材料的开发过程中，配合比设计并非简单的材料配比，而是一个多层次、多变量的系统工程。这一过程需要综合考虑材料的流变特性、力学性能、凝结硬化特性以及环境效益和经济效益等多方面因素。配合比设计的目标是通过科学合理的材料选择和配比优化，确保水泥基材料在打印过程中的可操作性，同时满足其在最终结构中的力学性能要求。

首先，配合比设计的核心在于实现可打印性。这需要材料具备合适的流变特性，即在低剪切条件下流动良好，而在停止剪切后能够迅速凝结以保持形状。过高的流动性可能导致材料在打印过程中无法保持结构形状，而过低的流动性则会影响材料的挤出效果，因此需要通过合理调整水灰比和添加剂种类来实现两者之间的平衡。

黏结性是另一个关键的设计目标。3D 打印过程是逐层堆叠的，因此各层之间的黏结力至关重要。层间黏结性不仅受材料成分的影响，还与打印工艺参数密切相关，如打印速度、层厚和喷嘴温度等。材料的黏结性通常通过增加水泥的含量或引入高分子增稠剂来增强，这可以提高各层材料之间的黏结强度，从而改善最终结构的整体性和耐久性。

材料凝结和硬化时间的精准控制在 3D 打印过程中尤为重要。传统的水泥基材料在 3D 打印中受限于较长的凝结时间，而这与打印速度之间存在矛盾。为了匹配打印速度和材料凝结时间，通常会通过添加速凝剂或使用快硬水泥来加速凝结过程。然而，过快的凝结可能导致材料在喷头内固化，从而堵塞。因此，确定水泥基材料凝结时间与打印速度之间的最佳平衡点是配合比设计中的重要问题。

在保证打印过程中材料性能良好的前提下，材料的最终力学性能是配合比设计的关键目标。水泥基材料的力学性能主要取决于其微观结构，而微观结构又受到配合比中水泥、砂、水和添加剂的影响。较低的水灰比通常会提高材料的抗压强度和抗折强度，但会影响材料在打印过程中的流动性。因此，需要通过添加减水剂来降低水灰比，同时保持适当的流动性。此外，掺加纳米材料或纤维等增强材料，也有助于提高 3D 打印水泥基材料的力学性能和耐久性。

最后，经济性与可持续性也是配合比设计中必须考虑的因素。建筑业是全球二氧化碳排放的主要来源之一。因此，在配合比设计中应优先考虑使用低碳材料，如粉煤灰、矿渣或再生细骨料，以及通过优化配合比减少水泥用量。这不仅有助于降低碳足迹，还能减少原材料消耗，降低成本。

3D 打印水泥基材料的配合比设计是一个复杂的系统工程，需要平衡可打印性、黏结性、凝结时间、力学性能以及经济和环保效益等多个目标。通过结合材料科学和流变学的理论与实验方法，合理地调整水泥、砂、水和添加剂的比例，能够为 3D 打印建筑提供高性能的材料配合比解决方案，从而推动建筑业的可持续发展和技术创新。

4.2.2 配合比设计的影响因素

在 3D 打印水泥基材料的配合比设计中，多种因素共同作用决定了材料的可打印性、力学性能及其在工程中的应用潜力。深入理解这些影响因素并加以控制，是开发出高性能 3D 打印水泥基材料的关键。

1. 胶凝材料

胶凝材料是决定 3D 打印水泥基材料性能的核心组分，其通过水化反应生成胶凝产物，使材料从塑性状态转变为固态，进而形成力学强度。选择适当的胶凝材料并合理调整其比例，对于优化 3D 打印材料的可打印性和力学性能至关重要。表 4-1 列出了 6 种常见胶凝材料的物理化学特性及化学组分，这些性质直接影响材料的水化速率、热量释放、流动性以及最终的力学性能。不同的胶凝材料具有不同的反应特性，能够在水化过程中产生不同种类和数量的水化产物，从而影响材料的微观结构和宏观性能。例如，粉煤灰和硅灰等能够生成较多的水化硅酸钙(C—S—H)凝胶，这种物质具有高强度和低孔隙率，能够提高材料的抗压强度和抗弯强度；而矿渣粉和碳酸钙粉等能在水化过程中释放出较少的热量，降低材料早期的热裂缝风险，适合用于大体积结构的 3D 打印。此外，凝胶材料的颗粒粒径和比表面积等物理特性直接影响材料的水化反应效率和流动性、挤出性等可打印性能。

表 4-1　常见胶凝材料的物理特性及化学组分

胶凝材料	颗粒直径 /μm	比表面积 /($m^2 \cdot kg^{-1}$)	密度 /($m^3 \cdot kg^{-1}$)	烧失量 /%	$w(SiO_2)$ /%	$w(Al_2O_3)$ /%	$w(CaO)$ /%	$w(Fe_2O_3)$ /%
普通硅酸盐水泥	5~30	300~400	3100~3150	≤3	19~23	4~8	60~67	2~6
粉煤灰	1~100	250~600	2000~2500	3~15	40~60	20~30	1~10	5~15
硅粉	0.1~1	15000~30000	2200~2300	≤2	85~95	0.5≤	≤1	≤1
矿渣粉	5~15	400~600	2800~3000	≤2	30~35	7~13	40~50	0.5~2
碳酸钙粉	1~10	2~10	2700~2900	43~45	≤0.5	≤0.1	54~56（烧后结果）	≤0.1
石膏基胶凝材料	10~50	300~500	2300~2400	18~20	1~3	≤0.5	30~35	≤0.1

注：w 表示质量分数。

细微颗粒均匀分散在基体中，一方面可以在浆体中起到“滚珠效应”，改善浆体的流动性；另一方面，有助于形成致密且连续的骨架结构，增强结构强度。然而，过细的颗粒会引起浆体黏度增加，使其在 3D 打印过程中难以顺利挤出或铺展，通常需要使用减水剂或其他流变改性剂来改善材料的可操作性。胶凝材料的比表面积是指单位质量的材料所具有的总表面积。较大的比表面积有助于增加水泥基材料的反应活性，尤其是在早期水化阶段，这对于 3D 打印中快速成型和层间黏结非常有利。但过大的比表面积需要更多的水来润湿，进而引起浆体的流动性下降，增加了打印难度。因此，像矿渣粉等高比表面积的胶凝材料往往需要结合使用高效减水剂来控制基体的水胶比，确保其具备良好的可操作性。

(1)普通硅酸盐水泥

普通硅酸盐水泥(OPC)是 3D 打印水泥基材料中最基本且被广泛采用的胶凝材料之一。与传统混凝土工艺不同，3D 打印工艺对水泥的性能提出了更高、更具体的要求。在配合比设计时，应着重考虑 OPC 自身的性能特点，以有效满足 3D 打印施工的特殊要求。

①快速凝结与早期强度发展。3D 打印施工为逐层叠加成型的过程，对材料的早期强度发展及凝结性能要求较高，每层材料挤出后需具备一定的初凝强度和结构自支撑能力，防止发生坍塌或明显变形。OPC 的硅酸三钙(C_3S)含量高(一般含量为 45%~65%)，能够快速水化生成大量的硅酸钙凝胶和 $Ca(OH)_2$ 晶体，有效提高材料的早期强度，满足打印层的自支撑性和形状稳定性要求。

②水化热效应与调控需求。OPC 的水化速度较快，同时伴随着显著的水化热释放。对于小尺寸构件，这种特性有利于快速成型；但对于大尺寸或厚层结构，较高的水化热可能引发材料内部温差较大，增加热应力集中和开裂风险。因此，在 3D 打印施工中需要通过合理控制水泥用量或与掺合料复合使用，调节 OPC 的水化速率和热释放，以达到既保证材料快速成型，又有效防止结构开裂的平衡状态。

③与外加剂有良好的相容性。3D 打印混凝土的性能高度依赖于水泥与外加剂(减水剂、速凝剂、缓凝剂等)的相互作用。OPC 具有较好的外加剂相容性，可通过添加不同种类和剂量的外加剂有效调控混凝土的流变性能和凝结时间，满足复杂形状结构和不同施工条件下的打印需求。这种良好的相容性使得 OPC 在材料配合比设计中具备极强的灵活性，能够应对多样化的施工工艺需求。

④环境影响及复合使用趋势。尽管 OPC 性能优异且应用广泛，但其生产过程的碳排放和能耗问题较为突出，因此在实际 3D 打印施工中一般不会单独使用 OPC，而是倾向于与粉煤灰、矿渣粉、硅灰等辅助胶凝材料复合使用。这种方式既可降低水泥用量，又能综合优化材料性能，满足 3D 打印材料配合比设计中兼顾性能与环境效益的要求。

(2)粉煤灰

粉煤灰作为燃煤电厂产生的一种工业副产品，因具有显著的火山灰活性，能够与水泥水化产物中的 $Ca(OH)_2$ 反应生成额外的胶凝产物，对提升 3D 打印混凝土长期性能发挥着重要作用。在 3D 打印技术特定的配合比设计中，粉煤灰的选择主要基于以下几个关键因素。

①火山灰活性与分类选择。粉煤灰根据化学组成不同可分为 F 类和 C 类，F 类粉煤灰(CaO 含量<15%)活性较低，适合用于提高长期强度和耐久性，但对早期强度贡献有限。为了弥补 F 类粉煤灰对早期强度的不利影响，可通过优化配合比设计和使用激发剂(如 NaOH)来加速粉煤灰的火山灰反应。C 类粉煤灰(CaO 含量 15%~30%)不仅具备火山灰效应，而且

具有一定的水硬性，早期活性较高，更适合需要快速成型的3D打印场景。因此，对于打印速度要求较高的施工，应优先选择C类粉煤灰或在F类粉煤灰中掺入适量激发剂，保证初期强度发展。

②粒径与颗粒分布。粉煤灰的细度直接影响打印浆体的流动性与可挤出性。一般情况下，细颗粒粉煤灰(如Ⅰ级粉煤灰)比表面积更大，能够填充水泥浆体内部孔隙，有效降低泌水和分层风险，从而提高打印构件的表面质量与层间黏结强度。

③掺量优化原则。对于3D打印技术要求较高的早期强度，粉煤灰的掺量不宜过高。较高掺量虽然能进一步提高后期强度与耐久性，但会显著降低早期强度，影响打印结构的稳定性。因此，在实际配合比设计中，应结合具体打印工艺要求，优化掺量并平衡早期强度与长期性能。

(3)硅粉

硅粉(微硅粉)是电弧炉炼制金属硅或硅铁合金时产生的超细活性副产物，具有极强的火山灰反应活性和显著的致密化效果，可有效提升3D打印混凝土材料的整体性能与打印稳定性。在配合比设计时，硅粉的选择需要考虑以下几个关键原则。

①火山灰活性与早期强度提升。硅粉含有高达85%~95%的无定形SiO_2，能够快速与水化产生的$Ca(OH)_2$反应形成致密的硅酸钙凝胶。这可大幅提高材料早期强度和层间黏结性能，尤其适用于3D打印结构逐层快速堆叠过程，保证构件的初期自支撑能力与整体稳定性。

②超细粒径的填充效应与需水量控制。硅粉颗粒尺寸一般为0.1~1 μm，其极高的比表面积使其能有效填充水泥颗粒间的空隙，显著降低孔隙率，从而提高材料的致密度和耐久性。但超细特性也带来了需水量增加，影响打印浆体的流动性与挤出性，因此需要配合高效减水剂使用，优化浆体的可打印性能。

③硅粉的合理掺量。3D打印混凝土的硅粉掺量通常与水泥质量有关。过低掺量难以充分发挥硅粉优势，过高掺量则会导致材料过于黏稠或产生较大早期收缩。因此，配合比设计时必须严格控制硅粉掺量，实现最佳性能。

(4)矿渣粉

矿渣粉是一种高炉炼铁工业的副产物，因具有适度的火山灰活性和潜在水化活性，常作为减少水泥用量、改善材料性能的重要掺合料。在3D打印混凝土材料配合比设计中，矿渣粉的使用需考虑以下原则：

①潜在水化活性与性能调控。矿渣粉主要成分为SiO_2、Al_2O_3和CaO，通过缓慢的二次水化反应生成额外的硅酸钙凝胶，可显著提高材料长期强度、密实性与耐久性。但矿渣粉早期活性较低，可能导致材料初期强度不足，在3D打印中需与高活性材料(如OPC或硅粉)搭配使用，以确保早期强度快速发展与成型稳定性。

②降低水化热与裂缝风险。矿渣粉的使用能显著降低水泥浆体的水化热释放速率，缓解大体积打印结构内外温差导致的热裂缝风险。这对于打印体积较大或厚层构件尤为重要，是矿渣粉在3D打印应用中重要的优势之一。

③细度与级配控制。矿渣粉的粒径通常在5~15 μm，比表面积一般控制在400~600 m^2/kg。合适的细度可优化材料的可挤出性和打印流变性能，避免过于细化而增加需水量或过粗而影响材料致密度的问题。因此，在实际配合比设计中，应选取细度适中、颗粒级配合理的矿渣粉产品。

(5)碳酸钙粉

碳酸钙粉(石灰石粉)是一种成本低、来源丰富的矿物掺合料，虽然自身胶凝活性较低，但其优异的颗粒填充特性能够显著改善 3D 打印混凝土的整体性能。碳酸钙粉在配合比设计中的选择原则如下：

①优化填充效应与孔隙结构。碳酸钙粉颗粒较细，表面光滑，能有效填充水泥基材料的孔隙，降低孔隙率，提高打印结构的密实性与表面质量，从而改善打印层间界面质量，减少层间缺陷和内部裂缝风险。

②合理掺量范围控制。由于碳酸钙粉不具备显著的胶凝性能，掺量过高可能降低材料早期强度。因此，在 3D 打印配合比设计中，碳酸钙粉掺量通常控制在水泥用量的 5%~20%以内，以充分发挥填充效果，同时避免对早期强度的负面影响。

(6)石膏基胶凝材料

石膏基胶凝材料以快速凝结和良好的表面光洁度闻名，具有独特的快速成型优势，但由于其强度低、耐水性差，在 3D 打印中的使用时需要严格界定应用场景与组合方式：

①快速凝结与高精度成型。石膏基胶凝材料的快速凝结特性非常适合需要快速成型的非承重或装饰性打印结构，能够在较短时间内获得足够的自支撑能力，适用于打印建筑装饰、模型和雕塑类构件。

②提升材料性能的组合原则。由于石膏基胶凝材料单独使用时难以满足结构性能要求，在 3D 打印中可考虑与一定比例的水泥、矿渣或聚合物等材料混合使用，以提高强度与耐久性，拓展材料的适用性，适用于室内装饰和非结构性构件。

2. 水胶比

在 3D 打印水泥基材料的配合比设计中，水胶比(*W/B*，即水与胶凝材料的质量比)是影响材料性能的核心参数之一。水胶比直接决定了浆体的流动性、黏度、凝结时间和最终的力学性能，在配合比设计中需要精确控制，以平衡材料的可打印性和结构强度。

(1)水胶比对流变性能的影响

较高的水胶比通常会增加浆体的流动性，使其更容易在打印过程中被挤出和铺展，从而满足 3D 打印对材料可操作性的要求。然而，过高的水胶比会导致浆体黏度降低，增加材料泌水的风险，从而影响层间黏结力和打印精度。这可能导致打印件的表面质量下降，甚至出现层间分离的状况。在实际应用中，往往需要结合减水剂等流变改性剂，以在低水胶比条件下保持浆体的流动性，同时提高材料的密实度和强度。

(2)水胶比对凝结时间和水化反应速率的影响

较低的水胶比意味着在浆体中可用的水量较少，这通常会加快水化反应的进程，由于胶凝材料颗粒与水的接触更为集中，水化产物如硅酸钙和 $Ca(OH)_2$ 得以更快生成。这种快速的水化反应有助于材料早期强度发展，使得 3D 打印结构能够迅速硬化，进而支持后续的层叠施工。然而，由于水化反应释放的热量增加，可能导致早期收缩和裂缝的形成，尤其在大体积打印中更为显著。

相反，较高的水胶比则提供了更多的自由水，这在一定程度上延缓了水化反应的进程。较多的水分不仅稀释了胶凝材料颗粒周围的反应环境，还导致水化产物的生成速度减缓，延长了材料的凝结时间。这种延长的凝结时间对于 3D 打印中涉及大尺寸或复杂几何形状的结构尤其有利，能够在打印过程中保持较长的可操作时间，有助于提高打印精度和层间黏结质量。但较高的水胶比也可能导致材料的早期强度不足，增加泌水和孔隙率的问题，从而对结构的长期耐久性产生负面影响。

(3)水胶比对力学性能的影响

较低的水胶比能够生成更多的硅酸钙凝胶，填充材料内部的孔隙，从而提高材料的密实度和力学强度。研究表明，在保持良好流动性的前提下，水胶比每降低 0.05，水泥基材料的抗压强度可提升 10%~15%。然而，过低的水胶比也可能导致材料过于黏稠，难以挤出，进而影响打印的连续性和精度。

(4)化学改性剂

化学改性剂是调控 3D 打印水泥基材料性能的重要手段，通过精细化的控制水化反应速率、流动特性以及凝结硬化规律，显著影响着材料的可打印性、施工性能和结构稳定性。在配合比设计中，减水剂、速凝剂和缓凝剂是三类最具代表性的改性剂，能够有效实现材料性能的精细调控，以满足 3D 打印对材料性能的特殊要求。

1)减水剂对配合比设计的影响

减水剂通过高效地分散水泥颗粒，降低水泥浆体的需水量，从而在不提高水灰比的前提下改善材料流动性。图 4-5 展示了其工作原理。减水剂通常由阴离子表面活性剂构成，如萘系或聚羧酸系化合物，它们通过吸附在水泥颗粒表面，利用静电排斥和空间位阻效应有效地降低水泥浆体的表面张力，增加水泥颗粒的分散度。这种分散效应不仅提高了浆体的流动性，还减少了水泥颗粒的聚集，从而提高了水化反应的效率。对于 3D 打印而言，浆体需同时具备适当的可挤出性和层间黏结性，因此减水剂的选择与用量必须精确控制。

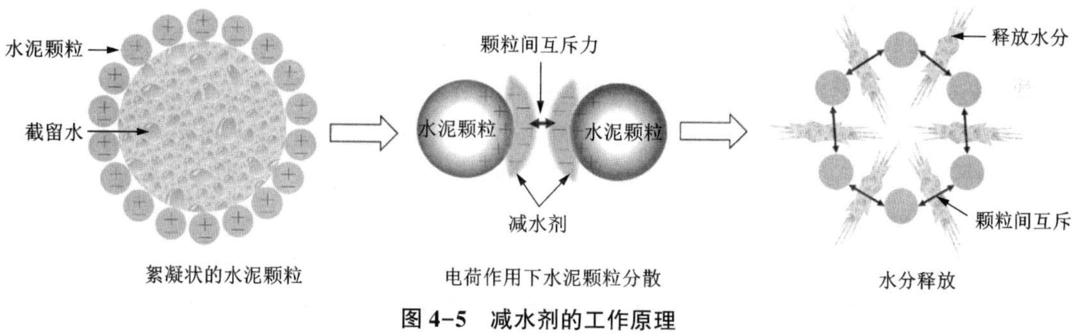

图 4-5　减水剂的工作原理

①减水剂类型的选择。表 4-2 给出了常见减水剂的特性，聚羧酸系减水剂是 3D 打印应用中最常见的类型，因其具备极佳的分散性能和可调控的保坍性能，能够精确调节浆体的流变性能。相比之下，萘系或木质素磺酸盐类减水剂虽然成本更低，但减水效果和流变调控能力有限，主要适用于普通打印或非结构性构件。

②用量控制对流变性能的影响。减水剂掺量需严格控制在合适的范围(通常为胶凝材料质量的 0.2%~1.5%)。用量过低无法显著改善浆体流动性，影响打印挤出效果；用量过高则会导致浆体过度流动、失去形状稳定性，严重时会出现层间滑移或坍塌现象。因此，实际配合比设计中需通过流变试验确定最佳用量，以平衡可挤出性与稳定成型能力。

表 4-2　常见减水剂特性

减水剂类别	代表	优点	缺点	密度 /($g \cdot cm^{-3}$)	减水率 /%	建议用量 /%
木质素磺酸盐类	木质素磺酸钙/钠	价格低廉，适用于一般工程	减水率低，需较高用量	1.20	8~12	0.2~0.5
萘系	β-萘磺酸盐甲醛缩合物	减水率较高，分散性强	需控制掺量，过多影响凝结时间	1.18	15~25	0.5~1.0
氨基磺酸盐系	氨基磺酸盐类化合物	早期强度发展好	较少使用，应用范围有限	1.05	12~18	0.2~0.8
聚羧酸系	聚羧酸系高性能减水剂	分散性优异，保坍性好，环保	价格较高，对原料要求高	1.05	20~30	0.2~1.5
脂肪族系	脂肪族系磺酸盐	适用于自密实混凝土，保水性好	相对较少使用，特定应用场景	1.15	10~20	0.3~0.8

③对强度与耐久性的间接影响。由于减水剂可在不增加水灰比的情况下提升流动性，间接提高了打印结构的密实性和抗压强度，降低了材料内部孔隙率，从而有利于提升打印构件的长期耐久性。

2)速凝剂对配合比设计的影响

速凝剂在 3D 打印中的作用主要在于控制浆体的快速凝结与早期强度的发展，以支撑连续打印层的快速堆叠和成型。速凝剂的作用机制主要是促进水泥矿物[特别是铝酸三钙(C_3A)]的快速水化反应，从而快速提高浆体的黏结强度。

①速凝剂类型的选择与限制。3D 打印常用的速凝剂包括氯化钙($CaCl_2$)和无氯盐类速凝剂(如硫酸铝、硝酸钙)。考虑到结构的耐久性，特别是在钢筋混凝土结构中应避免使用氯化物类速凝剂，以防止钢筋腐蚀。在实际应用中，推荐使用非氯化物速凝剂，以确保长期耐久性与环境安全性。

②速凝剂掺量对凝结时间与强度的影响。速凝剂掺量一般控制在胶凝材料质量的 1%~3%。掺量过低，凝结速度缓慢，不能有效满足逐层堆叠的施工需求；掺量过高，则易导致浆体过早凝结，影响挤出稳定性，并可能造成材料过于脆弱、产生明显的收缩开裂。因此，应通过现场或实验室试验确定最适宜的掺量，以精确调控凝结时间与早期强度，确保材料既能快速成型又不会降低长期性能。

③速凝剂使用对打印速度的匹配性要求。在配合比设计中，速凝剂的使用必须与实际的打印速度和工艺节奏相匹配。打印速度较快时，速凝剂用量可适当增加，以实现层间快速硬化；而打印速度较慢或环境温度较高时，应适当降低速凝剂掺量，防止喷嘴堵塞或挤出材料过早硬化。

3)缓凝剂对配合比设计的影响

缓凝剂的作用与速凝剂相反，通过延缓浆体的凝结过程，延长材料的可操作时间，适用于大尺寸构件打印或复杂结构长时间连续打印的情况。

①缓凝剂种类及作用机制。3D 打印中常用的缓凝剂主要包括糖类化合物、磷酸盐以及

有机酸盐等。这些缓凝剂通过在水泥颗粒表面形成钝化膜，延缓水化反应过程，从而有效地延长浆体的施工时间。

②缓凝剂掺量对打印施工的影响。缓凝剂掺量的适宜范围一般为胶凝材料重量的0.05%~0.5%。掺量过低无法有效延长施工操作时间，掺量过高则可能导致浆体长时间不凝固，影响层间强度发展，甚至引发层间界面弱化。因此，需根据打印规模、结构复杂程度和环境温度条件，通过试验确定最适宜的掺量，确保打印连续性与施工效率的同时，避免层间黏结性能的降低。

③缓凝剂对结构收缩与裂缝控制的作用。适量使用缓凝剂有助于控制因水化热和环境温湿度变化产生的早期收缩开裂。尤其是在大尺寸3D打印结构中，通过缓凝剂延缓水化进程，可以均匀释放水化热量，减少内部温差引起的热应力，有效降低结构开裂风险。

通过合理选择和使用化学改性剂，可以优化3D打印水泥基材料的流变性能、凝结时间和早期强度，从而满足不同工程条件下的需求。为了确保在打印过程中获得最佳的可操作性和在实际应用中的长期性能，这些化学改性剂的使用必须经过严格的实验验证和配合比优化。这就需要考虑3D打印设备的特性、打印速度、层间时间间隔以及环境条件等多重因素，通过系统性的试验设计，确保化学改性剂的用量和分布能够在微观和宏观尺度上同时优化材料性能，最终满足复杂工程条件下的应用需求。

综上所述，3D打印水泥基材料的配合比设计是一个涉及多种参数的复杂优化过程，要求在微观和宏观层面上进行系统性调控。科学选择和优化胶凝材料的种类，结合精确的水胶比控制以及合理使用化学改性剂，有助于在材料的可打印性、层间黏结性和最终力学性能之间实现最佳平衡。这种综合性设计不仅提高了3D打印建筑的施工效率，还确保了打印结构在长期使用中的耐久性、稳定性和安全性。特别是在3D打印复杂几何形状和大规模结构时，精细的材料配合比设计能够应对严苛的施工条件，保障结构的整体质量和性能表现。

4.2.3 配合比设计的验证方法

在3D打印水泥基材料的配合比设计过程中，通过科学的测试方法获得的各项性能数据，不仅能够直观评估材料性能，更重要的是能为配合比修正提供具体而明确的依据，从而优化最终的材料组成。以下从流变性、工作性和保水性测试结果的角度，分析如何基于测试结果指导和优化3D打印材料的配合比设计。

1. 流变性测试结果对配合比的指导作用

流变性指的是材料在外力作用下的流动和变形特性，其提供了材料在外力作用下流动特征的定量数据。通过流变性测试，可以量化材料的屈服应力、塑性黏度和剪切稀化行为，从而判断其是否适合用于3D打印。

(1)屈服应力过高或过低的调整方法

屈服应力是指材料开始流动所需的最小剪切应力，在3D打印中，屈服应力决定了材料在挤出过程中是否能够保持其形状而不塌陷。适当的屈服应力有助于保持打印层的稳定性，防止层间坍塌或变形，这对于打印复杂几何形状和高层结构尤为重要。然而，在流变测试中，如果材料表现出过高的屈服应力，表明材料难以挤出，可能出现堵塞喷嘴或层间结合不良的情况，这时需要适当增加减水剂的掺量或提高水胶比，降低浆体的黏度。反之，若屈服应力过低导致材料挤出后坍塌，则应适当减少减水剂的使用量或增加胶凝材料总量，以增加浆体的结构强度与稳定性。

(2)塑性黏度不适宜时的调整策略

塑性黏度是材料在流动状态下的内阻力，影响材料在剪切应力下的流动速度。对于 3D 打印水泥基材料，适中的塑性黏度至关重要。过高的黏度会阻碍材料顺畅挤出，可能导致打印中断或层间不均匀；而过低的黏度则会影响材料的成型稳定性，使材料在挤出后难以保持形状，从而影响打印精度和层间黏结强度。此时可通过调整细骨料比例，增加细粉料(如硅粉、碳酸钙粉)的用量，或优化外加剂种类与用量，精确控制浆体的塑性黏度，达到可挤出且成型稳定的平衡状态。

AI

AI微课

科学优化剪切稀化效应，提升材料打印稳定性

(3)剪切稀化特征优化

剪切稀化是指材料在高剪切速率下黏度降低的现象。对于 3D 打印而言，材料在高剪切速率下(如在喷嘴内)应表现出较低的黏度，以确保顺利挤出；而在低剪切速率下(如在喷嘴外)应迅速恢复较高的黏度，以保持打印形状的稳定性。若流变测试发现材料的剪切稀化效应不足，即材料在喷嘴内流动困难且出料后恢复形状慢，此时可以适当调整聚羧酸减水剂的种类和用量，利用其空间位阻效应显著提高材料的剪切稀化特性，确保打印浆体在喷嘴内顺畅挤出，出喷嘴后快速稳定成型。

2. 工作性测试结果对配合比的指导作用

在 3D 打印水泥基材料的开发过程中，工作性测试是评估材料可打印性的重要环节，测试结果直接反映材料实际打印时的可挤出性、形状保持性与层间黏结性能，从而为配合比设计优化提供明确指导。在传统混凝土施工中，工作性通常通过坍落度测试或扩展度测试来评估，但在 3D 打印应用中，这些测试方法需要进行调整和优化，以更好地反映打印工艺的特殊需求。

(1)可挤出性问题的配合比修正方法

可挤出性是 3D 打印水泥基材料工作性能的核心。材料必须具备良好的可挤出性，以确保在打印过程中能够顺利通过喷嘴，并且在喷嘴出口处立即稳定成型。可挤出性的测试通常通过模拟打印喷头的压力和挤出速度来进行，这种测试可以帮助确定材料在实际打印过程中的可操作性，并优化配合比以避免堵塞或不均匀挤出的问题。若在可挤出性测试中出现浆体难以均匀挤出、时断时续或喷嘴堵塞的情况，通常表明材料黏度过高或颗粒级配不合理。此时需优化颗粒级配，如降低粗颗粒掺量、提高浆体细度或适当调整减水剂、缓凝剂用量，以增强材料的均匀流动性与可挤出性能。

(2)形状保持性不足问题的优化策略

形状保持性是另一个重要的工作性能指标，在 3D 打印过程中，材料被逐层挤出并堆叠，必须在没有模具支撑的情况下保持其形状。这要求材料在挤出后既要具有足够的流动性以实现平滑的层叠，又要具备较高的黏结强度以防止层间滑移和变形。若测试发现材料挤出后明显变形或层间滑移，说明屈服应力与结构黏度不足以支撑打印构件的重量，应适当提高矿物掺合料(如硅粉)比例或降低浆体的流动性，通过增加浆体初始黏度与早期强度，优化材料的形状保持性能。

(3)层间黏结性能的提升方法

黏结强度直接影响到层间结合的牢固程度，其测试方法通常包括在不同打印间隔时间后

进行剪切或拉伸测试，以评估材料层间的黏结性能。若黏结强度测试显示打印层间黏结不良或层间界面明显存在弱结合现象，这可能源于打印间隔时间过长或浆体干燥过快。为提升层间结合质量，应合理控制凝结时间(调整缓凝剂或速凝剂用量)，或优化保水性(调整掺合料和减水剂用量)，确保各打印层在界面处维持足够的湿润状态与凝胶含量，增强层间界面的融合效果。

3. 保水性测试结果对配合比的指导作用

保水性测试是评估材料在打印过程中及后续养护阶段水分保持的能力，其直接影响水化反应的进程、早期强度的发展和最终的耐久性。在打印过程中，材料被逐层挤出并堆叠，暴露在空气中的材料表面水分易蒸发。如果保水性不足，可能导致表层水化反应不完全，形成“干壳”现象，不仅影响表面质量，还会削弱层间黏结强度。良好的保水性能够确保每层材料在叠加时保留足够的水分，促进上层与下层的充分黏结，避免层间分离或弱结合区域的出现。通过保水性测试，可准确评估打印材料的失水速度和水分迁移规律，进而有效指导配合比调整，以防止施工过程中表面水分损失造成的强度与耐久性问题。

(1)失水率过高时的配合比调整策略

在测试过程中，将材料试件暴露在模拟打印环境中，定时称量试件重量变化。较低的失水率表明材料在打印过程中具有良好的保水性，可以有效避免层间黏结不良和干缩裂缝的产生。如果失水率测试显示材料打印后迅速干燥形成“干壳”，则应调整浆体细颗粒比例、提高材料密实性或增加掺合料(如矿渣粉或粉煤灰)的掺量，以减少表面水分蒸发；此外，还可适当提高减水剂和缓凝剂掺量，改善浆体的流动性与保水能力，确保层间强度和结构完整性。

(2)毛细吸水过快时的配合比修正措施

毛细吸水测试用于评估材料在暴露于水中的吸水行为和内部水分的迁移行为，通过测量试件在水中浸泡后的吸水量，可以分析材料的内部孔隙结构及其对水分的保持能力。毛细吸水速率较低的材料通常具有较高的密实度和保水性，这对于提高3D打印材料的长期耐久性十分重要。若毛细吸水测试结果显示材料内部毛细孔道过多、吸水率过高，说明内部密实性不足，应优化颗粒级配，提高硅粉或矿渣粉等超细掺合料的比例，增加浆体致密度。同时，也可适当调整聚羧酸系减水剂的掺量，降低水胶比，进一步降低内部孔隙率，增强长期耐久性。

4.2.4 配合比设计的实际案例

3D打印水泥基材料的配合比设计不仅需要深入的理论研究，更需要在实际工程中得到验证和应用。通过分析既有的配合比设计案例，可以深入了解不同应用场景下的配合比设计及其对结构性能的影响。本节将从房屋建筑和桥梁建设两个方向展示配合比设计在3D打印水泥基材料中的实际应用。

1. 阿姆斯特丹3D打印房屋

阿姆斯特丹3D打印房屋项目如图4-6所示，是由荷兰建筑公司DUS Architects主

图4-6 阿姆斯特丹3D打印房屋

导的一个开创性建筑项目，旨在探索 3D 打印技术在建筑领域的实际应用。该项目的目标是通过 3D 打印技术构建一栋功能齐全的房屋，以展示这一技术在设计灵活性、材料节约和施工效率方面的潜力。项目被称为"Canal House Project"，自 2014 年启动以来，受到了广泛的关注。

(1)材料配合比设计

1)水胶比的优化

水胶比是决定材料流动性和强度的关键因素。在阿姆斯特丹 3D 打印房屋项目中，研究人员经过多次实验，将水胶比控制在 0.3~0.35，这一范围内的水胶比能够确保材料在挤出后快速凝结，从而保持打印层的稳定性。较低的水胶比提高了材料的密实度，增强了抗压强度，最终达到 60 MPa 以上。

2)增稠剂和纤维增强材料

为了进一步提高材料的形状保持性和层间黏结力，研究人员在材料中加入了增稠剂和纤维增强材料。增稠剂提高了材料的黏度，防止其在打印过程中因流动性过高而导致层间变形。纤维增强材料则通过在材料中形成均匀分布的纤维网络，提升了材料的抗拉强度和抗裂性能，确保了打印结构的力学性能和整体稳定性。

(2)力学性能及耐久性测试

1)力学性能

研究人员分别对抗压强度、抗弯强度和层间黏结强度进行了测试，以评估打印材料的力学性能。测试结果显示，经过优化的 3D 打印水泥基材料在 28 d 龄期时，抗压强度达到了 60 MPa 以上。这种高抗压强度确保了打印墙体在承载荷载时具备足够的稳定性，能够支持多层建筑的自重和使用荷载。通过加入纤维，明显提高了材料的抗拉强度，并且在打印过程中有效防止了层间裂缝的形成。此外，为了评估层间黏结强度，研究人员采用了剪切试验和拉拔试验，通过施加水平和垂直的力，测量层间的滑移和分离现象。结果显示，使用增稠剂和纤维增强材料的 3D 打印混凝土，在层间黏结强度方面表现优异，确保了上层与下层之间的紧密结合，没有出现明显的分层或弱化区域。

2)耐久性

阿姆斯特丹的气候多变，季节性温度和湿度变化显著。在正式施工前，研究人员对打印材料进行了多轮耐久性测试，包括抗冻融循环、抗硫酸盐侵蚀和长期水化反应测试。测试结果表明，优化后的材料能够在-10~30 ℃的温度范围内保持稳定的力学性能，并且在多次冻融循环后仍保持良好的结构完整性。

(3)施工过程

阿姆斯特丹 3D 打印房屋采用了一台大型的移动式 3D 打印机进行施工。打印机通过逐层堆叠的方式，将水泥基材料挤出形成墙体结构。整个施工过程分为多个阶段，每个阶段均对打印层进行微调和质量监控。为了确保打印质量，研究人员对打印速度、层厚和环境条件进行了精确控制。每一层的厚度保持在 5~10 mm，以确保材料能够充分黏结和固化。

2. 西班牙马德里 D 形 3D 打印人行桥

西班牙马德里 Castilla-La Mancha 公园的 3D 打印纤维增强砂浆人行桥如图 4-7 所示，该桥是世界首座采用 3D 打印技术建造的 D 形截面桥梁。桥梁全长 12 m，宽 1.75 m，主要用于人行通道。桥梁的设计采用了创新的 D 形截面，由 8 个 U 形段组成，并通过钢框架在施工过程中进行临时支撑。桥梁采用高性能砂浆和钢纤维作为打印材料，使其具备优异的力学性能和耐久性，展示了 3D 打印技术在节约材料、提高施工效率和环境可持续性方面的巨大潜力。

图 4-7　西班牙马德里 D 形 3D 打印人行桥

(1) 材料配合比设计

1) 胶凝材料

该桥梁采用了高强度的普通硅酸盐水泥作为基础胶凝材料，以确保结构的整体强度和耐久性。在施工过程中，为了确保良好的水化反应和材料性能，水泥的用量设置为 500 kg/m^3。这种水泥具有良好的早期强度发展特性，能够满足 3D 打印过程中快速成型的要求。

2) 钢纤维增强材料

为了提高材料的抗拉强度和抗裂性能，桥梁材料中加入了钢纤维。纤维的掺量为 100 kg/m^3，采用直径为 0.15 mm、长度为 13 mm 的冷拔钢纤维。这些纤维在材料中形成了增强网络，能够有效抵抗裂缝的扩展，显著提高材料的韧性和抗拉强度，从而增强桥梁结构的力学性能和稳定性。

3) 化学改性剂

为优化材料的可打印性和稳定性，使用了高效减水剂和增稠剂。减水剂的掺量约为水泥质量的 1%~2%，通过降低水胶比来提高材料的流动性，确保打印过程中材料的均匀沉积。增稠剂则提高了材料的黏度，防止打印层在未完全硬化前发生变形，确保层间黏结力和结构完整性。

4) 水胶比

打印材料的水胶比被严格控制在 0.3~0.4，以确保在打印过程中材料具有足够的流动性，同时保持良好的力学性能。较低的水胶比有助于降低材料中孔隙率，提升抗压强度和抗渗性，从而提高桥梁的整体耐久性。

(2) 力学性能测试

在抗压强度测试中，标准立方体试件在压缩试验机上加载，直至破坏。测试结果显示，所设计的 3D 打印水泥基材料抗压强度达到了 70 MPa，远高于传统现场浇筑混凝土的典型强度。这表明所设计的打印材料具有优异的承载能力，能够满足桥梁在垂直荷载下的性能要求。与此同时，通过对打印的梁试件施加弯曲荷载进行抗弯强度测试。结果显示，抗弯强度达到了 10 MPa，这意味着钢纤维的增强效果进一步提高了桥梁的抗裂性和韧性，为结构的安全性提供了保障。此外，剪切测试结果表明，材料在 3D 打印过程中的层间黏结性能良好，黏结强度达到 3 MPa，足以保证桥梁结构的整体性和稳定性。并且抗拉强度测试显示，由于钢纤维的增强作用，材料的抗拉强度达到了 4 MPa，这有效地防止了裂缝的扩展和传播，确保了桥梁在横向荷载作用下的稳定性。

（3）施工过程

该桥梁的施工采用了逐层打印的方法构建整个桥体，如图 4-8 所示，桥梁由 8 个 U 形段组成，每段在独立的生产周期内打印完成。在打印过程中，打印喷头沿预定路径逐层沉积砂浆材料，材料在打印后迅速凝固并形成稳定的结构。每层材料在打印完成后需要一定的时间进行初步凝结，以确保层与层之间的黏结力，从而保证整个结构的整体性和稳定性。为了在打印过程中保持 U 形段的施工精度和稳定性，采用了钢框架作为临时支撑。这种支撑方法有效地防止了打印过程中可能出现的变形或位移问题。在打印完成后，桥梁结构在受控环境中进行了养护，确保材料中的水化反应能够充分进行，使桥梁逐步达到设计所要求的强度和耐久性。

图 4-8　模块打印和拼装

3D 打印建筑代表了建筑业在技术和材料应用上的重大突破，展示了其在复杂形状结构上的应用潜力，特别是在节约材料、减少废料和提高施工效率方面的优势。通过合理配制 3D 打印水泥基材料，确保了结构的力学稳定性和耐久性，使结构能够适应各种恶劣的环境条件。此外，这两项成果也为未来 3D 打印技术在大规模基础设施建设中的应用提供了宝贵经验，标志着建筑行业向数字化制造和可持续发展迈进。

3. 成都驿马河公园流云桥项目

成都驿马河公园流云桥（图 4-9）项目旨在探索 3D 打印技术在景观桥梁领域的实际应用。该项目位于成都市龙泉驿区驿马河公园，桥梁设计灵感源自驿马河自由奔腾的形态以及舞动的丝绸，展现了科技与艺术的完美融合。项目自 2019 年提出构想，历经半年多的设计与多方论证，于 2021 年正式亮相，成为公园城市建设中的一大亮点。

（1）材料配合比设计

流云桥全长 66. 8 m，其中采用 3D 打印工艺的桥梁段长达 21. 58 m，为目前全球已建成的最长的高分子 3D 打印桥梁。该桥最宽处达 8 m，最高处为 2. 68 m，总打印材料用量超过 12 t，显示出 3D 打印在大型城市基础设施领域的可行性与拓展潜力。

图 4–9　成都驿马河公园流云桥

桥体打印材料为高分子复合材料，具备出色的抗紫外线、抗老化与耐候性能，能够长期稳定地服役于户外环境。为显著提升材料的力学性能和整体稳定性，特别加入了约 20%的高强玻璃纤维，同时添加了多种改性剂，以兼顾材料的强度、韧性与可打印性。该材料不仅具备优良的黏结性和层间融合能力，还能实现良好的打印成型精度和表面质量，为桥梁提供了坚实的材料基础。

(2)打印工艺与结构设计

在施工工艺上，流云桥采用了先进的"分段打印+现场装配"方式，即在工厂环境中利用五轴增减材一体化打印设备进行构件逐段打印，随后运送至现场进行精确拼接。这一方式有效规避了打印设备运输难、现场施工环境复杂等问题，也提升了打印构件的质量一致性。打印过程实现了 7 d×24 h 全天候连续运行，且通过热场与位移实时监控系统进行闭环控制，动态调整喷头温度、打印路径与速度，显著降低了变形、裂纹等缺陷的发生概率。此外，为了确保打印精度和装配一致性，项目团队引入了激光点云三维扫描技术，对每一个打印单元进行高精度检测与误差控制。在结构方面，考虑到高分子材料的弹性模量相对较低，桥体在关键受力部位特别设计了钢梁叠合结构作为主要承重构件，从而有效提升整体刚度与安全系数。同时，桥梁两端的栏杆采用轻质航空材料，并通过数控设备进行一体化雕刻，辅以高性能表面涂层处理，使其不仅造型精致、轻盈透气，还具备较高的耐候性和触感舒适度。

(3)性能测试与验证

在正式打印前，团队进行了大量的模拟打印试验，包括材料熔融行为分析、冷却过程热场模拟、翘曲风险预测等，从材料级、构件级到整桥级开展了全方位的性能测试与模拟验证工作。在实际打印阶段，通过三维激光点云扫描技术与红外热成像监测手段，实时监控打印过程中的关键变量，包括喷嘴温度、环境温度、熔融层温度与层间冷却速率等，以保证成型和拼接安装的精度。此外，针对高分子构件常见的层间开裂、界面剥离和外部翘曲等问题，采取了层间增韧处理、热风辅助加热等措施，以实现打印构件的高致密度、高强度及优良耐久性。最终，通过荷载试验与结构响应分析，验证了桥梁在承载能力、抗震性能与疲劳耐久性方面均满足设计及规范要求。

4.3 新拌性能

4.3.1 新拌性能的内涵与要求

3D 打印水泥基材料作为一种面向智能建造的新型材料体系，其新拌状态下的性能要求与传统浇筑混凝土有显著差异，这种差异主要源于 3D 打印技术的成型方式以及施工过程对材料性能的特殊需求。新拌性能是指水泥基材料在拌合后的短时间内(通常是几个小时内)所表现出的物理性能，包括流动性、保水性、泵送性等。这些性能共同构成了材料在施工过程中的工作性，也影响着 3D 打印构件后续的力学性能、体积稳定性和耐久性，是评价新拌水泥基材料质量的重要指标。新拌性能描述的是材料自身的物理特性，而可打印性则强调材料在 3D 打印过程中的适应性和表现。虽然二者概念不同，却密切相关，优良的新拌性能是实现良好可打印性的前提与基础。

在传统混凝土工程中，新拌性能主要服务于浇筑、振捣与成型等工艺环节，重点关注材料的泵送性、可浇筑性与抗离析能力。而在 3D 打印建造中，材料需要在无模板支撑条件下，通过设备连续泵送、挤出与逐层堆叠完成结构构件的快速成型。因此，其不仅要具有良好的流动性和泵送性，还需在沉积后迅速获得一定的结构保持能力，以抵抗自身重力和后续层的叠加荷载。这对材料的触变性、结构恢复能力及早期承载能力提出了更高的要求。

3D 打印工艺的连续性和多阶段协同性，决定了新拌性能必须具备动态适应的特征。在泵送阶段，材料需具备稳定的流动性和抗离析性，以保障顺畅输送并防止管道堵塞；在挤出阶段，材料必须展现出良好的可塑性和流动延展能力，以实现均匀、连续的挤出形态；而在堆叠与成型阶段，材料则需迅速建立初始结构强度，并保持轮廓形态的稳定性，避免因下沉、侧流或失稳引发打印缺陷。这种由性能驱动与过程联动构成的闭环关系，是 3D 打印水泥基材料配合比设计的核心逻辑。

因此，3D 打印水泥基材料的新拌性能不仅仅是若干独立性能参数的集合，更应作为一个互相关联、动态耦合的性能体系进行理解和优化。材料在设计阶段应充分考虑打印路径、构件几何形态与设备参数等工艺变量，通过协调控制水胶比、颗粒级配、外加剂类型与掺量等因素，使新拌性能与打印过程实现全流程适配与匹配。新拌性能的优劣不仅决定了打印过程的稳定性与可靠性，也直接影响构件最终的几何精度、层间结合质量与早期力学性能，是连接材料设计与结构性能之间的关键环节。深入理解新拌性能在 3D 打印过程中的作用机制，并建立系统的性能评价与调控方法，是推动 3D 打印水泥基材料技术工程化、规模化应用的基础。

4.3.2 关键新拌性能指标解析

1. 流动性

流动性是 3D 打印水泥基材料在新拌状态下最基本且最直观的性能之一。它反映了材料在受重力或外力作用下的流动能力，直接关系到其在打印过程中的泵送效率与挤出稳定性。在材料试配阶段，流动性通常作为初步评估可打印性的关键指标，能够快速反映材料是否具备进入打印环节的基本条件。

在 3D 打印施工过程中，良好的流动性有助于材料顺利通过输送管道与喷头，以连续、均匀的状态沉积于打印平台，避免发生堵管、断流或出料不稳定等问题。材料流动性不足将导致泵送阻力增大、挤出效率下降，严重时甚至会中断施工。而流动性过高则可能使材料失去必要的塑性与形状保持能力，导致打印条带边缘扩散、局部下垂甚至整体塌落，从而影响堆叠质量和几何精度。

适宜的流动性不仅是实现稳定泵送与顺畅挤出的前提，也是保障打印结构成型精度与表面质量的重要因素。应根据构件尺寸、喷头规格和打印速度等施工条件，对材料的流动性进行合理调控，使其在满足施工要求的同时，兼顾后续的成型稳定性与堆叠性能。此外，流动性与材料的触变性、保水性等性能密切相关，其调控应在整体性能平衡的前提下进行。

2. 触变性

AI微课
3D打印水泥基材料的触变性：连接流动性与成型稳定性的关键性能

触变性是指水泥基材料在外部剪切作用下结构被破坏、黏度降低，而在剪切停止后其结构逐渐重建、黏度随之恢复的特性。该性能是水泥浆体流变行为的重要体现，源于浆体内部颗粒间物理架构的可逆性重构机制。

在 3D 打印过程中，触变性对材料的适应性和成型性能具有关键作用。在挤出阶段，材料需具备较低的黏度，以便在剪切作用下展现良好的流动性，能顺利通过喷头并沉积成型。而在沉积结束后，剪切力解除，材料应迅速恢复一定的结构强度，以保持打印条带的形状稳定，支撑上层结构的叠加，并防止因延迟凝结或侧向流动引起的变形与塌落。

良好的触变性能有助于实现材料在打印过程中的动、静转换，即在运动中流动顺畅，在静止时快速定型。这一性能不仅影响堆叠高度与打印角度的可控性，还关系到构件的几何精度、表面质量以及打印速率的上限。触变性与材料的流动性密切相关，需在设计配合比时予以综合考量，避免因触变性过强导致泵送困难或因触变性不足造成成型失稳。

3. 黏聚性

黏聚性是指水泥基材料在新拌状态下，颗粒之间相互吸附、相互作用所形成的整体保持能力，是材料在静止或缓慢流动过程中维持均匀性与结构完整性的一种能力。黏聚性良好的材料在泵送与挤出过程中不易发生离析、断带或拉丝现象，能够保证材料出料连续、形态稳定，是打印过程顺畅进行的重要保障之一。

在泵送阶段，材料需在高压状态下维持组分的一致性，避免因水分或细颗粒迁移导致的局部失水或骨料堆积；在挤出阶段，材料的黏聚性能则决定其能否以稳定、连续的形式通过喷嘴，保持一致的断面形态并实现均匀沉积。若黏聚性不足，材料可能在喷嘴出口处发生断裂、分叉或黏附不均，影响构件线条连续性与打印质量。良好的黏聚性有助于提高材料的抗离析能力，提升泵送稳定性与挤出一致性。在材料配合比设计过程中，可通过调控胶凝材料比例、细颗粒级配以及黏结型外加剂的使用，提升材料整体结构的黏结力与内部相容性，从而增强其黏聚性能。

黏聚性虽难以通过单一标准参数量化，但可通过泌水率测试、L 形箱测试中的黏附观察、喷嘴出料稳定性评估等方式进行间接判断。综合而言，黏聚性作为新拌性能中的一项关键指标，对于保障 3D 打印过程的连续性、构件的一致性与最终成型质量具有重要意义。

4. 开放时间

开放时间是指水泥基材料在拌合完成后，仍能保持良好流动性与可打印性能的持续时间。在 3D 打印水泥基材料应用中，它反映的是材料在整个打印周期内维持可加工状态的能力，属于新拌性能的重要组成部分。其并非传统意义上以单一物理指标定义的性能参数，更多体现为材料在拌合完成后，持续保持良好可打印性状态的时间窗口。

与传统混凝土施工中所关注的初凝时间与终凝时间不同，3D 打印强调的是材料在施工过程中的即时适应性。打印过程往往持续时间较长，构件体量较大，尤其在中大型打印任务中，材料需长时间维持稳定的泵送性、可挤出性与堆叠性能。开放时间不足，会导致材料在构件尚未建造完成前发生硬化，不仅可能引起泵送管道堵塞，还会造成打印中断或层间无法黏结，直接破坏打印结构的整体性能与建造连续性。另一方面，过长的开放时间也会带来负面影响。材料在沉积后若长时间维持低强度状态，将延缓打印层的固化过程，影响上层堆叠的承载能力，甚至引发层间下沉或结构不稳定。这不仅降低打印效率，还可能削弱构件的几何精度与层间黏结质量。

因此，开放时间的设置应根据打印路径规划、构件几何尺寸、施工节奏及设备运行速度综合考量。既要确保整个打印过程连续稳定，又应在沉积后及时实现结构的初步固结。通过优化水胶比、调控胶凝材料品种与用量，以及选用合适的外加剂体系，可以对开放时间进行有效控制，使材料性能与工艺参数达到动态匹配。

5. 保水性

保水性是指水泥基材料在新拌状态下保持内部水分不易流失的能力，通常表现为材料抵抗泌水和离析的性能。对于 3D 打印水泥基材料而言，保水性不仅关乎材料自身结构的稳定性，更直接影响其在打印过程中的可操作性和连续性。

在连续泵送与挤出的过程中，材料长时间处于受力状态，若保水性不足，浆体中的水分极易在压力作用下被压出或在环境中快速蒸发，导致局部稠化、黏度上升、泵送阻力增大。浆体与骨料之间失去原有润滑性，可能引发泵管堵塞、挤出不均甚至中断打印过程。此外，泌水还会造成骨料集中沉积，导致材料发生离析，使流动性降低、稳定性变差，严重时出现断带、偏移等打印缺陷。

具有良好保水性的材料在整个打印周期内能够维持稳定的流变状态和成型性能。在多层堆叠过程中，材料能够持续保持浆体均匀性，增强层间界面黏结，避免由于泌水引发的界面空隙和强度弱化。反之，保水性差的材料往往伴随明显的泌水现象，不仅影响打印过程，还可能导致层间形成薄弱结构，诱发裂缝和整体性能的退化。

保水性的提升通常依赖于胶凝材料体系的设计与细颗粒材料的优化，如适当增加粉煤灰、硅灰等微细材料，能够有效填充孔隙并提升浆体结构密实性。同时，通过使用保水型外加剂、降低水胶比、控制搅拌工艺，也可实现对水分渗流与蒸发速率的调控。

上述新拌性能指标虽然各自描述材料在不同维度上的物理行为，但在 3D 打印过程中，它们彼此关联、相互制约，共同构成了一个影响打印适应性的性能协同体系。流动性是构件打印过程顺畅性的基础，决定了材料能否被有效泵送和挤出；触变性则调控材料在受剪后的状态变化，是实现从“流动”到“定型”的关键性能；保水性保障材料内部水分在持续受力与开放环境中保持稳定，是维持材料均质性与界面黏结力的前提；黏聚性则体现材料颗粒间相互吸附与结构稳定性，直接影响挤出形态、条带连续性及喷头出料均匀性；而开放时间的影响贯穿于打印全过程，其长短决定了其他性能的有效发挥区间。

因此，在材料设计与性能调控过程中，不应只聚焦于优化某一项指标，而需基于 3D 打印全过程需求，统筹考虑各项性能指标的协同平衡，构建统一而协调的材料性能体系。

4.3.3　测试方法与评价手段

1. 流动性测试评估方法

(1) 跳桌试验法

跳桌试验(图 4-10)是一种常见的用于评估水泥基材料流动性和工作性的试验方法。通过测量材料在自然塌落的扩展直径来评估其流动性。对于 3D 打印水泥基材料，跳桌试验可以有效评估是否具备适合打印的流动性特征。根据实际经验，适用于 3D 打印的材料跳桌扩展度宜控制在 180~220 mm，以兼顾泵送与成型性能。

图 4-10　跳桌试验

(2) L 形箱试验法

L 形箱试验(图 4-11)是一种用于评估自密实混凝土及类似材料流动性、流动性保持能力和填充能力的试验方法。试验通过设置狭窄通道模拟材料在钢筋间或狭小空间的流动状况，要求水泥基材料在不振捣的情况下，从一个宽阔的区域流入另一个狭窄区域，测量其通过能力和填充能力。在 3D 打印水泥基材料的应用中，L 形箱试验也是用来评估材料在流动、传输和沉积过程中的表现。具有较好流动性的水泥基材料能够顺利流动并完全填充整个 L 形箱，无离析或沉积现象。当流动性较差时，水泥基材料无法完全填充 L 形箱，会出现明显的离析或黏附现象。

(3) V 形漏斗试验法

V 形漏斗试验(图 4-12)通过测量新拌混凝土或水泥基材料流过 V 形漏斗的时间来评估其流动性。漏斗的形状像一个倒立的 V 形，开口宽度一般为 70 mm 左右，底部口径为 50 mm，漏斗高度约为 600 mm。材料流过漏斗所需的时间越短，表示其流动性越好；所需时间越长，则说明材料的黏稠度越高，流动性较差。3D 打印水泥基材料适宜的 V 形漏斗时间

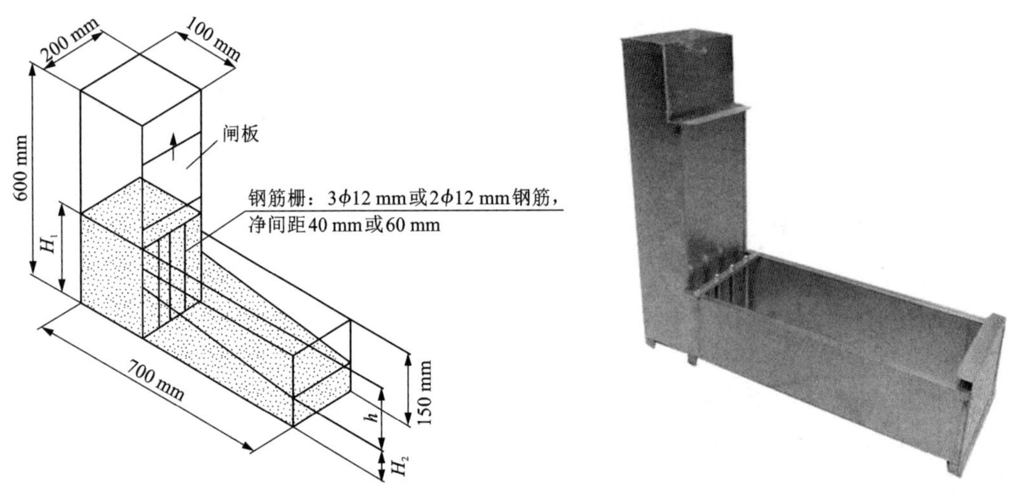

H_1—混凝土在未开启挡板之前的静止高度；H_2—混凝土在流经挡板和钢筋之后，在 L 形水平段末端达到的最终高度；h—混凝土刚流过挡板、进入水平段起始位置处的高度。

图 4-11　L 形箱试验

为 5~10 s。

2. 流变性能测试评估方法

(1) 旋转流变测试法

旋转流变测试(图 4-12)是最常用的流变性能测试方法之一，测试通常采用控制剪切速率或剪切应力的旋转流变仪(图 4-13)，通过连续变化剪切条件，测量材料所产生的应变响应，从而绘制出应力-剪切速率关系曲线。测试结果可用于提取材料的屈服应力与塑性黏度，分别代表其启动流动所需的临界应力与在流动状态下的内阻力水平。这些参数对于判断材料是否具备良好的泵送性与可挤出性具有直接指导意义，同时也为打印速度、喷头压力等施工参数设定提供数据支持。

图 4-12　V 形漏斗试验

(2) 振荡流变测试法

振荡流变测试主要通过施加低幅度、周期性的剪切应力，评估材料的结构稳定性与触变性恢复能力。测试通常采用平行板流变仪(图 4-14)。在模拟打印间歇或沉积阶段工况时，可采用应力扫描或时间扫描模式，获取材料的储能模量与损耗模量，分别代表其弹性与黏性特征。材料在停止剪切后储能模量恢复的速率，反映了其结构重建能力，与堆叠稳定性及成型保持能力密切相关。该方法还适用于研究外加剂对结构构建速率的影响，可用于优化材料体系与工艺窗口的匹配程度。

在 3D 打印过程中，材料需在剪切状态下表现出良好的流动性，同时在沉积后迅速恢复结构以保持打印精度。因此，旋转流变测试与振荡测试往往需配套使用，从不同角度解析材料的流变行为，共同服务于配合比调整与打印工艺控制。

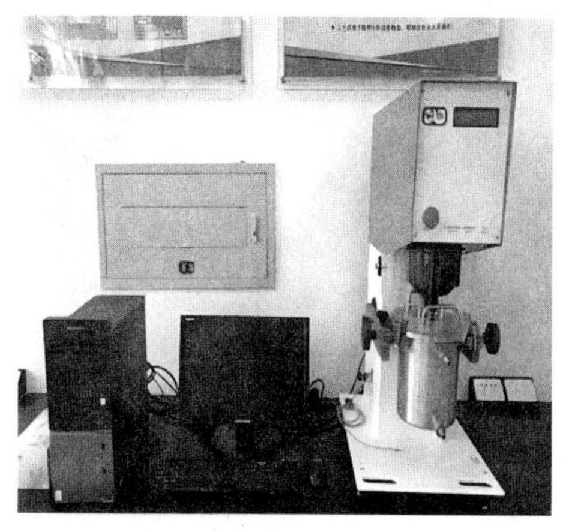

图 4-13　旋转流变仪

图 4-14　平行板流变仪

3. 保水性测试评估方法

压力泌水试验(图 4-15)是评估水泥基材料保水能力的常用方法，适用于模拟打印工况下材料在外力作用下的水分释放行为。试验通常采用封闭加压装置，在特定压力条件下对新拌材料施加轴向荷载，测量一段时间内浆体中泌出的水量与泌水速率。该测试可反映材料在高剪切、高压状态下的离析敏感性与浆体稳定性。

图 4-15　压力泌水试验

泌水量越大或泌水速率越快，表明材料保水性越差。在打印过程中，这类材料容易因水分丧失导致稠化、流动性下降，进而产生泵送阻力增大、喷头堵塞等问题。严重泌水还会削弱浆体对骨料的包裹性，造成分离沉积，使材料在层间堆叠时产生空隙、断裂或结构弱面，影响构件整体性能。

具备良好保水性的材料在受压状态下仍能维持水分分布的均匀性，表现为泌水量少、分离现象轻微。这类材料不仅有助于保障打印连续性与构件几何一致性，也有利于层间黏结界面的完整形成，提升结构稳定性与早期强度发展。

4. 开放时间测试评估方法

(1)针入度试验法

针入度试验是一种经典的用于确定水泥基材料凝结过程的方法。试验在规定时间内，对样品施加标准负载钢针，并测定其在材料中的穿透深度，绘制针入度—时间曲线。随着水化反应进行，材料内部结构逐渐形成，抗针入能力增强，穿透深度逐步减小。对于 3D 打印材料，该曲线可用于判断其从初始可流动状态过渡至失去可挤出性或成型能力的临界时间点，从而间接反映开放时间的持续长短。常以穿透深度快速下降或达到某一临界值（如 25 mm、10 mm 等）作为判断材料打印适应性结束的参考。

（2）维勃稠度试验法

维勃稠度试验通过机械搅拌装置施加扰动，记录材料在特定激励下达到流动状态所需的时间，从而评估其稠度等级。维勃稠度试验仪如图 4-16 所示。稠度越高，表示材料内部结构越致密，流动性越低。维勃稠度试验具有操作简便、实时性强的优点，适用于跟踪材料在静置过程中稠化趋势。通过对稠度随时间变化曲线的分析，可判断材料失去泵送性或可挤出性的时间点，对打印窗口进行估算。

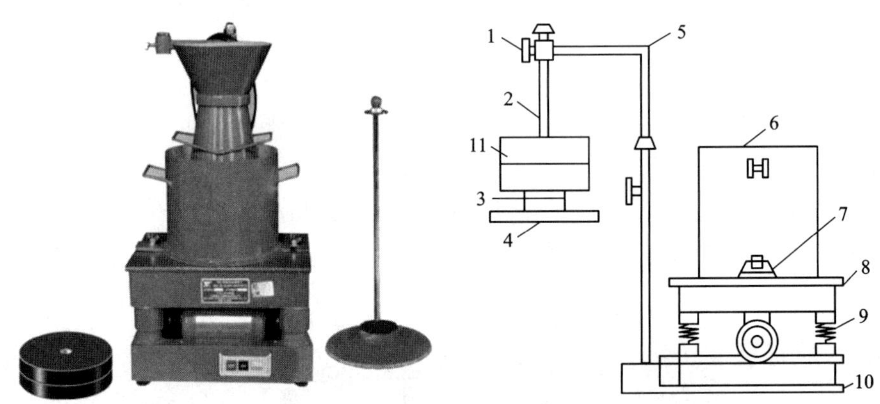

1—螺栓；2—滑杆；3—砝码；4—圆盘；5—转向弯杆；6—容量筒；
7—固定螺栓；8—台面；9—弹簧；10—底座；11—配重砝码（两个）。

图 4-16　维勃稠度试验仪

在实际应用中，两种方法可结合使用：针入度测试关注材料内部结构的演化，适用于评估终凝趋势；而维勃稠度更强调表观工作性变化，适用于现场快速响应与参数调整。对于中大型打印任务，通过建立“稠度-时间曲线”或“针入度-时间”模型，可为材料开放时间设定合理范围，确保打印过程连续性与层间结合质量。

5. 超早期承载能力测试评估方法

湿坯强度试验（图 4-17）是目前用于评估超早期承载能力的主要测试手段之一，该方法尚未纳入现行标准规范，属于根据 3D 打印施工工况发展出的模拟测试方法。试验主要测定材料在水化初期阶段的抗压性能，反映其在未完全凝结前所具备的即时承载能力。测试一般采用标准尺寸的立方体或圆柱体试样，样品可通过直接打印成型或使用浇筑成型方式制备，确保其具备代表性与状态一致性。

试验过程中，将试样置于压力试验机中缓慢加载，记录破坏荷载，并计算其新拌状态下的抗压强度。强度水平可用于评价材料的早期结构支撑能力和层间结合质量。湿坯强度较高的材料通常能够在沉积后迅速建立稳定形态，有效支撑上层负载，维持打印线条和层叠路径

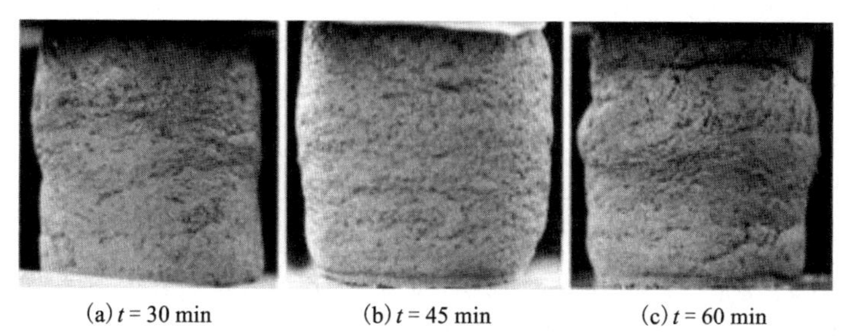

(a) $t = 30$ min　　(b) $t = 45$ min　　(c) $t = 60$ min

图 4-17　混凝土超早期强度

的精度。相反，湿坯强度不足则可能引发层间下沉、堆积失稳、路径偏移等问题，影响打印构件的整体质量。该测试结果可为材料配合比设计、打印层高控制、路径规划间隔等参数提供参考，是评估 3D 打印过程稳定性与构件可建造性的重要辅助依据。

4.3.4　新拌性能与工艺参数的匹配分析

在 3D 打印建造过程中，材料新拌性能的设计不仅要满足基本物理性能要求，还需与不同的工艺工况相适配。通过新拌性能与打印工艺的协同匹配，实现材料行为与打印参数的协调统一，是提升打印质量、效率和成型可靠性的关键策略。

例如，当打印路径速度较快时，材料需在短时间内完成从挤出到定型的过渡，因而对触变性恢复速率和结构重建能力提出更高要求；当采用大喷嘴直径或大层厚策略时，材料需具备更强的流动性与保水性，以保证足够的泵送效率和沉积厚度；而复杂构件或多层高堆叠时，则需材料在堆叠过程中的湿坯强度增长速率足够快，以避免层间结构失稳。

此外，不同构件的打印时长直接影响开放时间。大型构件需更长的开放时间来保持可加工性，而小型构件则应避免过长的开放时间带来的成型延迟。多喷头并联打印、远距离输送路径等特殊设备结构，也要求材料具备更强的抗离析性和黏聚性，以保障多点同步打印时的材料一致性，典型的工艺参数与新拌性能适配关系如表 4-3 所示。

表 4-3　工艺参数与新拌性能适配关系

工艺参数变化	新拌性能适配需求
打印路径移速较高	较强的触变性恢复速率和结构重建能力
喷嘴直径或层厚较大	较高的流动性和保水性
构件高度较高或层数较多	快速建立湿坯强度，提高结构稳定性
打印路径复杂	具备较长的开放时间，控制流动性不宜过高
长距离泵送	具备较强的保水性以及黏聚性

4.4 基本力学性能

随着 3D 打印技术在建筑领域的快速发展，3D 打印水泥基材料逐渐成为现代工程中的关键材料。这种技术不仅突破了传统建筑方法的限制，使得复杂几何形状的设计与施工变得更加灵活，还显著提高了施工效率，减少了材料浪费。然而，3D 打印技术能否在实际工程中得到广泛应用，关键取决于打印材料的力学性能是否满足结构设计和使用要求。力学性能是评估水泥基材料在实际荷载条件下表现的重要指标，这些指标直接影响结构设计的安全性、耐久性和经济性。

在传统的混凝土结构中，力学性能通常由配合比设计、养护条件和施工质量来决定。然而，对于 3D 打印水泥基材料，力学性能还受到打印工艺、层间黏结力、材料的流变性等多个因素的影响。因此，深入研究 3D 打印水泥基材料的力学性能，对于提高材料的可靠性和适应性具有重要意义。尤其是在承载能力和结构稳定性要求较高的工程应用中，如高层建筑、桥梁和基础设施建设，材料的力学性能不仅决定了其能否满足设计荷载的要求，还直接影响到结构的长期使用安全和维护成本。

因此，在 3D 打印水泥基材料的开发和工程应用中，如何通过优化材料配合比、改进打印工艺以及增强层间黏结力来提升材料的力学性能，是亟待解决的关键问题之一。通过对 3D 打印水泥基材料力学性能的系统研究，不仅可以为材料的选择和配合比设计提供科学依据，还能够推动 3D 打印技术在更广泛的工程领域中的应用，最终实现材料的高效利用和结构性能的最优化。

4.4.1 基本力学性能概述

基本力学性能是评估 3D 打印水泥基材料在不同荷载作用下结构可靠性的核心指标，主要包括抗压强度、抗弯强度、抗拉强度和弹性模量等。它们不仅决定了材料能否满足承载和使用功能的基本要求，也影响其在长期服役条件下的稳定性与耐久性。需要指出的是，由于 3D 打印材料尚处于快速发展阶段，相关配合比体系、打印设备与成型方式尚未完全标准化，因此当前研究中各项力学性能指标的测试数据存在一定的差异性。然而，随着材料设计和打印工艺的不断优化，其整体性能水平正逐步提升。

1. 抗压强度

抗压强度是衡量材料在受压状态下抵抗破坏能力的关键指标，尤其对柱、墙等轴向受力构件具有重要意义。在 3D 打印水泥基材料中，抗压强度受水胶比、胶凝体系、打印路径、层间黏结状态以及养护制度等因素综合影响。有研究表明，普通硅酸盐水泥通过优化配合比和打印工艺，其 28 d 抗压强度一般可达 50~70 MPa，与传统高性能混凝土相当。随着材料配方的精细化和打印设备精度的持续提升，该强度上限仍在不断提高，部分新型体系可实现超过 80 MPa 甚至更高的工程实测值。但需注意，3D 打印过程中的逐层沉积机制天然导致了材料内部微结构的各向异性，尤其体现在层间黏结性能与致密度的不均匀上。研究发现，当加载方向垂直于打印层面（Z 向）时，抗压强度可达到其极限值；而平行于打印层（X-Y 向）加载时，因层间黏结为薄弱面，强度通常较低。有研究表明，*Z* 向抗压强度可比 *X/Y* 向高出 25%~45%，具体差值受控于打印间隔时间、层间界面处理、材料黏结性等因素。这种方向依赖性是 3D 打印水泥基材料区别于传统振捣混凝土的显著特点之一，对结构设计与构件受力分析提出了更高的精度要求。

2. 抗弯强度

抗弯强度主要评估材料在受弯曲荷载作用下抵抗开裂与断裂的能力，是梁、板类构件设计中不可或缺的性能指标。在 3D 打印水泥基材料中，由于材料的成型方式以逐层叠加为主，抗弯性能不仅取决于基体强度与致密性，还显著受制于层间结合质量和界面连续性。局部层间弱化、微孔隙或打印间隔时间不当均可能成为裂缝萌生与扩展的起始点，从而导致整体抗弯性能下降。研究表明，采用硅粉、矿渣粉等高活性掺合料可提高胶凝结构的致密性，并通过提高界面过渡区强度改善整体均质性。在此基础上结合合理粒径级配与低水胶比设计，3D 打印水泥基材料的 28 d 抗弯强度通常可稳定达 7~10 MPa，随着打印技术的进步和配合比设计优化，部分体系可突破 10 MPa。相比于普通 C30~C40 等级混凝土，该性能优势使其在构建轻质、薄壁、曲面等复杂形态的打印结构中更具应用潜力。

但需强调的是，3D 打印材料具有各向异性特征，尤其在抗弯性能上表现更为敏感。当加载方向使得拉应力位于层间界面处时(即主弯矩方向垂直于打印层)，因界面为力学薄弱区，试件往往更易发生沿层间剥离或劈裂破坏。Rahul 等研究发现，此方向下的抗弯强度可能较平行加载方向(层内弯拉)低 32%~40%，差异受界面成型温度、打印节奏与材料黏聚力共同影响。为提升层间弯曲性能，可采用以下途径：

①引入短切纤维(如聚丙烯、玄武岩)形成跨层增强通路。

②控制打印间隔时间，确保在下一层沉积前基面尚具活性。

③采用表面激活技术(如界面刮浆、喷雾润湿)提高层间黏附质量。

随着层间增强工艺和界面调控技术的发展，3D 打印材料的抗弯强度各向异性正在逐步减弱，已具备一定的结构级承载能力。

3. 抗拉强度

抗拉强度反映材料在拉伸荷载作用下抵抗开裂与断裂的能力，是评价其脆性程度与延展性的关键指标。由于水泥基材料本身拉伸性能较差，在 3D 打印结构中尤显重要——特别是在无配筋构件、节点薄弱区或动态荷载环境下，其抗拉性能直接决定了结构开裂风险与耐久性水平。研究表明，常规未增强的 3D 打印水泥基材料抗拉强度一般为 3~5 MPa，具体取决于材料配方和打印工艺。不同于抗压破坏，拉伸作用更易引发微裂纹萌生与快速扩展，且破坏过程通常无明显预兆，具有脆性特征。影响抗拉性能的关键因素包括：

①胶凝材料的反应活性与微结构致密性。

②水胶比与保水性控制影响水化程度。

③打印路径对微裂纹传播方向的导向效应。

此外，抗拉强度同样存在各向异性特征。加载方向若垂直于打印层(*Z* 向)，易在层间起裂，这种方向敏感性对整体结构的连续性和延性提出更高要求。与传统混凝土相比，3D 打印材料在结构设计中更需通过构造控制(如打印路径规整、界面修复)来弥补抗拉不足，而不仅依赖于纤维增强这一手段。新兴的定向纤维沉积技术、纳米增强相的引入等手段，正成为提升其断裂韧性的重要方向。

4. 弹性模量

弹性模量表示材料在弹性阶段抵抗应变的刚度，是影响结构变形能力、控制挠度及应力分布的关键物性参数。其数值越高，结构刚度越大，变形越小。3D 打印水泥基材料的弹性模量通常略低于传统浇筑混凝土，主要归因于层间结构不连续、局部空隙率较高（尤其集中在打印路径转折区域）以及沉积过程中的路径与节奏对微观结构均匀性的扰动，这些因素共同削弱了材料的整体刚度。在常规 OPC 基体系中，打印材料的静态弹性模量多处于 25～35 GPa 之间。若采用高活性掺合料（如硅粉）、优化粒径分布、降低水胶比，可进一步提高致密性，弹性模量亦有望接近 40 GPa。

各向异性同样在弹性模量中体现：加载方向平行于打印层时，模量明显高于垂直于打印层方向。因此在受弯构件设计中，需考虑刚度非对称对挠度的叠加效应。近年来，弹性模量的提升已逐渐从单一材料优化向工艺-结构协同设计转变，包括三维致密打印路径生成、层间微振动压实或热压耦合技术，以及基于拓扑优化的“刚度定向打印”等技术。随着这些技术的成熟，3D 打印材料的变形控制能力正在接近传统混凝土标准，具备在实际受力构件中推广的可能性。

4.4.2 力学性能的测试方法

1. 抗压强度测试

抗压强度是水泥基材料的重要力学指标之一，通常通过标准立方体试件进行测试。对于 3D 打印水泥基材料，常用的试件为 70 mm×70 mm×70 mm 的立方体。试件通常在标准养护条件下养护 28 d 后，通过液压压力机逐步施加压应力，直至试件破坏。

在 3D 打印水泥基材料中，层状结构是一个显著的特点，这种结构是由材料逐层堆积形成的。每一层材料在打印过程中被挤出并与下层黏结，最终形成完整的结构。然而，由于打印过程中可能出现材料分布不均匀、层间结合强度不同的情况，3D 打印出来的试件在力学性能上可能存在各向异性。当进行抗压强度测试时，试件在不同加载方向下的力学表现可能会有所不同，如图 4-18（a）所示。如果加载方向垂直于打印层，则加载力会通过层间黏结面传递，任何层间黏结不良或弱结合区域都可能成为潜在的破坏面。这种情况下，试件的抗压强度可能较低，因为层间黏结力通常弱于材料本身的强度。相反，如果加载方向平行于打印层，则力主要作用在单个层内部，测试结果可能表现出更高的强度，因为这种情况下不会受到层间黏结力的直接影响。

2. 抗弯强度测试

对于 3D 打印水泥基材料，抗弯强度测试所用的试件通常为 50 mm×50 mm×200 mm 的棱柱体，试验中试件两端支撑在支点上，加载点位于试件的中间，逐步施加垂直载荷直到试件破坏。如图 4-18（b）所示，由于 3D 打印出来的试件内部结构具有明显的各向异性，因此抗弯强度测试结果同样受加载方向的影响。如果在抗弯测试中，加载方向与层间界面垂直（即层间界面与弯曲产生的主应力平行），那么试件的抗弯性能将主要受层间黏结力的影响。如果层间黏结力较弱，试件可能更容易在层间界面处发生破坏，导致较低的抗弯强度。这种情况通常会揭示材料在层间黏结方面的弱点。如果加载方向与层间界面平行（即层间界面与弯曲产生的主应力垂直），那么每一层内部的材料强度将主导抗弯性能，而层间黏结力的影响相

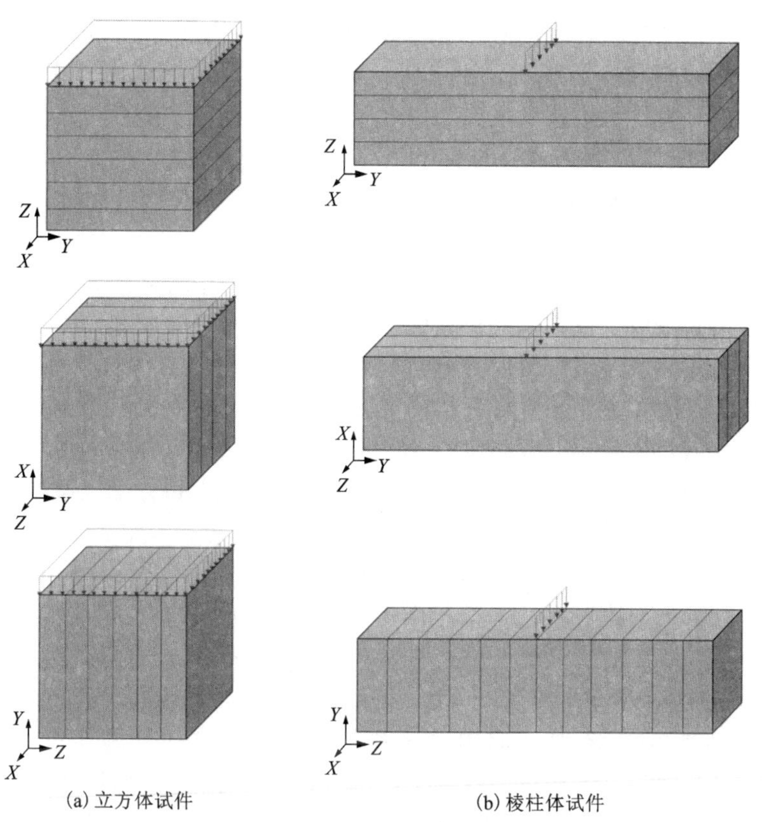

(a) 立方体试件　　(b) 棱柱体试件

图 4-18　3D 打印水泥基试件各向异性

对较小。在这种情况下，抗弯强度可能会更高，因为材料本身的强度通常大于层间黏结力。

3. 抗拉强度测试

抗拉强度测试常用于评估水泥基材料在拉伸荷载下的断裂抵抗能力，通常采用劈裂抗拉强度试验进行。试件通常为 70 mm×70 mm×70 mm 的立方体，将试件放置在压力机下，施加逐渐增加的垂直压力，直到试件沿中面劈裂。该测试方法较为简单且能够反映材料的抗拉性能，特别是层间黏结力对抗拉强度的影响。值得注意的是，在进行测试时，同样需要考虑层状结构对抗拉强度的影响。

4. 弹性模量测试

弹性模量可以通过静态压缩试验测定，在 3D 打印水泥基材料的弹性模量测试中，试件尺寸与抗压强度测试一致。试验过程中，通过压力机逐步加载，记录试件在加载过程中的应力-应变关系，进而计算弹性模量。由于 3D 打印水泥基材料的各向异性，弹性模量测试结果在不同方向上可能存在差异。

4.4.3　影响力学性能的因素

力学性能是决定 3D 打印水泥基材料能否满足实际工程应用需求的核心指标，其表现受多个因素共同影响，主要包括材料组成与打印工艺两个方面。材料成分极大程度上决定了材料的基本反应性、微结构形成机制和界面性能，而打印工艺则影响了成型路径、层间接触状态与固化速率等关键变量。这些因素往往相互耦合，对最终力学性能的影响具有一定复杂性。当前已有大量研究围绕不同变量展开探索，但由于材料体系差异、试验方法不一与边界条件不同，不同研究结论之间在某些指标上也存在一定程度的差异甚至互斥。

1. 材料成分对力学性能的影响

(1)胶凝材料类

①普通硅酸盐水泥。OPC是当前应用最广泛的胶凝材料，得益于其优异的早期水化反应能力和成熟的工业适配性。其在水化过程中生成大量的硅酸钙凝胶和$Ca(OH)_2$，为打印材料提供了较高的初期强度支撑。部分研究表明，基于OPC的3D打印材料在28 d龄期可达到60~70 MPa的抗压强度，表现出良好的结构承载能力。然而也有文献指出，该类体系在打印过程中可能出现较高的水化热与收缩风险，特别是在大体积结构中易导致内部温升及微裂纹发展。因此，在使用OPC时，常需通过掺合材料或缓凝、保水设计加以调控，以实现强度与稳定性的平衡。

②矿渣粉。矿渣粉因其潜在活性和较低碳足迹，被广泛用于改善材料的后期强度与耐久性。有研究显示，矿渣粉掺量在一定范围内可显著提升3D打印材料的致密性和抗压强度。但也有学者指出，矿渣体系的早期水化速率相对较慢，可能导致初期强度发展滞后。其使用效果通常依赖于与OPC等高活性材料的复合比例设计，以及养护环境的配合控制。

③硅粉。硅粉具备极高的比表面积和反应活性，可填充微细孔隙并与$Ca(OH)_2$发生二次反应，从而提高材料的致密性与后期强度。一些实验表明，适量硅粉的引入可有效提升抗压与抗裂性能，尤其对层间结构的界面质量改善作用明显。然而，部分研究也指出，硅粉可能导致浆体需水量显著上升，若未配合减水剂调整流变性能，可能引发泵送困难、挤出不稳定等问题，其使用应结合具体材料体系进行综合优化。

④粉煤灰。粉煤灰是一种火山灰质材料，作为胶凝材料的掺合料，其性能表现略显复杂。一方面，它是一种经济高效的矿物掺合料，掺入后可明显改善浆体的流动性，并能够与水化过程中生成的$Ca(OH)_2$反应，从而降低材料的碱含量并提高抗化学侵蚀能力，在长期强度和体积稳定性方面作出贡献；另一方面，它的活性依赖较强，尤其F类粉煤灰在早期强度方面作用有限，常常需要与OPC或其他高活性材料协同使用，以满足早期强度要求。此外，部分研究中出现了粉煤灰“稀释”整体胶凝强度的现象，特别是在掺量控制不当的情况下。因此，对粉煤灰的评价不应一概而论，应视其来源、级别及目标性能需求灵活判断。

⑤碳酸钙粉和石膏基胶凝材料。碳酸钙粉通常作为惰性填料使用，主要用于调控材料密实度与体积稳定性，尽管其对水化反应的贡献有限，但在提高浆体稳定性和打印表面质量方面具有积极作用。石膏基材料则因其凝结快、表面光洁度高而常用于非结构性装饰打印，但因其抗压强度和耐水性较差，通常不适合用于承载型结构。部分研究正在探索其与OPC复合使用的可行性，以期扩展其应用范围。

(2)细骨料

在3D打印水泥基材料中，细骨料不仅是维持材料体积稳定性的骨架，还直接影响其成型流动性与力学性能，尤其是在堆积致密度和界面结合方面的作用不容忽视。材料性能的发挥往往与细骨料的粒径分布、表面形态及其与胶凝浆体的界面作用密切相关。

目前，多数研究认为天然砂因颗粒形状圆润、级配稳定，在保障流动性和挤出均匀性方面表现较好，尤其适用于细致结构的构建。但天然砂资源的区域限制以及环保考量推动了机制砂与再生砂的广泛应用。它们由于表面粗糙、形状多棱角，通常会增大体系黏度，但如果通过粒径筛选和掺合级配调整，也能达到可接受的打印适应性。一些试验甚至指出，在适当掺入粉煤灰或矿渣后，粗糙细骨料体系的层间结合性能有一定增强趋势。

关于细骨料对力学性能的作用，目前的共识是：更合理的级配有助于降低孔隙率，从而提高抗压强度和耐久性；而表面粗糙度则在一定程度上改善浆体-骨料界面的黏结强度，特别是在 Z 向结构中。但也有研究提出，过度粗糙的骨料可能因吸水过快或界面不均而削弱流动稳定性。因此，细骨料的选用并无绝对标准，应综合考虑目标结构性能、打印路径设计及施工工况等多个因素。

(3)化学改性剂

①减水剂。在调控打印材料流变性能方面，减水剂的作用尤为关键。它可在不提高水胶比的前提下，显著改善材料的流动性和泵送性能。聚羧酸系减水剂因其分散性能强、保坍性能好，是当前应用最广的品类。不过，也有试验表明，不同聚羧酸侧链结构对浆体稳定性影响差异明显，有的配方在黏结性和可塑性间的平衡点把握较难。此外，某些条件下高掺量可能诱发泌水或影响凝结时间，因此需与其他外加剂配合调控。总体而言，减水剂的效果依赖于胶凝体系特性、纤维用量以及打印节奏，难以孤立评估。

②速凝剂。速凝剂在3D打印水泥基材料中主要用于缩短凝结时间，提升早期强度。其通常包含氯化钙、硫酸铝钾等成分，通过促进 C_3S 和 C_3A 的水化反应，快速生成硅酸钙凝胶和 $Ca(OH)_2$，形成初期强度。在3D打印过程中，速凝剂通常有益于提高打印层的黏结力，从而提高整体结构的均匀性和力学性能。但也有研究警示，速凝剂掺量过高可能导致水化反应过于剧烈，出现结构内裂缝或表面干缩问题。因此，速凝剂的使用需要结合打印速度、层厚控制及打印环境共同考虑，单一优化并不可取。

③缓凝剂。相对于速凝剂，缓凝剂的作用更侧重于材料的施工时间控制与层间融合的充分性。它的主要作用是改善材料的可加工时间，适合用于高温施工、复杂结构多角度打印等场景，可有效降低因前层过早凝结造成的黏结失效风险。此外，缓凝剂还能改善材料的泵送性和施工性，使其在复杂几何形态和大体积构件的打印中表现出色。但应当注意，缓凝效果过强或过量使用也会削弱早期强度增长，影响打印件脱模与运输的时效安排。有研究建议，在需要精确控制打印窗口的场景中，缓凝剂不宜单独使用，而应结合早强剂、保水剂等复合调控。

实际工程中，化学改性剂通常不会单一使用，而是在不同目标下通过复合使用实现功能互补。例如，减水剂与缓凝剂组合可实现流动性与保塑性同步提升，适合高精度复杂构件打印；而减水剂与速凝剂结合，则更适合快速叠层成型需求。但各种组合方案的效果常常受原材料性能与打印工艺影响显著，不同研究中也出现了对同一配合比体系效果结论相左的情况。因此，在应用前应通过体系化实验验证，以实现配合比与工艺参数的协同优化。

2. 3D打印工艺对力学性能的影响

(1)打印层厚度

打印层厚度直接关系到材料的层间黏结力、均质性以及结构的整体稳定性。一般认为，较薄的打印层更有利于浆体在前一层表面形成连续覆盖，有助于增强层间黏结力。这促使材料更均匀地分布在每一层，减少了界面处的微观空隙和冷接现象，从而增强整体结构的强度。致密的微观结构不仅提升了材料的抗压强度和抗拉强度，还提高了打印结构的耐久性和稳定性。此外，打印层厚度对材料均质性的影响也不容忽视。较厚的打印层容易引起材料在堆积过程中出现微观不均匀性，如气泡、裂纹或分层等，进而削弱材料的整体力学性能。尤其是在复杂应力条件下，这可能引发应力集中和结构早期破坏。相对而言，较薄的打印层厚度能够在打印过程中形成更为均匀的微观结构，使结构在各个方向上的力学性能更为一致，从而提升整体强度和稳定性。不过，并非所有情况下薄层打印都能带来理想效果。有研究指出，当材料流动性不足或沉积速度不稳定时，过薄的打印层反而可能导致层间不连续或翘曲。

尽管较薄的打印层在提升力学性能方面具有优势，但也带来了打印效率和成本上的挑战。薄层打印需要更多的打印层数来建造同样高度的结构，这增加了打印时间和能耗，同时也对打印设备的精度和材料的流变性提出了更高的要求。在实际工程中，打印层厚的选择必须在力学性能、打印效率和成本之间找到最佳平衡点，以确保材料既能满足结构性能需求，又能实现经济高效的施工。

(2)打印速度

在 3D 打印过程中，打印速度作为影响打印节奏和成型质量的核心工艺参数，是指打印喷头在打印过程中移动的速度，通常以 mm/s 为单位。这一参数决定了材料从喷嘴挤出并沉积到打印平台或前一层材料上的速度，其调控机制相对复杂。它直接影响了层间黏结力、材料固化和微观结构的打印精度和效率，进而影响打印结构的力学性能。合理的打印速度能够在黏结力、材料固化、结构均质性和施工效率之间取得平衡，确保材料在打印过程中形成均匀致密的微观结构，同时保持良好的层间黏结力和几何精度。

较快的打印速度会导致材料在前一层尚未达到适宜的凝结状态前就被覆盖，导致层间黏结不足，出现冷接现象，这种弱结合区域会削弱材料的抗压强度和抗弯强度。此外，过快的速度还会使材料内部产生应力集中和微裂纹，特别是在大体积打印中，这些缺陷容易引发结构的早期破坏，影响打印精度。虽然较慢的打印速度有助于提高结构的几何精度，但过慢同样会带来诸多问题。例如，过慢的速度可能导致材料在层间固化时间过久，前一层已经过度固化而失去可塑性，降低了新层材料与其黏结的效果。另一方面，打印速度过慢容易导致材料表层失水过快，产生干缩裂纹，从而削弱材料的抗裂性能和整体力学性能。因此，打印速度的设定应基于实际材料的流变性能和固化行为进行测试和调整，而不是依赖某一固定值。在复杂几何或曲面结构中，打印喷头的加减速控制也需要同步优化，以确保速度变化不会造成结构不连续或几何偏差。

(3)打印路径和方向

打印路径的设计决定了材料沉积的空间方式，是影响构件内部应力分布和微观均匀性的关键因素。目前使用较多的路径形式包括平行直线型、交错网格型和螺旋连续型等。不同路径类型在层间搭接面积、受力传递连续性及应力集中程度方面表现各异。以交错网格路径为例，其能有效减小特定方向的应力集中，增强整体稳定性；直线型路径可以提供较为均匀的应力分布，但在方向改变处容易形成应力集中，导致局部区域的黏结力不足；螺旋型路径则能够减小应力集中，增强结构的整体性，但其复杂的路径设计会降低打印速度和效率。此外，路径设计还需要考虑材料在沉积过程中如何与前一层结合。路径过于复杂或变化过多会引发层间界面的黏结力不均匀，尤其是在转角或方向突变的位置，容易出现材料堆积或不足，进而形成弱结合区域，在结构承载时容易成为破坏的起始点。因此，路径规划不应只关注打印效率，更应结合力学性能与变形响应进行多目标优化。

至于打印方向，即层堆叠方向与构件主要受力方向之间的关系，其影响主要体现在材料的各向异性上。通常，沿打印层方向的力学性能会优于垂直于打印层方向的性能。这是由于沿层方向的加载主要作用于材料内部，而垂直于层方向的加载则更多地依赖于层间黏结力。相比之下，层间结合面的微观强度通常弱于同层材料体，受力时容易先行开裂。例如，在打印一根梁结构时，如果加载方向平行于打印层，力主要作用于同一层内部的材料，则该梁的抗弯强度和抗拉强度通常较高。相反，如果加载方向垂直于打印层，力则主要作用在层间界面处，在层间黏结力较弱的情况下，结构的抗弯和抗拉强度会明显降低。针对这一问题，部分研究提出通过调整打印方向使主应力方向尽量沿打印层延展，或通过界面处理(如表面预润、界面再挤压)提升垂直方向性能。

4.4.4　力学性能的实验结果分析

本节将根据试验结果，对 3D 打印水泥基材料的基本力学性能进行分析。借助实际案例，探讨材料在不同配合比和工艺条件下的抗压强度、抗弯强度以及抗拉强度等关键力学性能的表现。这些实验数据不仅为 3D 打印技术在建筑工程中的应用提供了参考，也为材料的进一步优化奠定了基础。

以荷兰学者 Wolfs 设计的一种 3D 打印水泥基材料 Weber 3D 145-2 为例，其组分包括 CEM-I 52.5 R 型号的普通硅酸盐水泥、最大粒径为 1 mm 的硅质骨料、石灰石粉、化学改性剂以及少量聚丙烯纤维。其中，石灰石粉作为填料，用于填充水泥基材料中的孔隙，提高材料的密实度。水胶比设置为 0.495，以保证材料在 3D 打印过程中具有良好的流变性。对照组为正常浇筑的试件，其他试件均由 3D 打印制备而成。

3D 打印材料通常表现出各向异性，尤其在力学性能上不同方向的表现可能存在显著差异，通过调整荷载施加方向、打印层间的时间间隔，可以系统研究这些参数对材料力学性能的影响。图 4-19 展示了三种不同的加载方向，其中，加载方向 Z 表示加载方向垂直于打印层；加载方向 X 表示力的加载方向平行于打印层且与新旧层交界线垂直；加载方向 Y 表示力的加载方向既平行于打印层又平行于新旧层交界线。此外，为确保研究结果的可重复性，所有试件均在 24 h 内进行初始固化，并在 7 d 龄期进行力学性能测试。

1. 加载方向与力学性能的关系

图 4-20 展示了不同加载方向对试件力学性能的影响。实验结果表明，3D 打印制备的试件在抗压强度方面明显低于传统浇筑制备的试件。这一差异主要归因于 3D 打印过程中层间黏结力不足以及层层叠加时可能产生的微观空隙。在传统浇筑工艺中，材料在连续的浇筑过程中形成均质的整体结构，内部无明显分层现象，因此具备更高的抗压能力。而在 3D 打印过程中，每一层的沉积都可能因冷却和固化而导致相邻层之间的黏结强度减弱，从而降低了整体结构的抗压强度。此外，不同加载方向对试件力学性能的影响也十分显著。尤其是在加载方向 Z 的情况下，试件的抗压强度表现出更大的弱点，这进一步证实了层间黏结的质量对 3D 打印结构力学性能的重要性。

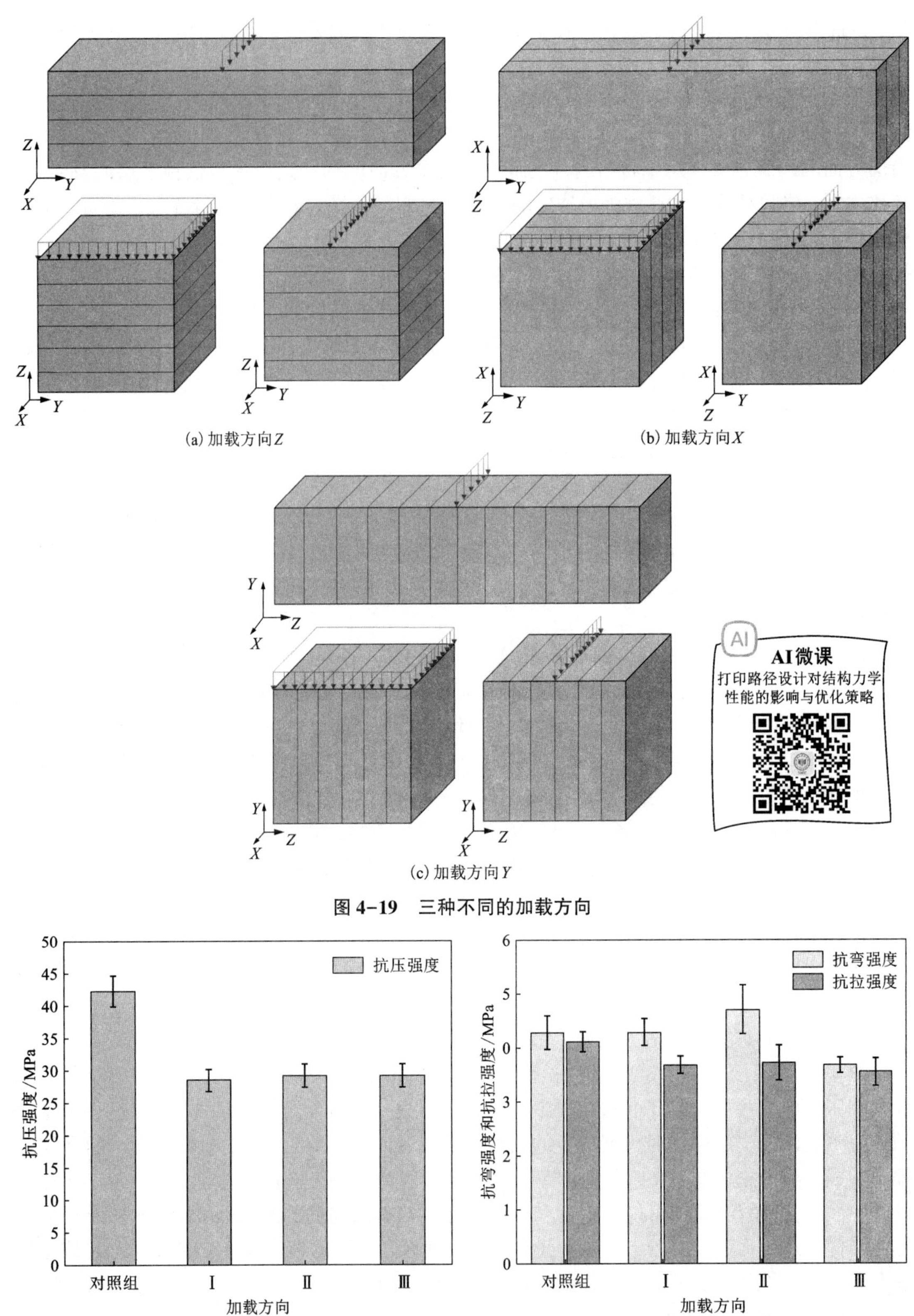

图 4-19 三种不同的加载方向

图 4-20 不同加载方向对力学性能的影响

对于抗弯强度和抗拉强度而言，加载方向 X 的力传递路径平行于打印层，但垂直于新旧层的交界线。这意味着在该加载方向下，力的传递主要在连续的材料层内，并非沿层间的界面，使得材料的固有强度得到充分发挥。这种力的分布模式避免了层间结合不良的影响，从而提高了材料的整体强度。相比之下，在加载方向 Z 和 Y 中，主要依赖于层间黏结力来抵抗外力作用。然而，在 3D 打印过程中，层间黏结力往往是结构中的薄弱环节。层间材料存在微观缺陷、空隙或黏结不良等问题，导致层间结合较弱的部位更容易成为应力集中点，进而引起该方向的力学性能下降。

2. 层间时间间隔与力学性能的关系

加载方向 Y 所代表的加载方向，往往是 3D 打印结构抗弯强度和抗拉强度最薄弱的方向。图 4-21 展示了在该加载方向下，不同打印层时间间隔对材料抗弯强度和抗拉强度的影响。随着打印层间时间间隔增加，打印材料的抗弯强度和抗拉强度逐渐下降，这一现象与材料的固化过程、层间黏结力变化以及微观结构演变等相关。特别是在时间间隔超过 4 h 后，强度下降更加显著，表明层间时间间隔对材料力学性能的影响具有时间敏感性。

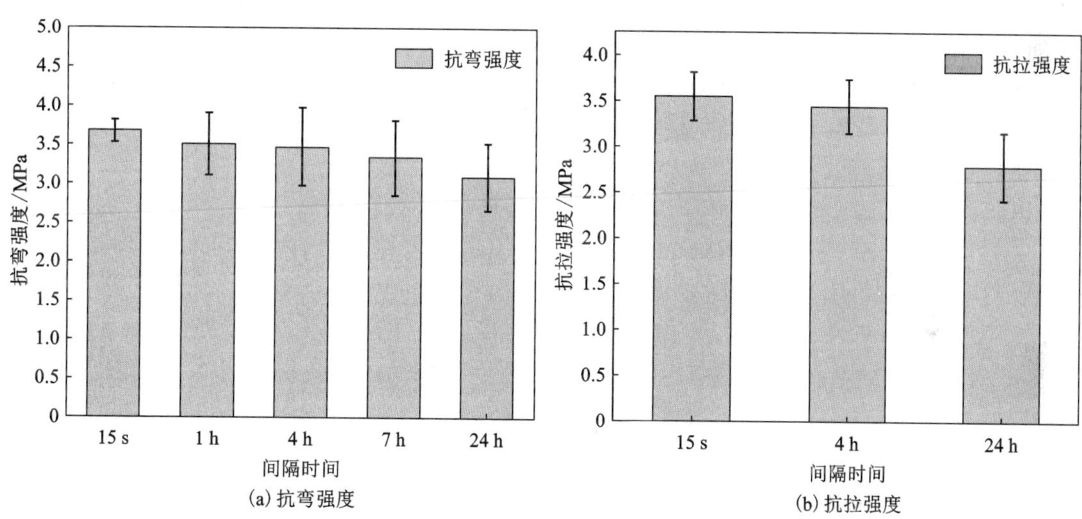

(a) 抗弯强度　(b) 抗拉强度

图 4-21　不同打印层间间隔时间对力学性能的影响

在 3D 打印过程中，每一层材料在沉积后都会经历一个逐渐固化的过程。随着时间的推移，材料中的水分逐渐挥发和水化反应同时进行，导致材料初步硬化并形成强度。当层间时间间隔较短时，新的材料层能够在前一层尚未完全固化的情况下沉积，从而形成较好的物理和化学黏结。这个过程中，层间结合处存在一定的湿润度和流动性，有助于形成良好的层间黏结。然而，当时间间隔超过 4 h 后，前一层材料已经基本完成初步固化，新旧材料层间的化学结合基本不再发生。此时，新材料层与旧材料层之间主要依赖于机械结合，这种结合方式在力学性能上远不及化学结合，并且会在新旧材料层之间形成不连续的微观结构。这种微小空隙或不规则结构会阻碍应力的传递，当外力作用于材料时，力的传递效率会降低，局部应力集中增加，最终导致材料在较低的应力水平下发生破坏。

本节分析了 3D 打印水泥基材料的基本力学性能，揭示了不同组分对材料强度的影响以及在不同工艺条件下材料的力学表现。结果表明，材料的基本力学性能不仅受材料配比的影响，还与打印路径、层厚和方向等工艺参数密切相关。结合实验分析，进一步明确了这些参数对材料力学性能的影响，确保3D打印结构在工程应用中的安全性和可靠性，为3D打印水泥基材料进一步优化和发展奠定了基础。

4.5 耐久性

3D打印混凝土结构的耐久性是影响其工程应用的关键因素，其表现与传统浇筑混凝土存在显著差异。本节针对3D打印水泥基材料的耐久性，从材料劣化机制、关键影响因素、提升策略及研究进展等方面进行系统性介绍。

4.5.1 耐久性的内涵

耐久性是指材料在长期使用过程中抵御各种环境因素和内部应力影响的能力。3D打印水泥基材料的耐久性是一个综合性的指标，包括收缩徐变、抗冻融性能、耐磨性、抗空蚀性能、抗碳化性能、抗氯离子渗透性能、抗硫酸盐侵蚀性能、防火性能及孔隙特征等。3D打印水泥基材料的耐久性是影响其在实际工程中应用的关键因素。

3D打印混凝土结构的耐久性是指其在环境与荷载长期作用下保持力学性能、功能完整性和美学特性的综合能力，其核心特征在于分层制造工艺导致的材料异质性与结构各向异性。从材料维度看，层间界面既是孔隙率比本体高30%~50%的薄弱区，又是应力缓冲带；从结构维度看，抗渗性、冻融抗力和疲劳寿命等指标均呈现显著方向性差异（如Z向渗透系数是水平向的2~3倍）。这种特殊性源于打印过程中形成的层间微裂缝网络、纤维定向分布不均以及钙矾石晶体取向性排列等微观结构特征。

耐久性在混凝土材料中尤为重要，因为它直接关系到结构的安全性和使用寿命。3D打印技术作为一种新兴的建筑施工方法，其在水泥基材料中的应用不仅需要考虑材料本身的力学性能，还需关注其长期耐久性。研究表明，3D打印水泥基材料的耐久性与传统模铸混凝土相比有一定差异，这主要是由其特有的层间界面和成型工艺导致的。目前并没有特定的配合比或成分能够一次性解决所有混凝土耐久性问题。

耐久性的演化呈现明显的时间与环境耦合特征：初期（0~5年）以层间收缩裂缝为主；中期（5~15年）表现为碳化-氯离子协同侵蚀界面过渡区；长期（>15年）则受冻融循环与荷载疲劳的复合作用。不同暴露环境下表现迥异，海洋环境中氯离子沿层间快速渗透（扩散系数较传统混凝土高10倍），工业大气中SO_2优先腐蚀界面钙矾石，干热地区则因湿度梯度引发差异收缩。此外，几何稳定性（徐变系数高20%~35%）、美学持久性（层间色差ΔE年增0.8）等新型功能耐久性指标也需特别关注。

3D打印在建筑领域想要得到更广阔的发展，打印后的建筑关于耐久性的问题亟须考虑，但目前关于3D打印混凝土耐久性的研究还没有形成系统的规范标准。3D打印混凝土的耐久性，即打印构件抵抗不同恶劣环境侵蚀的能力，在正常寿命期限内不需要花费较多人力物力维护的混凝土材料才有可能被大规模应用。在实际应用中，3D打印混凝土结构在遭受恶劣天气条件或化学侵蚀环境时，其耐久性表现得尤为重要。例如，在北方寒冷地区，混凝土结构经常会经历冻融循环的考验，这对 3D 打印混凝土的耐久性提出了更高的要求。此外，沿海地区的建筑物由于受到海水中氯盐的侵蚀，要求混凝土具有更强的抗腐蚀性能。在这些特殊环境下，3D 打印水泥基材料的耐久性决定了其能否长期稳定使用。

为了提高 3D 打印水泥基材料的耐久性，研究人员在材料配合比、打印工艺和后期养护方面进行了大量探索。例如，通过添加高效减水剂、增强剂等改性材料，可以显著提高 3D 打印混凝土的耐久性。此外，优化打印路径和层间黏结技术，减少层间界面的缺陷，也是提高材料耐久性的重要手段。未来，随着 3D 打印技术的不断发展，其在建筑工程中的应用将越来越广泛，而其耐久性的提升也将为建筑行业带来新的变革。

4.5.2　层间界面耐久性

层间界面是指 3D 打印过程中不同层之间的接触面。3D 打印混凝土的层间界面是其耐久性的薄弱处，逐层堆积的制造工艺，使层间易形成空隙、微裂缝及弱黏结区，导致抗渗性、抗冻性、抗化学侵蚀等性能显著劣化。相较于传统浇筑混凝土，3D 打印结构的层间氯离子扩散系数可提高 50%～80%，碳化深度增加 40%，冻融循环下的质量损失率高出 15%～30%。这种各向异性劣化主要源于 3 个因素：①水分蒸发导致的收缩微裂缝(层厚>15 mm 时孔隙率骤增)；②纤维及骨料在层间的非均匀分布(Z 向抗拉强度降低 10%～20%)；③水化产物(如 $Ca(OH)_2$)的定向结晶，使界面过渡区(ITZ)更易受环境侵蚀。

为提升层间耐久性，当前主要采取材料改性(如掺入纳米 SiO_2 减少孔隙率)、工艺优化(如振动辅助打印降低层间缺陷)及结构设计(如仿生梯度材料)等策略。例如，采用碱激发地质聚合物可降低碳化速率至普通混凝土的 1/5，而 0.5%～1%纳米 SiO_2 的掺入可使 ITZ 宽度从 50 μm 缩减至 20 μm。未来研究需重点关注层间界面功能化设计(如自修复微胶囊)和多因素耦合耐久性模型，以推动 3D 打印混凝土在严苛环境(如海洋工程、冻融地区)的可靠应用。3D 打印混凝土层间弱面受到四个因素的制约，主要因素如下所述。

1. 工艺因素：挤出过程造成的弱面

在挤出型 3D 打印的过程中，新拌水泥基材料在泵送管道和挤出装置内流动，管道直径为 d，胶凝材料在挤出过程中流动速度为 v，剪切应变 τ 在横截面中心处最小，在管道外壁最大，胶凝材料倾向于向中心集中，使外侧区域水分含量相对较高，形成润滑层或水膜，如图 4-22 所示。在材料挤出成型后，水膜的存在造成了材料的不连续，削弱了打印材料相邻层间的黏结性能，进而促进了层间弱面的形成。

2. 几何因素：挤出喷头造成的弱面

目前 3D 打印喷头的类型和尺寸多种多样，较为普遍采用圆形的喷嘴，这可能是由于利于挤出、无死角等原因。然而，通过圆形打印喷嘴挤出的材料，易在相邻打印条间形成空隙，如图 4-23 所示。若单层打印路径过长，考虑到打印材料的凝结固化时间，打印喷头几何因素所致的空隙会愈发明显。因此，为减小打印工艺形成的空隙，多数采用的打印方式是减小打印层厚，通过对材料物理挤压的方式来补偿层间空隙，图 4-24 为打印的实例。

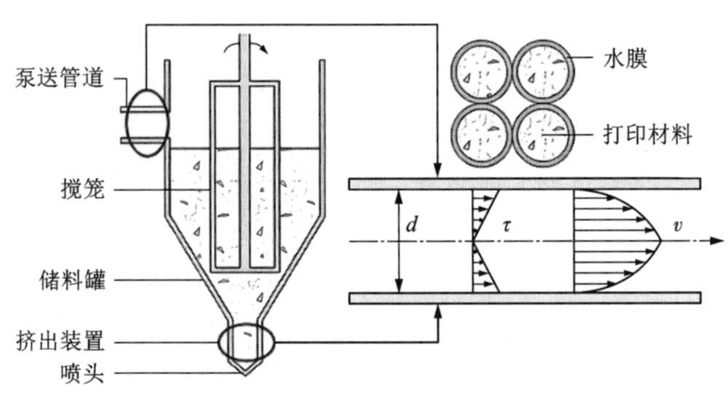

图 4-22　水膜形成机理图

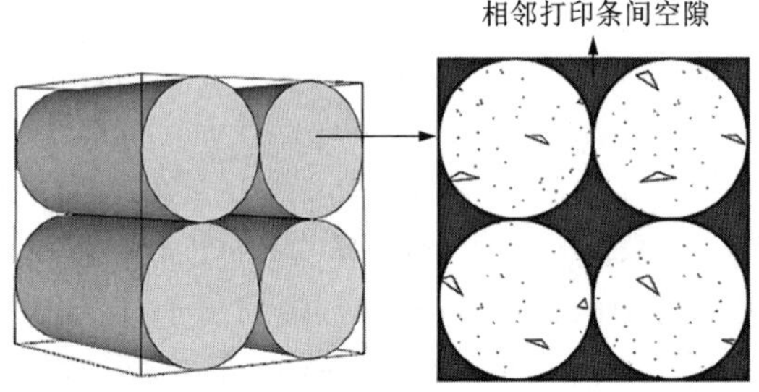

图 4-23　空隙示意图

图 4-24　打印的实例

3. 物理因素：建造过程造成的弱面

3D 打印混凝土采用垂直堆叠的无模成型方式，为确保打印结构的稳定性，无振捣密实的过程，则打印层间的气泡、空隙等不易消除，以致相邻打印层间的结合力较弱。通过扫描电镜捕获养护 28 d 打印试块的层间界面微观结构，发现层间界面大部分都因打印层在沉积过程中空气的混入，表现为弱黏结(图 4-25)，仅有小部分表现为紧密结合状态(图 4-26)。

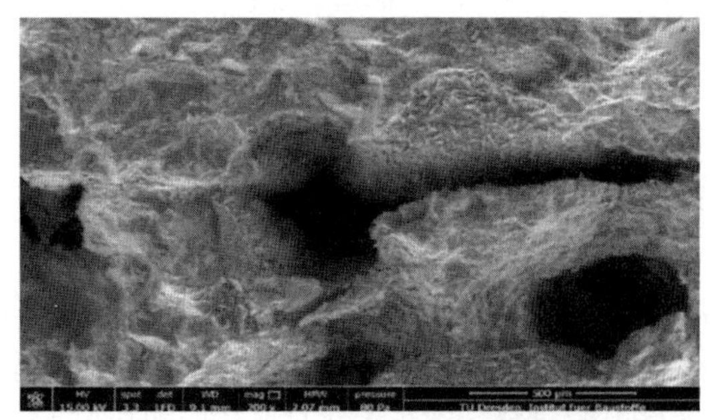

图 4-25　由于“空气封闭”引起的空洞

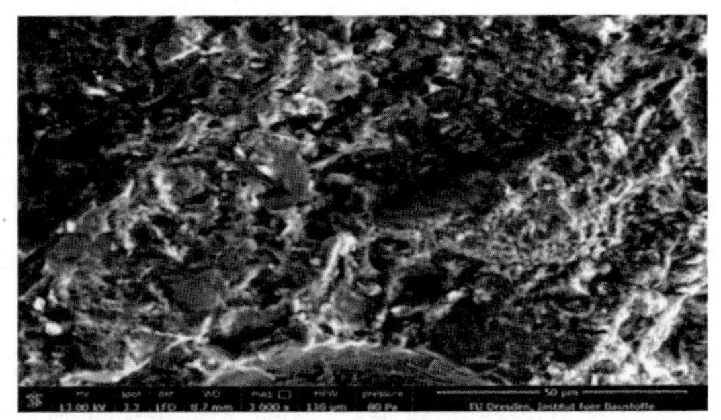

图 4-26　紧密结合部分

4. 材料因素：凝结时间造成的弱面

因打印过程中设置的喷头运行速度以及各打印层路径总长度不同，导致上下相邻打印层间的间隔时间不同。打印材料具有一定的流动性，纵向堆叠的材料可以相容，使界面不明显。然而，层间的间隔时间越长，超早龄期水泥等胶凝材料的持续水化以及刚度逐渐变大，打印材料表面的化学活性逐渐降低，相邻两层材料间的界面越来越明显，使层间结合性能降低。上下打印层材料凝结固化程度存在差异。初始层材料刚度随时间推移呈对数增长。若打印时间较长，当后续层沉积在初始层顶层时，由沉积引起的能量不足以使初始层材料产生相应的变形，则层间界面处出现空隙。图 4-27 为不同间隔时间下层间界面处空隙。

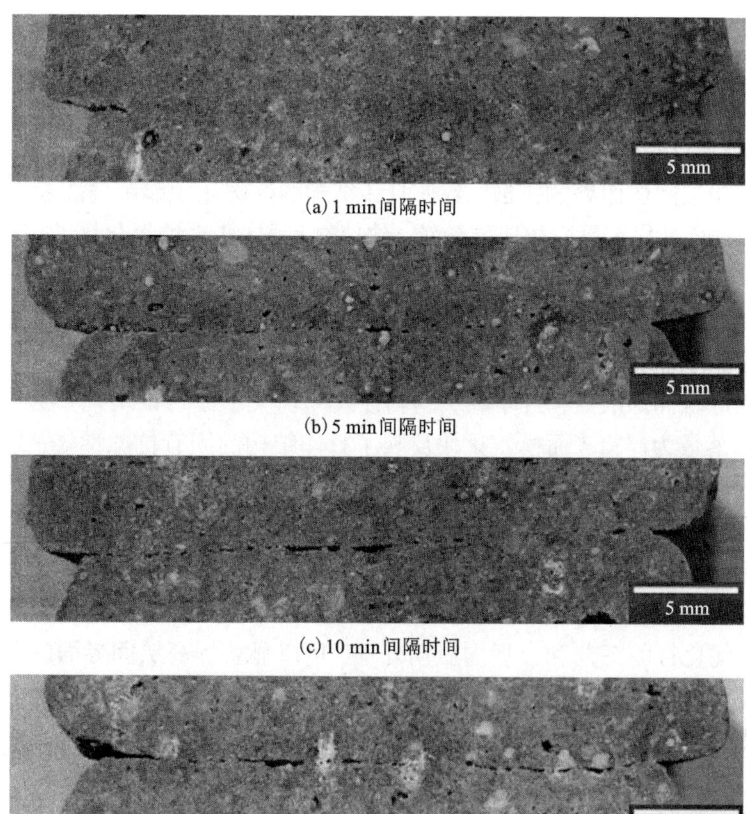

(a) 1 min间隔时间

(b) 5 min间隔时间

(c) 10 min间隔时间

(d) 20 min间隔时间

图 4-27 层间间隔时间所致弱面

若打印结构的耐久性不满足要求，打印结构的过早失效不仅会造成经济损失且会产生安全隐患。目前，通过宏观和微观实验以测试和评价层间弱面对打印结构耐久性的影响，并据此提出改善打印结构耐久性的方法。层间弱面的孔隙结构、抗碳化性能和抗冻融性能是影响打印结构耐久性的关键因素，以下分别展开具体分析。

(1)层间弱面的孔隙结构

压汞试验是依据外界施加的压力值来测定材料内部孔径大小的试验方法。分别从养护 28 d 的 3D 打印混凝土和普通混凝土试样中凿取尺寸约为 5 mm×5 mm×3 mm 的样品，将样品用无水乙醇浸泡，以终止水泥水化。待样品干燥处理后，依次将样品置于压汞仪中进行测试，以对比分析两种混凝土打印材料内部的孔隙结构。

耐久性优良的混凝土结构往往由孔隙结构合理的材料建造而成。混凝土内部孔隙直径小于 20 nm 为无害孔，20~50 nm 为少害孔，50~200 nm 为有害孔，大于 200 nm 为多害孔。实验表明，3D 打印混凝土内部孔径的分布比普通混凝土更均匀合理，因此打印结构会比普通混凝土结构呈现出更好的耐久性。

（2）层间弱面的抗碳化性能

碳化试验是在一定浓度的二氧化碳气体介质中测定混凝土试件碳化程度的基本方法，以此评定混凝土的抗碳化性能。应用扫描电子显微镜对碳化截面进行微观结构分析，以说明碳化对试件材料微观形貌的影响。试验材料碳化 28 d 时，$Ca(OH)_2$ 晶体表面沉积的碳化层受扰动后结晶形成菱形解理，使材料的致密度降低。碳化在材料内部引入了较多的连通空隙，进一步加剧了层间弱面对抗碳化性能的制约。

3D 打印混凝土材料低流动性、低黏着性的特性，使孔隙易在结构层间弱面处密集，促进了二氧化碳在结构层间弱面处的扩散，致使打印结构的抗碳化性能削弱。二氧化碳与水反应生成碳酸，碳酸与氢氧化钙反应生成碳酸钙，致使材料的 pH 因氢氧化钙的消耗而下降，使打印材料内部的钢纤维或短向钢筋发生锈蚀破坏，进而导致打印结构的力学性能和耐久性显著削弱。为提高打印结构的抗碳化性能，建议改善打印材料的配合比以减少结构层间的空隙。

（3）层间弱面的抗冻融性能

对于不同的冻融循环次数，打印试块的剥蚀程度均大于模筑试块，水泥砂浆在打印试块的层间弱面处脱落最为严重，而模筑试块反映了打印结构的固有抗冻性能，故打印结构的抗冻性能受层间弱面的制约而削弱。随着冻融循环次数的增加，打印结构层间密集的空隙扩展连通，导致打印构件最终沿层间弱面剥开破坏。为提高打印结构的抗冻性能，可以改善打印材料的配合比和调整打印材料的组成以减少结构层间的空隙。

综上所述，层间界面耐久性是 3D 打印水泥基材料长期使用中的关键问题之一。通过改进材料配合比、优化打印工艺和合理的后期处理，可以显著提高层间界面的黏结强度和整体致密性，从而提升 3D 打印混凝土的耐久性。这对于确保其在实际工程应用中的长期稳定性和可靠性具有重要意义。

4.5.3 抗冻融循环性能

冻融循环是指材料在冻结和解冻过程中所经历的反复循环。3D 打印混凝土结构的冻融耐久性问题主要表现为层间界面在冻融循环作用下的加速劣化。逐层堆积的工艺特性，使打印构件在 Z 向存在明显的薄弱界面，水分易在层间空隙聚集并结冰膨胀，导致冻融损伤集中发展。研究表明，相同配合比下，3D 打印试件的质量损失率比传统浇筑混凝土高 15%~30%，且冻融 300 次后 Z 向相对动弹性模量下降幅度可达 X/Y 方向的 1.5~2 倍。这种各向异性破坏主要源于层间过渡区的开放性孔隙结构（孔隙率较本体高 30%~50%）以及纤维/骨料的定向分布差异。对于 3D 打印水泥基材料，抗冻融循环性能用冻融循环的动弹性模量之比和质量损失率来表示，冻融循环会导致材料内部产生微裂纹（图 4-28），进而影响其力学性能和耐久性。

冻融试验分为慢冻法和快冻法，慢冻法适用于测定混凝土试件在气冻水融条件下，以经受的冻融循环次数来表示的混凝土抗冻性能；快冻法适用于测定混凝土试件在水冻水融条件下，以经受的快速冻融循环次数来表示的混凝土抗冻性能。

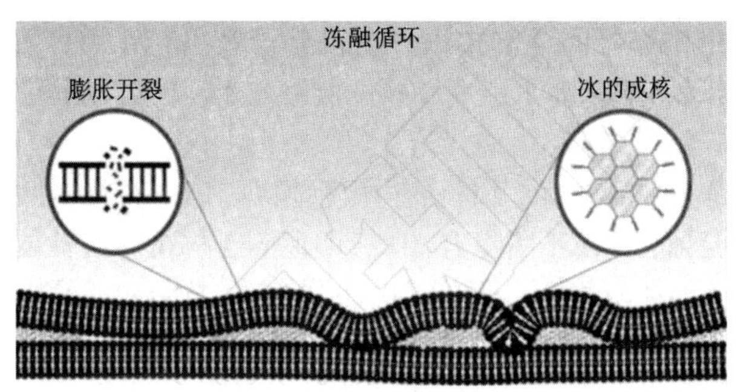

图 4-28　冻融破坏示意图

1. 慢冻法

采用立方体试块，使龄期达到 28 d 的试样在吸水饱和后承受反复冻融循环作用(冻 4 h，解冻 4 h)，以抗压强度下降不超过 25%，质量损失不超过 5%时所承受的最大循环次数表示，如 D50、D100、D150、D200。

2. 快冻法

采用棱柱体试件，在龄期达到 28 d 后进行试验，试件饱和吸水后承受反复冻融循环，一个循环在 2~4 h 内完成，以相对动态弹性模量值不小于 60%，而质量损失不超过 5%时所承受的最大循环次数表示，如 F150、F200、F300、F400。根据快速冻融最大次数，可以求得混凝土的耐久性系数。如式(4-1)所示。

$$K_n = P_n \times \frac{N}{100} \tag{4-1}$$

式中：K_n 为混凝土耐久系数；P_n 为满足快冻法控制指标要求的最大循环冻融次数；N 为经 n 次冻融循环后试件的相对弹性模量。

研究表明，3D 打印混凝土在冻融循环过程中抗压强度和动弹性模量会有所下降，尤其是在 Z 方向上表现得更为显著。在具体实验中，3D 打印试件的剥蚀程度和质量损失率均大于传统模铸试件。例如，随着冻融循环次数的增加(超过 200 次)，打印混凝土表现出更低的动弹性模量，这可能是其内部存在较多层间缝隙，导致冻融腐蚀不只从表面开始，也在内部同时进行，而模铸混凝土更多的是从表面开始腐蚀；随着冻融循环次数的增加，打印混凝土的质量损失较模铸混凝土小，这可能是因为打印混凝土层经由打印喷头强力挤出，使得混凝土层更加密实，且试件内部的腐蚀产物由于被封闭而无法流出。尽管 3D 打印混凝土的质量损失率低于传统模铸混凝土，但其抗冻融性能仍需进一步提升，具体改善措施如下：

①材料层面，通过添加防冻剂、优化材料配合比和改善养护条件，可以有效提高 3D 打印混凝土的抗冻融性能。例如，掺加铁尾矿砂可以在一定程度上提高材料的抗冻融能力。掺加铁尾矿砂的 3D 打印混凝土在经历 100 次冻融循环后，其抗压强度下降幅度较小，显示出较好的抗冻融性能。掺入纳米 SiO_2(0.5%~1%)可细化孔隙结构，使临界孔径从 100 nm 降至 50 nm；钢纤维(1%~2%)的加入则能抑制冻胀裂缝扩展，使冻融循环寿命提升至 400 次以上。

②工艺层面，合理的打印参数设置和打印工艺也有助于提高抗冻融性能。例如，通过调

整打印速度和层间时间，可以优化材料的内部结构，提高其抗冻融能力。采用振动辅助打印(20~50 Hz)可使层间孔隙率降低至5%以下，而红外预热(40~60 ℃)能促进层间水化产物交织，显著提高界面抗冻性。未来需重点发展原位监测技术，建立考虑层间缺陷演化的冻融寿命预测模型。

抗冻融循环性能是3D 打印水泥基材料在寒冷地区应用中的关键性能指标。通过科学的实验研究和实际工程验证，可以不断提升3D 打印混凝土的抗冻融性能，使其在各种恶劣环境下保持良好的力学性能和耐久性。这对于推动3D 打印技术在建筑工程中的广泛应用具有重要意义。

4.5.4 抗腐蚀性能

腐蚀是指材料在化学物质(如酸、碱、盐等)作用下发生的性能劣化现象。3D 打印水泥基材料在长期暴露于腐蚀环境中时，其力学性能和耐久性会显著下降。3D 打印水泥基材料的氯盐腐蚀和硫酸盐腐蚀是建筑材料领域的重要研究主题，尤其是在环境条件严酷的地区，了解这些腐蚀机制能帮助提高材料的耐久性和使用寿命。

3D 打印混凝土结构在抗氯离子侵蚀方面面临显著挑战，主要源于其独特的层间界面特性。层间界面为氯离子渗透提供了快速通道。研究表明，在相同暴露环境下，3D 打印混凝土的氯离子扩散系数比传统浇筑混凝土高出50%~80%，且 Z 向(打印方向)的渗透深度可达水平向的2~3 倍。这种各向异性侵蚀行为与层间水化产物的定向排列、纤维分布不均等因素密切相关。为提升抗氯离子性能，目前主要采用纳米材料改性(如掺入1%石墨烯可使扩散系数降低70%)和界面强化工艺(如振动密实技术减少层间孔隙率)。

氯盐腐蚀是钢筋混凝土中常见的问题，考虑到3D 打印混凝土构件在未来必须配筋，其层间缝隙会是主要扩散路径，氯盐扩散较模筑混凝土会更快，更易腐蚀钢筋，大大降低3D 打印混凝土构件的力学性能。在沿海地区，建筑物长期暴露在含有氯离子的海水和空气中，这些氯离子通过层间缝隙迅速渗透到混凝土内部，导致钢筋锈蚀，加速结构劣化。因此，考虑到3D 打印混凝土未来配筋需求，必须做好防护措施，增强其抗氯盐侵蚀能力，具体措施如下：

①在3D 打印水泥基材料中添加氯盐腐蚀抑制剂。

②在3D 打印混凝土构件外涂刷防水材料，限制氯离子的渗透。

③设计时考虑使用耐腐蚀钢筋，如不锈钢或涂覆钢筋。

在抗硫酸盐腐蚀方面，3D 打印混凝土同样表现出特殊的劣化规律。硫酸盐离子易沿层间孔隙网络迁移，与水泥水化产物反应生成膨胀性物质(如钙矾石)，导致 Z 向膨胀率比传统混凝土高0.5~1.2 倍。这种差异主要归因于打印构件的层状孔隙结构(孔隙率较本体高15%~25%)和局部富集的未水化水泥颗粒。通过采用地质聚合物胶凝体系(如碱激发矿渣)或梯度材料设计(表层高密实防护层)，可有效将硫酸盐腐蚀膨胀率控制在0.1%以下。未来需重点研究多离子耦合侵蚀机制，建立考虑打印工艺参数的耐久性预测模型。

硫酸盐腐蚀原理是在硫酸盐腐蚀溶液中，SO_4^{2-} 与混凝土中水化产物反应生成钙矾石和 $CaSO_4$ 等易吸水膨胀产物，导致混凝土膨胀开裂，进而使得结构承载力降低，甚至失效。通过对比模铸混凝土和打印混凝土在干湿循环状态下的抗硫酸盐侵蚀试验(150 次循环)发现，层间缝隙的存在使得打印混凝土抗硫酸盐侵蚀能力较模铸混凝土强，这可能是因为层间缝隙的存在为钙钒石的生长提供了额外空间，导致打印混凝土中钙钒石膨胀引起破坏的时间延长。

在实际应用中，抗腐蚀性能是影响 3D 打印混凝土长期使用的重要因素。例如，在化工厂、污水处理厂等腐蚀环境较为严重的场所，材料的抗腐蚀性能直接决定了结构的使用寿命和安全性。通过在混凝土中添加防腐蚀剂和优化打印工艺，可以显著提高 3D 打印混凝土的抗腐蚀性能，保证其在苛刻环境中的长期稳定性。

综上所述，抗腐蚀性能是 3D 打印水泥基材料在腐蚀环境中应用的关键性能指标。通过科学的实验研究和实际工程验证，可以不断提升 3D 打印混凝土的抗腐蚀性能，使其在各种严酷环境下保持良好的力学性能和耐久性。这对于推动 3D 打印技术在建筑工程中的广泛应用具有重要意义。

4.5.5　抗碳化性能

混凝土碳化是指大气中的二氧化碳（CO_2）渗透到混凝土内部，与水泥水化产物发生化学反应，导致混凝土碱性下降、钢筋钝化膜破坏的过程。这一现象直接影响混凝土结构的耐久性和服役寿命。3D 打印混凝土结构的抗碳化性能受其分层制造特性的显著影响。由于逐层堆积的工艺特点，层间界面为 CO_2 的扩散提供了快速通道。研究表明，在相同环境条件下，3D 打印混凝土的碳化深度比传统浇筑混凝土平均增加 40%，且 Z 向（打印方向）的碳化速率明显高于 X 向和 Y 向。这种各向异性碳化行为主要源于 3 个因素：层间过渡区的高孔隙率（比本体高 30%～50%）、水化产物的定向排列和打印过程中形成的微观结构不均匀性。

提升 3D 打印混凝土抗碳化性能的关键在于优化材料组成和打印工艺。在材料方面，掺入纳米 SiO_2（0.5%～1%）可显著细化孔隙结构，使碳化深度减少 55%；采用碱激发地质聚合物体系则能将碳化速率降至普通硅酸盐混凝土的 1/5。在工艺方面，控制层厚（<15 mm）和打印间隔（<30 min）可有效改善层间密实度，而振动辅助打印技术能使层间孔隙率降低至 5%以下。此外，表面密封处理（如硅烷浸渍）可阻断 CO_2 的侵入路径，使碳化速率降低 60%以上。

未来研究需重点关注 3D 打印混凝土碳化过程的长期演化规律，特别是环境湿度波动对层间碳化的加速效应。需要建立考虑打印路径和层间缺陷的碳化预测模型，并开发新型智能防护材料（如 pH 响应型自修复涂层）。这些突破将推动 3D 打印混凝土在严苛环境（如工业大气、高 CO_2 浓度区域）的可靠应用，延长结构服役寿命。标准体系方面，需制定针对打印构件的碳化试验方法和耐久性评价指标，为工程应用提供规范依据。

智慧启思

国内3D打印混凝土材料创新中的使命担当与绿色智慧

认知拓展

实践创新

思考题

1. 什么是可打印性？什么是可挤出性？什么是可建造性？

2. 材料的层间黏结性能对 3D 打印结构的整体性能有何影响？列举两个影响层间黏结的关键因素。

3. 结合材料组成与施工工艺，分析如何平衡 3D 打印水泥基材料的可挤出性与可建造性之间的矛盾。

4. 在传统混凝土结构中，我们通常更关注抗压强度，而在3D打印水泥基材料中，为什么抗弯强度与抗拉强度的重要性显得更加突出？这对材料设计和结构应用有何启示？

5. 3D打印水泥基材料力学性能存在各向异性，这种“非均质性”是否意味着它是一种“不可靠”的材料？在工程实践中如何看待和利用这一特性？

6. 结合泵送阶段与堆叠成型阶段的要求，分析材料触变性在3D打印全过程中的作用。

7. 与传统混凝土相比，3D打印水泥基材料的新拌性能有哪些特殊要求？原因是什么？

8. 某3D打印混凝土材料在堆叠过程中频繁出现层间下沉和侧向变形，试从新拌性能角度分析可能的原因。

9. 在3D打印水泥基材料的配合比设计中，如何平衡“可打印性”和“力学性能”？存在哪些典型的设计矛盾，如何通过材料选择与配合比优化加以解决？

10. 为什么说水胶比是配合比设计中最核心的参数之一？它对材料性能会产生哪些正反两方面的影响？

11. 3D打印混凝土的层间界面是其耐久性的薄弱环节，尤其在抗冻融、抗氯离子渗透和抗碳化性能上表现较差。请结合材料科学和打印工艺，分析造成层间界面耐久性差的主要微观机制。

12. 在海洋环境中，3D打印混凝土结构可能同时面临氯离子侵蚀、冻融循环和碳化的复合作用。请回答：①为何层间界面在这些耦合作用下会加速劣化？②若需提升此类环境的耐久性，你会优先优化哪一项性能（抗氯离子、抗冻融或抗碳化）？为什么？

第 5 章

3D 打印混凝土增强增韧技术

AI微课

本章思维导图

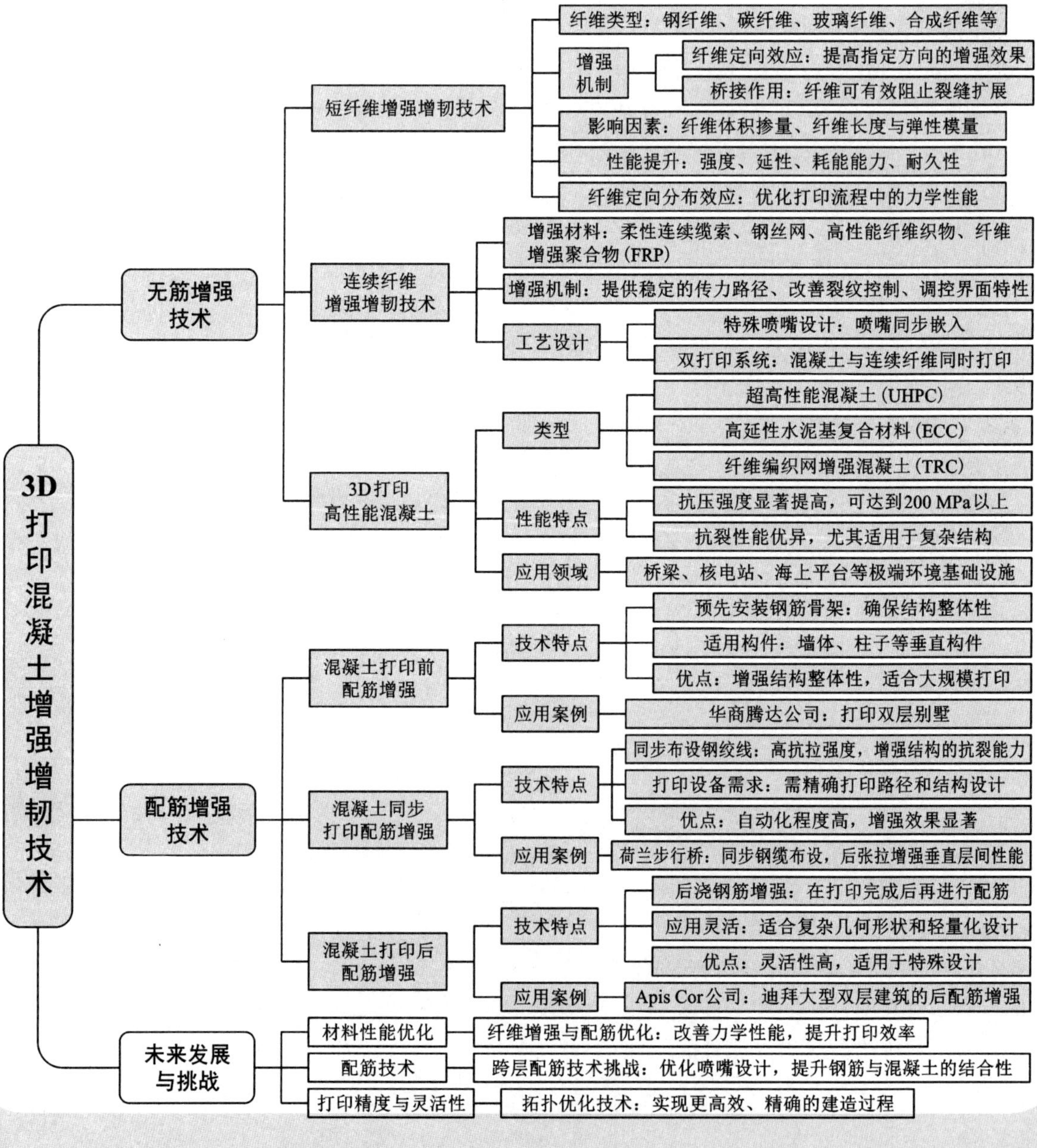

- 3D打印混凝土增强增韧技术
  - 无筋增强技术
    - 短纤维增强增韧技术
      - 纤维类型：钢纤维、碳纤维、玻璃纤维、合成纤维等
      - 增强机制
        - 纤维定向效应：提高指定方向的增强效果
        - 桥接作用：纤维可有效阻止裂缝扩展
      - 影响因素：纤维体积掺量、纤维长度与弹性模量
      - 性能提升：强度、延性、耗能能力、耐久性
      - 纤维定向分布效应：优化打印流程中的力学性能
    - 连续纤维增强增韧技术
      - 增强材料：柔性连续缆索、钢丝网、高性能纤维织物、纤维增强聚合物(FRP)
      - 增强机制：提供稳定的传力路径、改善裂纹控制、调控界面特性
      - 工艺设计
        - 特殊喷嘴设计：喷嘴同步嵌入
        - 双打印系统：混凝土与连续纤维同时打印
    - 3D打印高性能混凝土
      - 类型
        - 超高性能混凝土(UHPC)
        - 高延性水泥基复合材料(ECC)
        - 纤维编织网增强混凝土(TRC)
      - 性能特点
        - 抗压强度显著提高，可达到200 MPa以上
        - 抗裂性能优异，尤其适用于复杂结构
      - 应用领域
        - 桥梁、核电站、海上平台等极端环境基础设施
  - 配筋增强技术
    - 混凝土打印前配筋增强
      - 技术特点
        - 预先安装钢筋骨架：确保结构整体性
        - 适用构件：墙体、柱子等垂直构件
        - 优点：增强结构整体性，适合大规模打印
      - 应用案例
        - 华商腾达公司：打印双层别墅
    - 混凝土同步打印配筋增强
      - 技术特点
        - 同步布设钢绞线：高抗拉强度，增强结构的抗裂能力
        - 打印设备需求：需精确打印路径和结构设计
        - 优点：自动化程度高，增强效果显著
      - 应用案例
        - 荷兰步行桥：同步钢缆布设，后张拉增强垂直层间性能
    - 混凝土打印后配筋增强
      - 技术特点
        - 后浇钢筋增强：在打印完成后再进行配筋
        - 应用灵活：适合复杂几何形状和轻量化设计
        - 优点：灵活性高，适用于特殊设计
      - 应用案例
        - Apis Cor公司：迪拜大型双层建筑的后配筋增强
  - 未来发展与挑战
    - 材料性能优化
      - 纤维增强与配筋优化：改善力学性能，提升打印效率
    - 配筋技术
      - 跨层配筋技术挑战：优化喷嘴设计，提升钢筋与混凝土的结合性
    - 打印精度与灵活性
      - 拓扑优化技术：实现更高效、精确的建造过程

3D打印混凝土结构的连续挤出与叠层堆积工艺阻碍了传统钢筋和箍筋在打印构件中的引入。目前针对3D打印混凝土结构的增强技术主要包括短纤维增强、界面增强、垂直跨层增强、预应力增强以及内部浇筑增强技术等，其对提升3D打印混凝土结构的承载力具有积极作用。本章主要阐述无筋增强和配筋增强两大类技术，并对由此衍生的3D打印超高性能混凝土进行了介绍。

5.1 无筋增强技术

5.1.1 短纤维增强增韧技术

纤维混凝土的发展使得材料具有高耐久性、高力学性能、强耐火性能，目前根据材料的分类，常见的纤维包括玄武碳(carbon)纤维、岩(basalt)纤维、玻璃(glass)纤维、聚乙烯醇(PVA)纤维、聚乙烯(PE)纤维、聚丙烯(PP)纤维、钢(steel)纤维等。由于3D打印混凝土的一体式挤出成型工艺，在打印体中布设钢筋难度较大，因此在打印浆体中掺入短纤维是一种经济、可靠、便捷的增强增韧手段。

影响3D打印纤维增强混凝土用于实际工程的关键因素在于其力学性能，主要包括抗压强度、抗拉强度、拉伸延性以及抗弯强度。掺入纤维后3D打印混凝土的抗压和抗弯强度较普通混凝土均有明显提升，例如可打印超高性能混凝土(ultra-high performance concrete, UHPC)材料的抗压强度最高达200 MPa，可打印PE纤维增强高延性水泥基复合材料(engineered cementitious composite, ECC)的抗拉强度可达到4.67~5.68 MPa，拉伸延性达3.57%~11.43%。由于搅拌叶片的旋转挤出以及打印喷嘴的刮平作用，挤出的混凝土条中的纤维会趋向打印方向分布，即定向分布。定向分布作用对3D打印纤维增强混凝土的强度提升效果显著。与之对应，3D打印纤维增强混凝土的各向异性也因此更为显著，应在设计和应用中予以充分考虑。

短纤维主要分为柔性短切纤维和刚性短切纤维。柔性短切纤维在混凝土材料的挤出过程中会形成纤维定向效应，使指定方向上的增强效果显著，但过多纤维的掺入会影响打印流程，降低混凝土的工作性能。目前，打印混凝土的纤维体积掺量一般小于2%。适宜的纤维掺量不仅使得打印材料具有良好的工作性能和力学性能，还能减少甚至消除打印混凝土层条间缺陷的不利影响。打印混凝土的增强增韧效果与纤维参数密切相关，包括纤维类型、掺量、长度、弹性模量等，这些因素不仅决定了材料打印硬化后的力学性能，对其打印性能也有重要影响，在实际使用中应依据性能需求合理选取。刚性短切纤维主要是钢纤维，由于打印工艺的限制，目前主要使用平直型钢纤维。在3D打印混凝土中掺入钢纤维可有效提升其抗压强度、层间黏结强度、抗折强度、弯曲韧性等。钢纤维在打印混凝土中也存在纤维定向效应，其长度、数量和定向效应对打印混凝土在指定方向上的抗折强度的提升至关重要，掺量过低或者长度过短的钢纤维对打印混凝土性能的提升效果均不明显。

纤维的桥接能力是其提升混凝土力学性能的关键，打印混凝土中纤维的桥接能力与纤维的弹性模量密切相关，纤维的增强效果与弹性模量呈现出近似线性相关的关系。其在受拉方向上的桥接作用能有效传递荷载和抑制裂缝扩展(图 5-1)，高弹模纤维可提供更强的桥接作用。研究表明，纤维产生的桥接作用正好抵消纤维引入孔隙率增大产生的损失，纤维的弹性模量为 43.6 GPa。鉴于此，可偏于安全地将 50.0 GPa 作为打印混凝土中增强纤维弹性模量的选材标准。

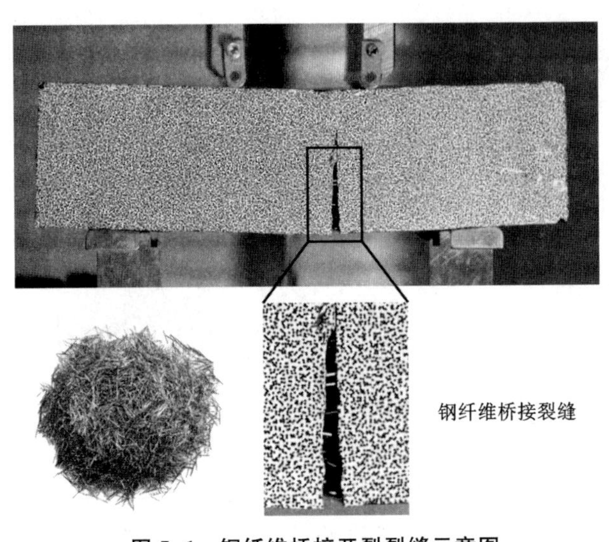

图 5-1　钢纤维桥接开裂裂缝示意图

5.1.2　连续纤维增强增韧技术

目前，在 3D 打印混凝土连续增强纤维增韧技术中，研究者主要采用柔性连续缆索、钢丝网、高性能纤维织物或纤维增强聚合物(FRP)网格等，这类材料自身具备优异的力学性能，并能通过与混凝土基体的高效黏结形成稳定的传力路径，可作为替代钢筋的理想选择，用于同步层间增强。连续纤维增强增韧技术通过在 3D 打印过程中同步且连续地引入柔性增强材料力学性能。为更加便于操作，Bos 等研制了一种特殊的向下、回流喷嘴，可在打印过程中将钢缆直接嵌入混凝土中，此方法显著改善了打印构件的抗弯性能和变形性能，并成功应用于全尺寸自行车桥的 3D 打印过程。高性能纤维织物和柔性 FRP 网格也可采用类似工艺，如图 5-2 所示，将打印喷头改进为包含环氧树脂进出口的结构，在混凝土挤出端口两侧安装可自由转动的软质毛刷，挤出过程分为三个阶段。阶段Ⅰ：在挤出混凝土条带的同时，刷头 A 在打印层顶面同步涂覆环氧树脂薄层。阶段Ⅱ：机械臂自动将织物网格铺设在黏结层上。阶段Ⅲ：环氧树脂同步流至刷头 A 和刷头 B，实现网格顶面与打印层顶面双面涂覆。循环上述工序直至打印完成，即可实现 3D 打印全流程自动化。

这类技术为促进 3D 打印混凝土技术的工程实际应用，特别是在复杂构件的制作、几何形式的拓扑优化、结构的轻量化设计等诸多方面提供了新的思路和途径。该类材料与普通的筋材相比具有一定的柔性，且与打印工艺更适配，易于通过打印喷嘴进行连续布设，实现整体连续增强。同时，纤维材料的选择也具有多样性，常见的如玻璃、玄武岩、碳纤维以及更

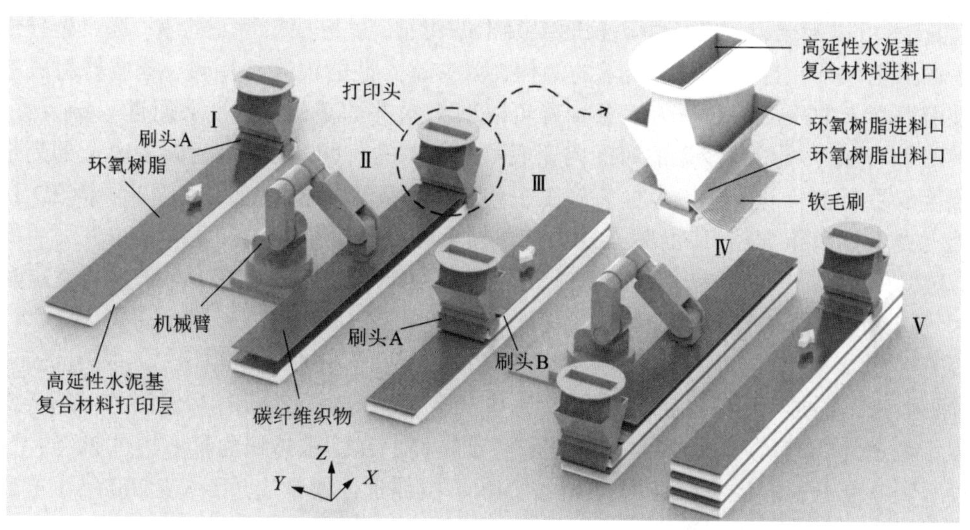

图 5-2　混凝土-纤维织物/纤维增强聚合物自动化打印系统示意图

加符合绿色低碳需求的织物纤维等，皆可有效用于混凝土材料的增强增韧，可使其抗弯强度提高 1~5 倍，且通常与短纤维配合使用，通过其互锁与缠绕作用增强钢缆、纤维织物、FRP 等与混凝土的黏结性能。

5.1.3　3D 打印高性能混凝土

普通混凝土材料的脆性以及施工过程中的支模和脱模工序一直是限制大跨度曲面异形混凝土结构发展的两大难题。一方面，采用纤维增强的高性能混凝土具有优异的抗拉性能和抗裂性能，相比传统混凝土材料更适用于曲面异形结构。另一方面，3D 打印的无模板施工工艺可以省去支模和脱模两道工序，施工更为简便。因此，高性能混凝土的 3D 打印更适用于悬臂、大跨度、曲面等异形结构的建造。常见的 3D 打印高性能混凝土包括 3D 打印超高性能混凝土、高延性水泥基复合材料、纤维编织网增强混凝土(textile reinforced concrete，TRC)等。

超高性能混凝土的概念于 20 世纪 90 年代由 Larrad 和 Sedran 首先提出。超高性能混凝土是一种以水泥、硅灰、石英砂、高效减水剂和水等为主要成分，通过优化颗粒级配以形成堆积密实的基体，同时掺入一定量的高强细微钢纤维或有机合成纤维来提高材料抗拉性能和延性的新型纤维增强水泥基复合材料。超高性能混凝土具有超高强、高韧和高耐腐蚀等优异性能，在高层建筑、大跨桥梁、军事防护工程、核电站安全壳等重大工程，以及核废料储存容器、海上石油平台、油气管道等极端严酷环境的基础设施中具有广阔的应用前景。超高性能混凝土具有优异的力学性能，在材料层面为 3D 打印混凝土的工程应用提供了新的路径。超高性能混凝土通过骨料紧密堆积降低孔隙率，是高强度、高耐久性的水泥基工程材料，且掺入钢纤维能够显著改善超高性能混凝土的延性和抗裂性能。相较于普通 3D 打印混凝土，3D 打印超高性能混凝土(3DP-UHPC)的力学性能显著提升，抗压强度可达 200 MPa，层间缺陷减少，具备辅助或取代钢筋增强的潜力。超高性能混凝土优异的强度、耐久性和抗裂性能可有效提升 3D 打印结构的性能和质量，而其高流动性和自流平特性使其更适合 3D 打印。3D 打印技术可以根据设计需求精确控制混凝土的用量，也可根据特定需求，通过拓扑优化等技术手段调整设计并打印出符合需求的结构，减少超高性能混凝土用量，降低材料成本。而超高性能混凝土的高强度和耐久性意味着可以减小构件的截面尺寸，从而进一步节省材料。此外，3D 打印技术可以在较短的时间内完成复杂结构的打印，而超高性能混凝土的高强度和早期强度的发展也有助于进一步加速施工进程，使工程更早投入使用。因此，将 3D 打印超高性能混凝土技术和 3D 打印混凝土技术结合起来可以实现更高效、更精确和更灵活的建造过程，在保证 3D 打印结构韧性的前提下最大限度地提升设计自由度，为未来的建筑和基础设施领域带来更多可能性。

高延性水泥基复合材料又称应变硬化水泥基复合材料(strain hardening cementitious composites, SHCC)或“可弯曲混凝土”，作为基于微细观力学理论设计和定制的一类特殊的纤维增强水泥基复合材料，具有高抗拉强度和高延展性。在纤维体积含量不超过 2%的情况下，高延性水泥基复合材料的抗拉强度为 4～20 MPa，拉伸延性通常超过 2%或 200 倍于普通混凝土或普通纤维增强混凝土(fiber reinforced concrete, FRC)。高延性水泥基复合材料已广泛应用于民用基础设施建设，如建筑、桥梁、水利和能源基础设施、隧道等。与普通纤维增强混凝土在裂纹萌生后表现出拉伸软化行为不同，高延性水泥基复合材料具有高拉伸、剪切和弯曲强度，在单轴直接拉伸试验中，高延性水泥基复合材料的应力-应变曲线与具有屈服点并随后出现应变硬化的延展性钢材的曲线相似，表现出明显的应变硬化行为，并具有优异的裂缝控制能力和自愈合功能。在提高混凝土基础设施的韧性、耐久性和可持续性方面，高延性水泥基复合材料具有很大的优势。高延性水泥基复合材料所固有的自增强特性使其有效减少了对配筋的需求，并显著降低了对局部失效(如剥落)的敏感性。由于优异的冲击耗能能力，高延性水泥基复合材料也非常适合用于高长细比的 3D 打印结构。高延性水泥基复合材料这些特点为无筋 3D 打印混凝土结构构件提供了一种可行的方案。3D 打印高延性水泥基复合材料沿打印方向的拉伸强度可达 5 MPa，破坏拉伸应变大于 9%，且由于挤出过程中对纤维的定向作用，其强度和延性均高于浇筑试件。

纤维编织网增强混凝土由多轴纤维编织网和精细混凝土结合而成。高性能纤维编织网的加入不仅通过多裂纹机制提升了材料的强度、应变能力，还提升了断裂能。通过合理设计与配置，纤维编织网增强混凝土不仅继承了短纤维增强水泥基复合材料的各项优良性能，而且具有更高的定向增强效率和更好的力学性能，在拉伸和弯曲荷载作用下开裂后，具有稳定的多裂纹和应变硬化性能，能够减少乃至替代传统钢筋的使用。纤维编织网增强混凝土构件既具有普通钢筋混凝土的优点，又具有较强的耐腐蚀性。混凝土保护层厚度只需满足基本的锚固要求，纤维编织网增强混凝土凭借其较高的强度和韧性，特别适合制成薄壁轻质结构。纤维编织网增强混凝土的特性使其在新型建筑结构领域以及钢筋混凝土结构的修复加固、抗冲击和爆炸等领域中的优势日益明显。在 3D 打印混凝土的逐层堆叠工艺中，在打印层间引入纺织材料具有操作优势，且能显著提高构件的强度、延性和冲击耗能能力。另外，从仿生学的角度来看，分层堆叠结构是一种比浇筑整体结构更合理的结构形式。例如，贝壳珍珠母主要由典型的脆性材料文石($CaCO_3$)构成，但通过多级有序的组装，低强、低韧的文石却变成一种超强、超韧的“超级材料”。文石层间的矿物桥、纳米

粗糙颗粒、聚合物等结构，使得贝壳在荷载作用下出现了裂缝偏转和分叉等现象，避免了单一裂缝的脆性破坏形式。而 3D 打印的堆叠成型工艺正好与贝壳珍珠母的微观分层组装具有一定的相似性。在打印层间铺设纤维编织网实现层间的桥接与分隔，可对裂缝的扩展进行调控，制成无筋仿生梁结构。因此，合理地选用纤维混凝土材料以及组装形式反而可以将分层堆叠这一劣势变为 3D 打印的优势。

图 5-3 展示了 3D 打印超高性能混凝土(3DP-UHPC)梁试件的弯曲应力-挠度曲线，增加钢纤维体积掺量可提高试件的弯曲变形和承载力，曲线呈现 3 个典型阶段。阶段 Ⅰ(弹性阶段)，应力随挠度近似线性增长，此时超高性能混凝土基体与钢纤维无相对滑移；当第一条弯曲裂缝出现时，试件弯曲刚度显著降低，阶段 Ⅰ 结束。阶段 Ⅱ(弯曲硬化阶段)，钢纤维通过桥接作用在裂缝间传递荷载，荷载持续增长。阶段 Ⅲ(破坏阶段)，主裂缝处钢纤维逐渐被拔出，应力持续降低直至试验结束。添加纤维织物/钢丝网可以显著改善 3D 打印超高性能混凝土的弯曲硬化现象和抗弯性能，峰后残余强度和弯曲韧性提升明显。图 5-4 展示了由数字图像相关技术(DIC)分析得到的 3D 打印超高性能混凝土梁主拉应变分布，类似地，裂缝扩展过程亦呈现 3 个阶段：阶段 Ⅰ，当底部拉应力超过超高性能混凝土初裂强度时，裂缝始于梁跨中；阶段 Ⅱ，荷载增加使裂缝向上分叉扩展，钢纤维通过桥接作用抑制裂缝发展；阶段 Ⅲ，当主裂缝处纤维桥接失效时，裂缝突然扩展导致试件破坏。随着钢纤维掺量增加，裂缝分叉现象更显著，而层间增强材料的引入则带来了裂缝分叉和偏转，提升了材料韧性。

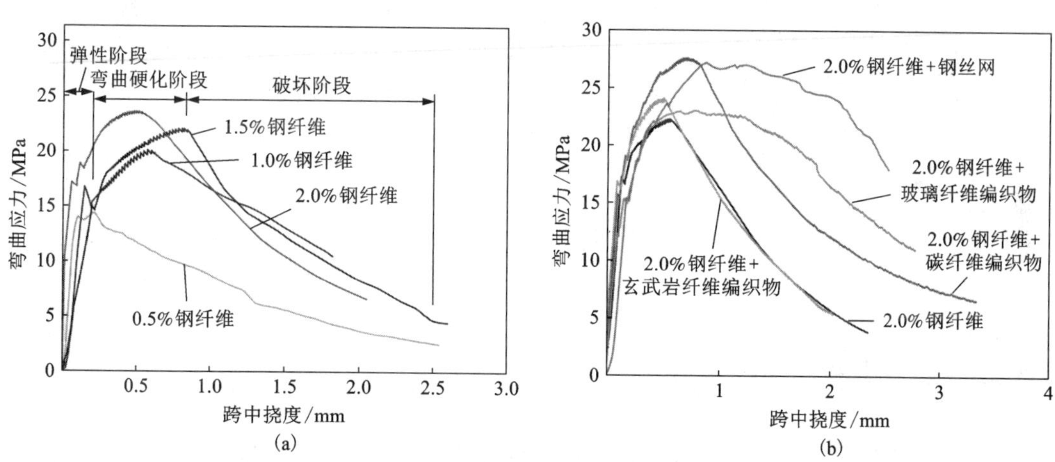

图 5-3　3DP-UHPC 梁试件的弯曲应力-挠度曲线(百分数表示体积掺量)

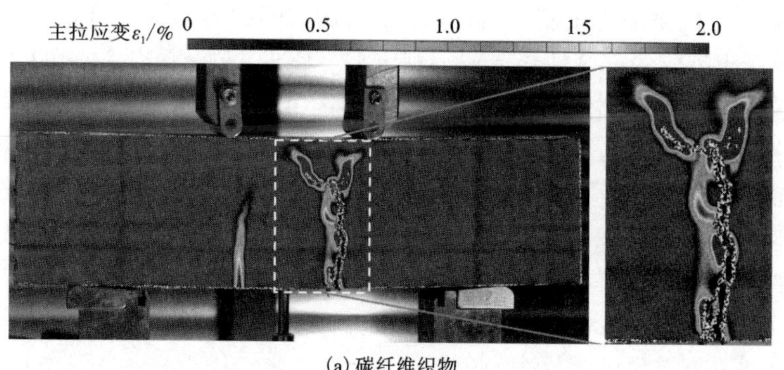

(a) 碳纤维织物

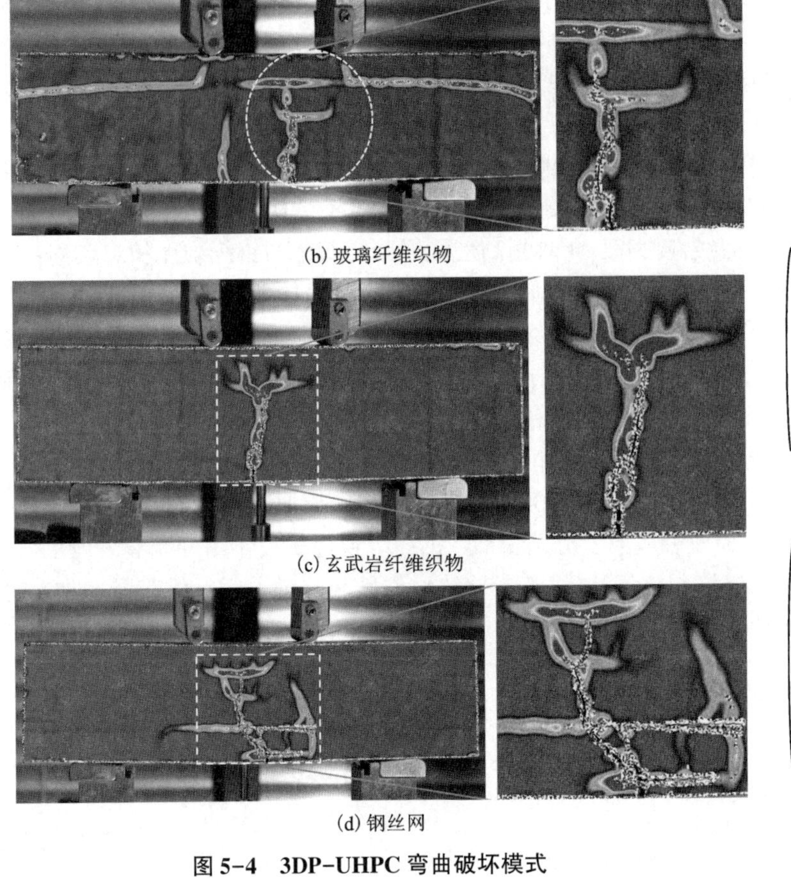

(b) 玻璃纤维织物

(c) 玄武岩纤维织物

(d) 钢丝网

图 5-4　3DP-UHPC 弯曲破坏模式

解锁视频
钢网格试件弯曲破坏

5.2　配筋增强技术

配筋增强的方式，依据打印与配筋操作的顺序，可划分为三类，即混凝土打印前配筋增强、混凝土同步打印配筋增强以及混凝土打印后配筋增强。值得注意的是，3D 打印混凝土配筋增强技术面临一定的挑战与限制。具体而言，打印层间的薄弱界面可能对基于逐层堆叠原理的 3D 打印混凝土结构的安全性能造成不利影响。此外，同步容纳钢筋的增强方式要求对打印喷头的构造进行专门设计，以满足钢筋的精准定位与稳固嵌入。同时，垂直打印方向的增强增韧则对打印机的结构设计和性能提出了更为苛刻的要求。在这些技术挑战中，打印-浇筑混凝土界面、浇筑混凝土-钢筋界面以及打印条带-层间界面的质量，对钢筋的增强效果具有显著影响。钢筋虽能显著提升 3D 打印混凝土的整体抗拉性能，但打印界面的空间分布与钢筋-混凝土的黏结滑移特性却增加了受力状态下混凝土塑性损伤发展的不确定性。此外，工艺水平、钢筋位置以及打印质量等因素，也在很大程度上左右着钢筋增强的最终效果。这些局限性是当前阻碍 3D 打印混凝土技术在大型结构施工中广泛应用的重要因素。

为应对上述技术限制，可通过优化钢筋布设的先后顺序来寻求解决方案，但每种配筋顺序的选择均伴随着其特有的优势与不足。打印前配筋增强作为原位建造的一种主要方式，虽能有效增强结构，但在一定程度上限制了 3D 打印技术的灵活性与自由度，同时对钢筋的精确布设与打印喷头的创新设计提出了更高要求。同步打印配筋则需依赖人工进行逐层布设，时间成本较高，但若能实现自动化作业，则能显著缩短建造周期，不过这也对配筋的物理性能及打印设备的先进性提出了更高要求。打印后配筋的主要形式为利用 3D 打印技术替代传统模板进行浇筑，其本质仍为传统的浇筑混凝土工艺。

针对上述技术难题，学术界已展开广泛研究，通过改进打印喷头结构、探索新型配筋材料、优化打印技术等途径，力求弥补现有缺陷。例如，有研究提出采用钢缆代替传统钢筋进行同步打印，或设计适应垂直层面加筋的专用打印喷头，以及探索钢筋与混凝土协同 3D 打印的新技术等。本节将深入介绍配筋增强的几种常见方法及其实际应用案例，旨在为读者提供关于配筋增强技术方面的认识与理解。表 5-1 为 3D 打印混凝土配筋增强主要方法的优势和局限性对比。

表 5-1　3D 打印混凝土配筋增强方法对比

增强方法类别	操作方式	增强优势	局限性
纤维增强	拌合时掺加纤维；制备成水泥基复合材料	显著提升 3D 打印混凝土条带强度、抗拉及抗弯性能；降低混凝土收缩徐变程度	对 3D 打印混凝土层间黏结性能增强不明显；提高混凝土各向异性程度；纤维掺量过高会降低混凝土条带性能
钢丝网格增强	打印时在挤出条带间铺设钢丝网格	显著提升 3D 打印混凝土层间黏结及抗拉性能	对 3D 打印混凝土条带性能提升不明显；铺设尺寸及形式受打印路径限制
钢筋同步打印增强	混凝土－钢筋同步打印、打印预留孔洞锚固配筋后浇筑、后张法预应力配筋等	可同步配置钢筋，自动化程度较高，增强效果显著	竖向配筋技术难度高；配型形式及位置存在局限性；打印效率低，对设备要求较高
配筋非同步打印增强	预制打印模板并配置钢筋，然后浇筑混凝土成型；体外配筋等	钢筋与混凝土组合效果好，混凝土抗弯及抗拉性能提升显著	建造工序复杂；组合打印布筋形式局限；3D 打印利用率低

5.2.1　混凝土打印前配筋增强

打印前配筋的传统方法在一定程度上限制了打印喷头的运动灵活性，为此，通过创新打印喷头的结构设计可有效减轻钢筋对打印路径的阻碍。2016 年，我国提出了一种创新的大规模配筋技术，该技术能够在垂直与水平方向上同步配筋，并在北京市通州区成功实现了高度 6 m、长宽均为 15 m、墙体厚度 25 cm、总面积达 400 m^2 的双层别墅的现场 3D 整体打印。

该方法的核心在于，在打印混凝土层之前预先安装钢筋骨架，随后在已安装的钢筋骨架两侧逐层精确打印混凝土，整个过程如图 5-5(a)至图 5-5(d)所示。为实现这一复杂操作，该打印机特配了专用的叉形挤出式打印喷头，如图 5-5(e)所示，其喷头设计独特，能够同时在钢筋的两侧均匀铺设混凝土，确保打印质量与效率。打印过程中人力介入极少，且该技术能够灵活利用建造现场的各种水泥基材料，这一特点极大地满足了原位建造的需求，降低了对外部材料运输的依赖。然而，该方法亦存在一定的局限性：首先，单层打印的最大高度受到叉形喷头尺寸的物理限制；其次，钢筋配置易集中于墙体的中间截面，可能影响结构的整体受力性能；最后，由于两个喷头需在增强材料的两侧垂直移动，该方法目前主要适用于打印垂直构件，如墙体和柱子，复杂结构的打印仍面临挑战。

(a) 预置钢筋　(b) 现场打印　(c) 3D打印外观　(d) 3D打印房屋　(e) 打印喷头构造

图 5-5　中国华商腾达 3D 打印房屋

鉴于技术的局限性，研究者们开始探索更为灵活的打印方式。网格模具(mesh mould)技术作为固定模板的数字化混凝土研究的一项成果，由苏黎世联邦理工学院于 2015 年提出。该技术能够制造具有复杂几何形状的增强夯实结构，并利用开放网格结构进行固化。通过工业机器人的机械臂系统，该技术能够弯曲、切割并焊接出复杂的自由形状钢筋网格。网格内部填充水泥基复合材料，外部则喷射混凝土形成保护层，最终形成以钢筋网格为模板的混凝土结构。这一方法不仅实现了双向配筋，还通过单向不连续配筋为增材制造过程提供了承载能力与造型需求上的结构设计灵活性，钢筋同时发挥了模板与承载的双重作用。该团队还通过 NEST 大楼中的 DFAB House 项目(图 5-6)验证了该技术的可行性。该项目中，竖向和水平钢筋的配筋率分别为 1.2%和 0.7%，满足了两层楼的承载要求。此外，纤维增强水泥基复合材料的引入进一步增强了钢筋网格的韧性与强度，并有效减少了混凝土从网格中外溢的现象。

尽管网格模具技术在大型原位 3D 打印复杂几何连续网格结构方面展现出巨大潜力，但其核心仍为浇筑建造，仅在外部喷涂混凝土。因此，研究者们仍在寻求更加适配 3D 打印混

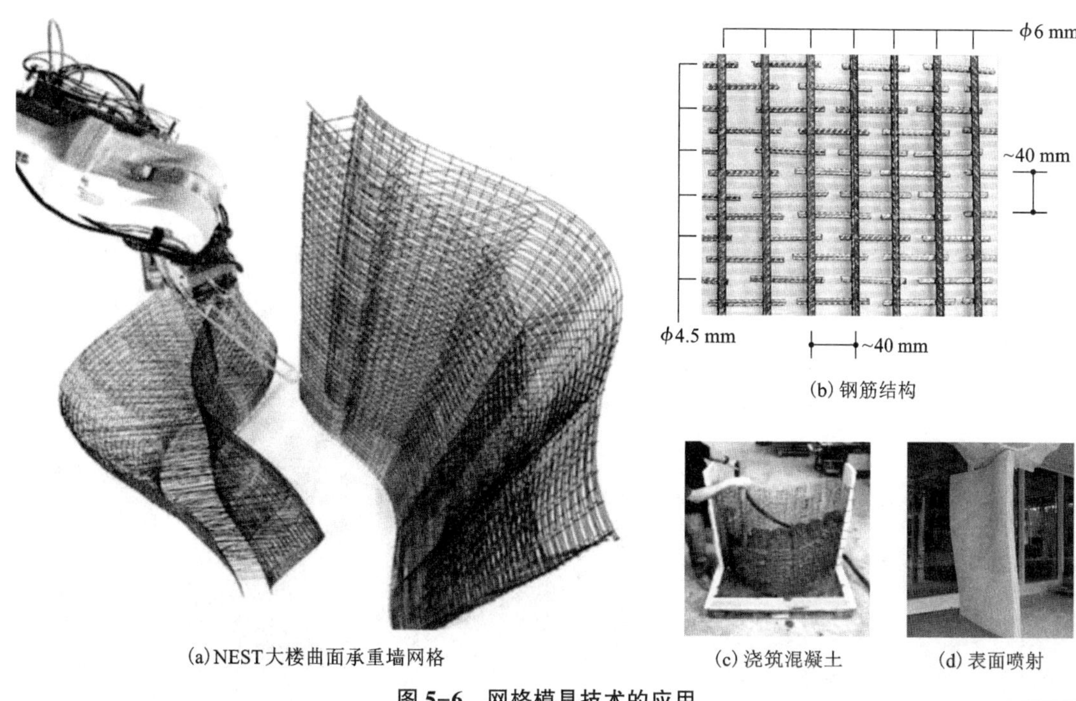

(a) NEST大楼曲面承重墙网格　(b) 钢筋结构　(c) 浇筑混凝土　(d) 表面喷射

图 5-6　网格模具技术的应用

凝土的技术。当前，数字化识别-反馈模块等处理终端已能较好地实现钢筋网格在水平与垂直方向上的精确定位与编织，以及空间异形网格的设计建造等 3D 打印形式。然而，受限于钢筋的尺寸与类别，3D 打印混凝土与钢丝网格间的黏结性能仍难以与配筋浇筑混凝土相媲美，特别是网格编织过程中的热焊及弯曲固定结构会对混凝土叠层的黏结效果及持续水化程度产生影响。其耦合性能的波动机制及评价方法尚需进一步研究。

2018 年，布伦瑞克工业大学数字建筑制造实验室在无外部模板的条件下，首次实现了喷射 3D 打印混凝土技术，并将其应用于钢筋自由曲面混凝土结构的增材制造。该团队通过软管输送混凝土拌合物，利用高压空气喷出形成打印层(图 5-7)。利用此喷射工艺可实现混凝土层间与钢筋网辅助下的一体成型并建造出垂直与悬挑类型的构件。喷射混凝土 3D 打印方法制造的构件在打印层间展现出强大的互锁能力，从而提升了层间黏合与力学性能。此外，合适的打印参数(如喷头行进速度、喷嘴直径、喷嘴距离)对提升喷射混凝土 3D 打印性能(如层厚、宽度、表面平整度和回弹率等)有显著影响。

除了采用新型打印喷头结构外，优化钢筋网结构以更好地适配 3D 打印技术同样是一个重要的研究方向。河北工业大学马国伟团队创新性地提出了一种 U 形钢丝网设计(图 5-8)，旨在通过这一特殊结构来增强 3D 打印混凝土的性能。该 U 形钢丝网设计巧妙地实现了水平和垂直方向的一体化加固，不仅增强了混凝土结构的整体稳定性，还显著提升了力学性能。采用 U 形钢丝网加固的 3D 打印试件在抗弯性能方面表现出色，与使用普通钢丝网及无筋试样的对照组相比，其承载能力得到了显著提高。这一发现不仅验证了 U 形钢丝网设计在 3D 打印混凝土加固中的有效性，也为未来 3D 打印混凝土结构的设计与应用提供了新的思路与参考。

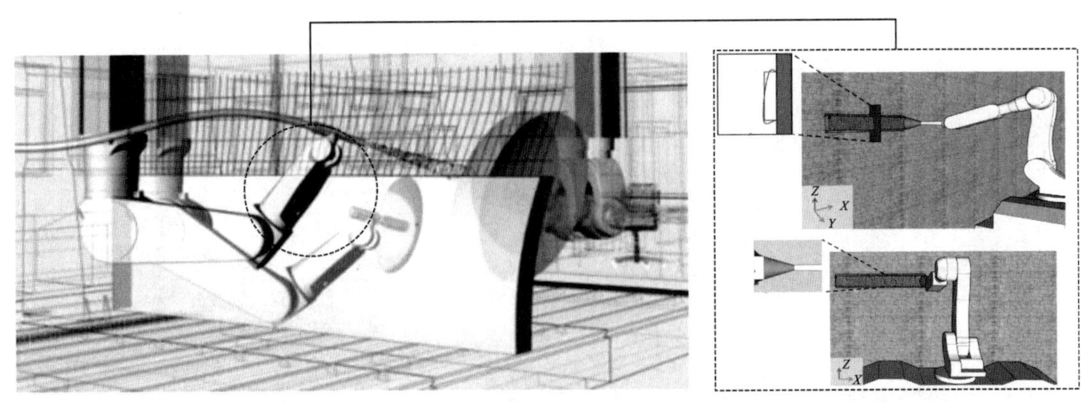

图 5-7 钢筋网喷射混凝土 3D 打印装置

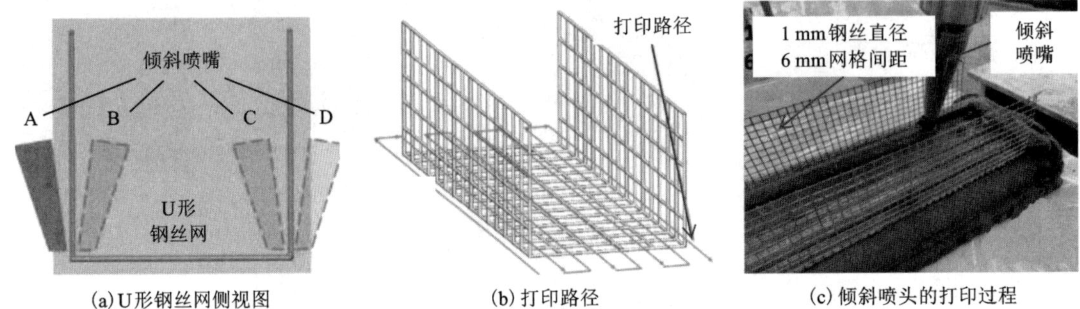

图 5-8 U 形钢丝网加固的混凝土 3D 打印方法

尽管该方法展现出了显著优势，但亦存在潜在的局限性。具体而言，沉积的混凝土材料在钢筋周围可能形成局部薄弱接触区，这一现象需在设计与应用中加以考虑。此外，钢筋结构的预先安装要求与 3D 打印技术所追求的完全数字化、一体化生产过程之间存在一定的不匹配性，这亦是未来研究需致力于解决的问题之一。

5.2.2 混凝土同步打印配筋增强

1. 层内同步配筋

2006 年，Khoshnevis 首次提出了在挤压层内同时布设钢绞线的方法。随后出现了将打印喷嘴改装为“加固夹带”的装置[图 5-9(a)]，通过旋转线轴将高强度钢绞线这种兼具高抗拉强度和延展性的材料送入打印喷头，实现了打印过程中同步布设增强筋。四点弯曲试验表明，该方法可显著提升抗裂能力，效果接近传统的钢筋混凝土结构，具有较高的可行性。然而，当钢绞线强度过高时，可能导致层间黏结破坏提前发生，且该方法下钢绞线与混凝土的黏结力仅为浇筑法的 1/3~2/3。该方法主要沿层内方向提供增强，而垂直层界面方向则缺乏配筋。为了克服这一局限，可将此项技术与后张拉索加固技术结合，实现垂直层界面的增强增韧。该技术成功在荷兰阿姆斯特丹应用并建造了世界上首座混凝土打印步行桥，后张拉、装配、吊装如图 5-9(b)、图 5-9(c)所示，该桥总长 8 m，共打印了 800 层混凝土，工期仅 3 个月。

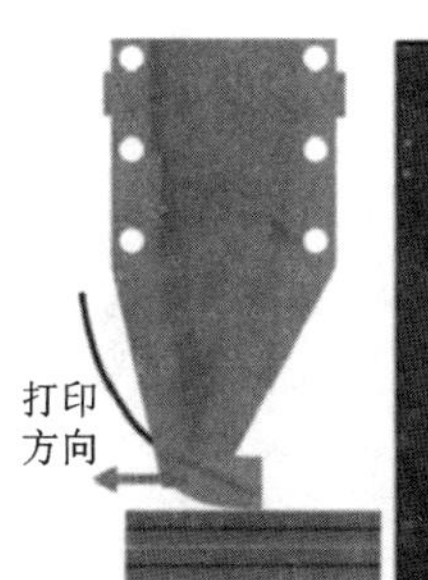

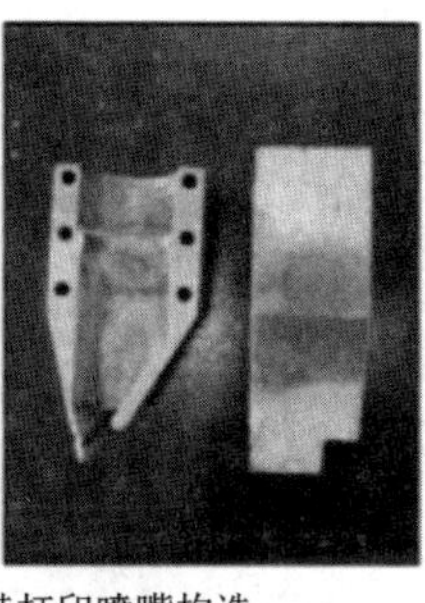

(a)加固夹带打印喷嘴构造

(b)后张拉

(c)装配、吊装

图5-9　混凝土3D打印同步配筋法的喷头设计与步行桥建造(来源：埃因霍芬理工大学)

打印路径、布筋方式及微筋类型也对3D打印结构的性能有重要影响。钢缆因其优越的性能被视为理想的加筋材料，其布置示意图如图5-10所示。而刚度较低的尼龙、碳纤维、芳纶和聚乙烯等材料易在打印过程中产生缠绕现象，导致打印不顺畅，故不适合作为配筋材料。力学试验表明，增强钢缆的约束作用对提升材料的抗压强度、峰值强度应变及韧性具有显著效果，且这种约束作用可通过优化打印路径来进一步增强。具体而言，嵌入钢缆的3D打印混凝土试样的剪切强度主要由混凝土材料本身决定，而拉伸性能则主要由钢缆配筋决定。当钢缆布置方向与拉伸荷载方向一致时，抗拉强度达到最高，比非增强型3D打印混凝土高出82.5%。但由于钢缆表面光滑且3D打印混凝土工艺易形成弱黏结面，钢缆与混凝土的黏结强度低于传统建造方式，因此在建造过程中需增加锚固长度。另外值得注意的是，由于钢缆的弯曲刚度会限制打印路径的自由度，采用多根钢缆同步输送虽可提高打印成功率和可成型性，但会相应降低一定的黏结强度。

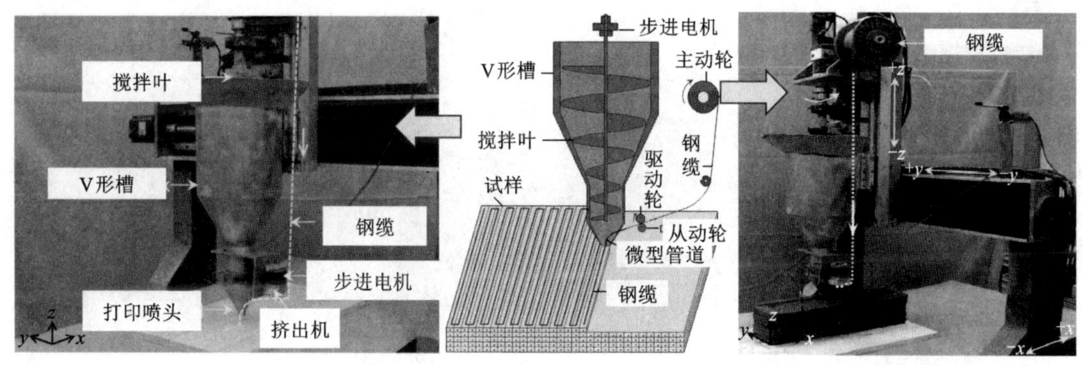

图5-10　钢缆布置示意图

2. 跨层同步配筋

跨层同步配筋对喷嘴的构造提出了特定的要求。如图5-11(b)所示，一种新型喷嘴能够在打印混凝土层的同时嵌入网格钢筋，通过喷嘴中间的垂直狭缝，使打印材料在网格周围流动并穿过网格，从而实现增强材料的紧密黏结。这种设计允许每层钢筋在跨层方向上重叠嵌入[图5-11(a)、图5-11(c)]，有效模拟了连续钢筋在层间方向的分布。通过该方法制备的

3D 打印混凝土试样层间黏结强度达到水泥基材料抗拉强度的 42%，最大承载弯矩可提高 170%～290%。

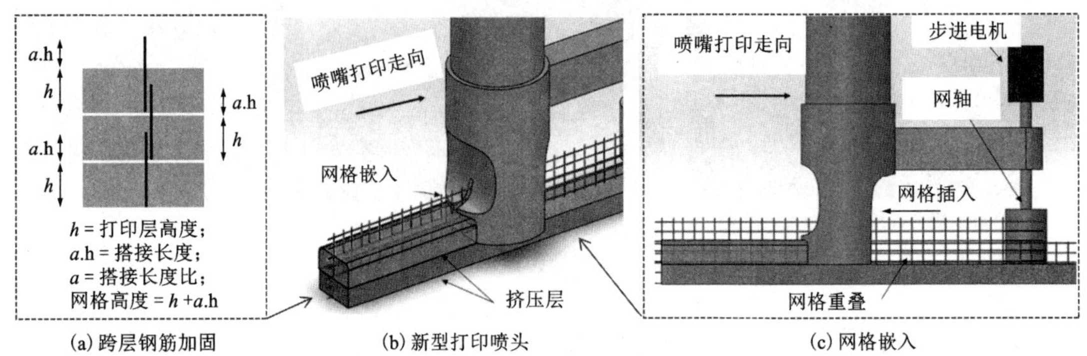

(a) 跨层钢筋加固　(b) 新型打印喷头　(c) 网格嵌入

图 5-11　新型 3D 打印混凝土喷嘴和嵌入钢筋网

3. 同步打印钢筋

除了上述方法外，另一种解决跨层布筋问题的方式是在打印过程中直接对钢筋螺柱进行电弧焊以实现钢筋的同步打印，这种方法实现了钢筋与混凝土的同步打印，绕开了跨层布筋的难题，如图 5-12 所示。基于气体金属电弧焊的 3D 打印工艺具有全自动、自适应的过程控制特点，能够以合理的速度生产具有足够几何精度和自由度的钢筋。尽管 3D 打印钢筋的屈服应力和抗拉强度较传统钢筋降低了约 20%，但其展现出了更高的延性和应变能力，且与打印混凝土的黏结性能和传统浇筑混凝土与钢筋的黏结性能相当。然而，该方法的缺点在于尚未实现真正的同步打印混凝土，且需要大量的焊接工作，导致时间和经济成本较高。

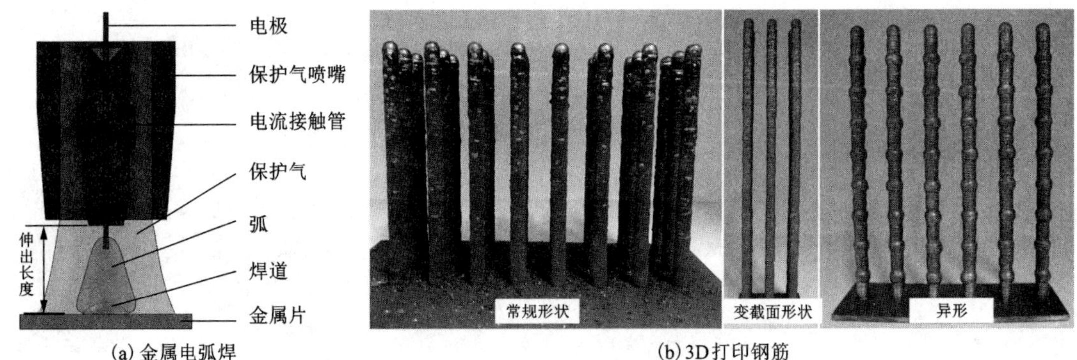

(a) 金属电弧焊　(b) 3D打印钢筋

图 5-12　3D 打印钢筋

2020 年，一种名为钢筋混凝土增材制造（AMoRC）的新型 3D 打印工艺概念被提出。该概念将间歇焊接生产工艺与混凝土连续挤压工艺相结合，形成了一种混合生产工艺（图 5-13）。该工艺采用的组合式打印喷头能够同时实现混凝土层的无模板沉积和钢筋网的焊接。焊接工序在混凝土挤压工艺之前进行，预制钢筋段在混凝土沉积前形成钢筋网，随后混凝土围绕钢筋网沉积。从混凝土中伸出的钢筋末端可用于连接后续层的钢筋段，从而实现结构的连续增强。

钢筋段的长度根据混凝土层厚度和挤压速度进行调整，通常为 10~100 cm。与异形焊接相比，预制钢筋段的连接显著缩短了生产时间，减少了能量消耗和热量积累，从而有利于保持钢筋的性能。用于连接预制钢筋段的焊接工艺包括螺柱焊接[图 5-13(a)、图 5-13(b)]、熔化极活性气体保护电弧焊或两者的组合，这些工艺能够满足对接焊接和钢筋偏转焊接的需求，同时避免钢筋搭接引起的结构薄弱问题。当钢筋网平行于墙的中心平面时，从混凝土中伸出的钢筋末端与混凝土条带之间的角度可灵活调整。该打印喷头由单个喷嘴的叉状布置组成[图 5-13(c)]，每层钢筋的包裹需要两个喷嘴，这一设计与第 5.2.1 节介绍的 3D 打印房屋的施工技术类似，但喷嘴之间的距离可根据钢筋直径进行灵活调整。

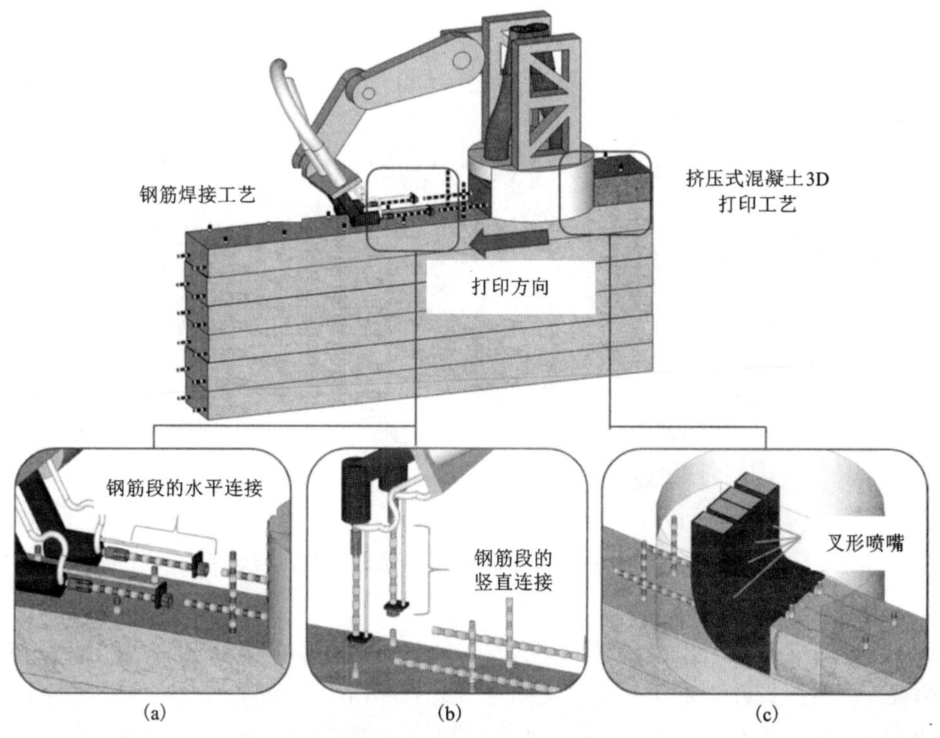

图 5-13　钢筋混凝土的 3D 打印工艺(AMoRC)

5.2.3　混凝土打印后配筋增强

打印后配筋增强技术，即在混凝土 3D 打印作业完成后进行配筋处理，如 5.2.2 节所述的埃因霍芬理工大学所建的步行桥案例，其中层内钢缆的同步布设即一种配筋方式，而利用预留孔道进行后张法加固则属于典型的打印后配筋方法。此法在灌浆成型并硬化后，使得混凝土与筋材之间形成良好的咬合，从而显著提升结构强度，且避免了打印过程中钢筋对作业流程的干扰，充分展现了 3D 打印技术在灵活性方面的优势，使其能够更好地适应轻量化设计及复杂造型的需求。同时，这种设计上的灵活性也为后续的加筋作业提供了极大的便利。

当前，常见的混凝土打印后配筋增强方法多以 3D 打印混凝土结构为模板，通过形成空腔来容纳并固定钢筋，随后在空腔内浇筑混凝土以增强钢筋的承载作用。这种方法因其高效性和实用性而被广泛应用。如图 5-14 所示，3D 打印模板增强混凝土及现场打印的示意图清晰地展示了这一流程，其中轮廓打印可根据工厂预制或现场打印的灵活性设计打印路径，依据具体工况调整空间结构特征并预留绑扎钢筋的位置。浇筑材料方面，砂浆、混凝土及其他后浇材料均可与打印硬化的混凝土结合，共同形成稳固的整体结构。钢筋类别的多样性与尺寸的灵活性显著增强了 3D 打印混凝土层间的黏结性能，有效改善了因打印各向异性及宏观性能离散性而可能导致的结构可靠性降低的问题。

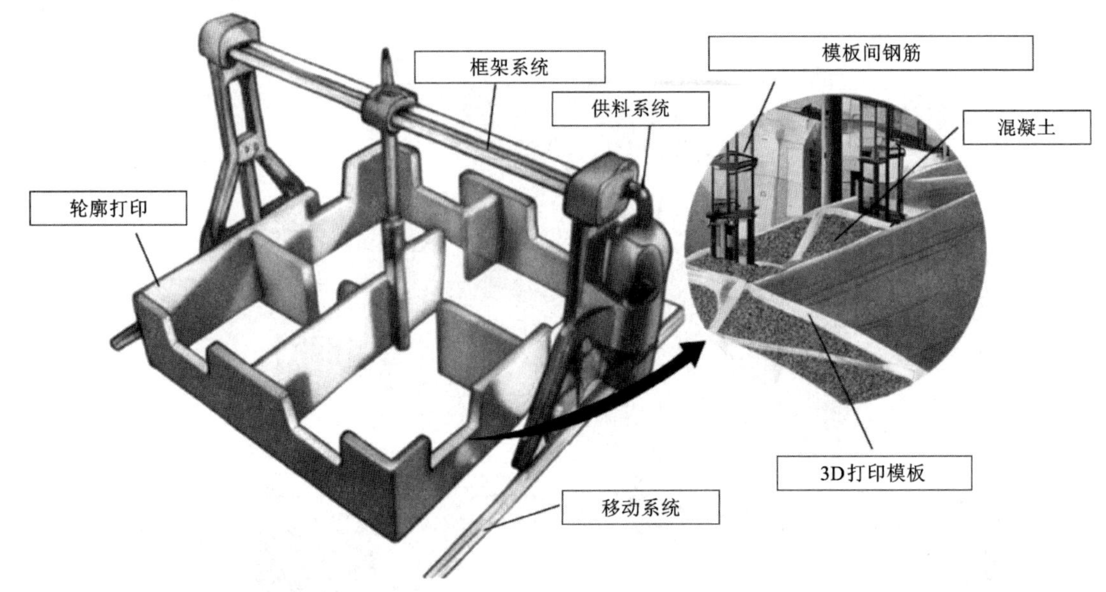

图 5-14　3D 打印模板增强混凝土及现场打印示意图

另一种典型的后配筋增强是利用装配式构件通过外部钢筋实现锚固。如图 5-15 所示，3 m 长的梁，可根据设计需求切割成不同部分[如图 5-15(a)、图 5-15(c)所示，分为 A 和 B 两种类型段]，其中 B 类型段位于跨中，连接两侧的 A 类型段。在 *XY* 平面内，直径为 16 mm 的外部钢筋层通过正交连接器相互连接并安装于梁两侧，同时这些连接器还与 *Z* 方向上的直径 12 mm 螺纹钢相连，最终放置于 3D 打印混凝土段的预留孔洞中，并浇筑高强度低黏度水泥砂浆以固定[如图 5-15(d)所示]。这种设计类似于桁架结构，最大限度地发挥了材料效能，确保了结构设计的灵活性，同时实现了顶部承压、底部受拉、斜撑受剪的高效受力模式，并通过镂空设计减轻了结构重量。此外，该配筋方式还便于梁的组装与拆卸，为模块化构件的重复使用及拓扑结构设计提供了新的视角。图 5-16 为采用了拓扑结构设计的 3D 打印混凝土步行桥构件，拓扑结构使桥梁施工中使用的材料减少了 60%，通过配置预应力筋使 3D 打印拓扑优化异形桥在抗弯性能上具有卓越的表现，可以保证其与传统工艺建造的桥梁承受相同的重量。

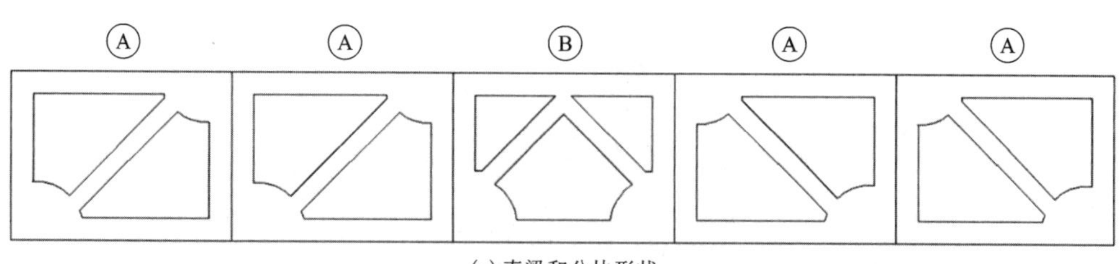

(a) 直梁和分块形状

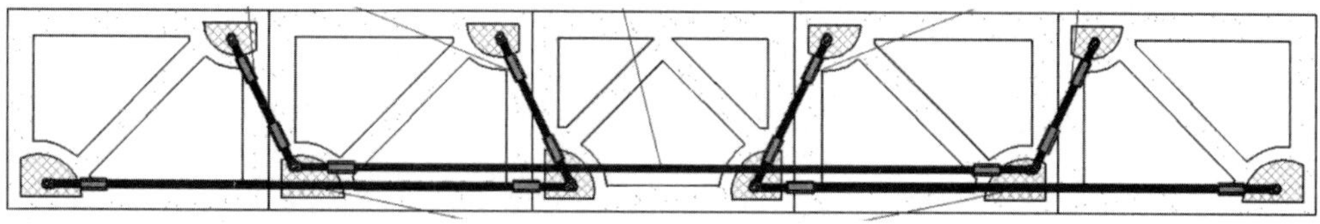

(b) 钢筋方案

(c) 3D打印的空心部件　　(d) 锚固件的连接构造

(e) 直梁的实物构造和三点弯曲试验

图 5-15　外部钢筋锚固的 3D 打印装配式直梁构件

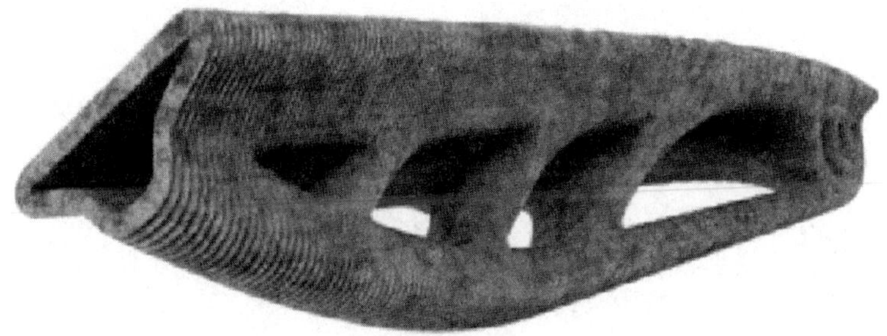

(a) 拓扑设计桥结构

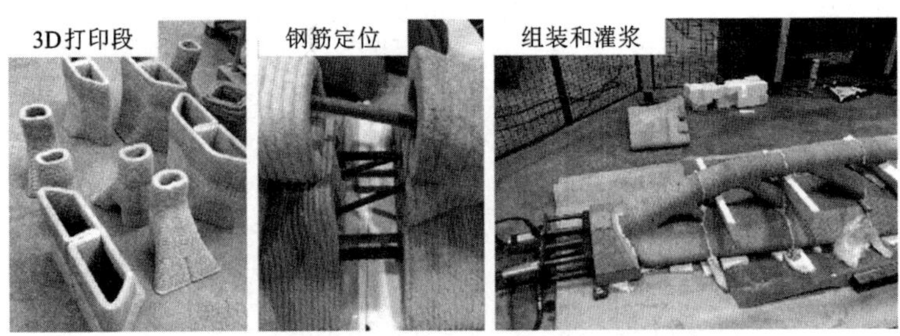

(b) 3D打印混凝土组件+钢筋与灌浆一体化+后张拉

图 5-16　采用了拓扑结构设计的 3D 打印混凝土步行桥构件

智慧启思

UHPC技术创新与工程应用的中国方案

认知拓展

实践创新

思考题

1. 3D 打印混凝土中采用短纤维作为增强手段有哪些优势？请结合其作用机理和定向效应说明。

2. 在 3D 打印混凝土中，柔性短切纤维与刚性短切纤维有何不同？如何选择其类型与掺量？

3. 连续纤维增强技术在 3D 打印混凝土中如何实现？有哪些典型的实现方式？

4. 请比较混凝土打印前配筋增强、同步打印配筋增强和打印后配筋增强三种方法的优缺点，并结合实际案例说明其适用场景。

5. 钢缆作为同步打印配筋材料时，存在哪些技术挑战？如何通过优化打印路径或工艺参数来解决这些问题？

第6章

3D打印混凝土结构的数字化设计技术

AI微课

本章思维导图

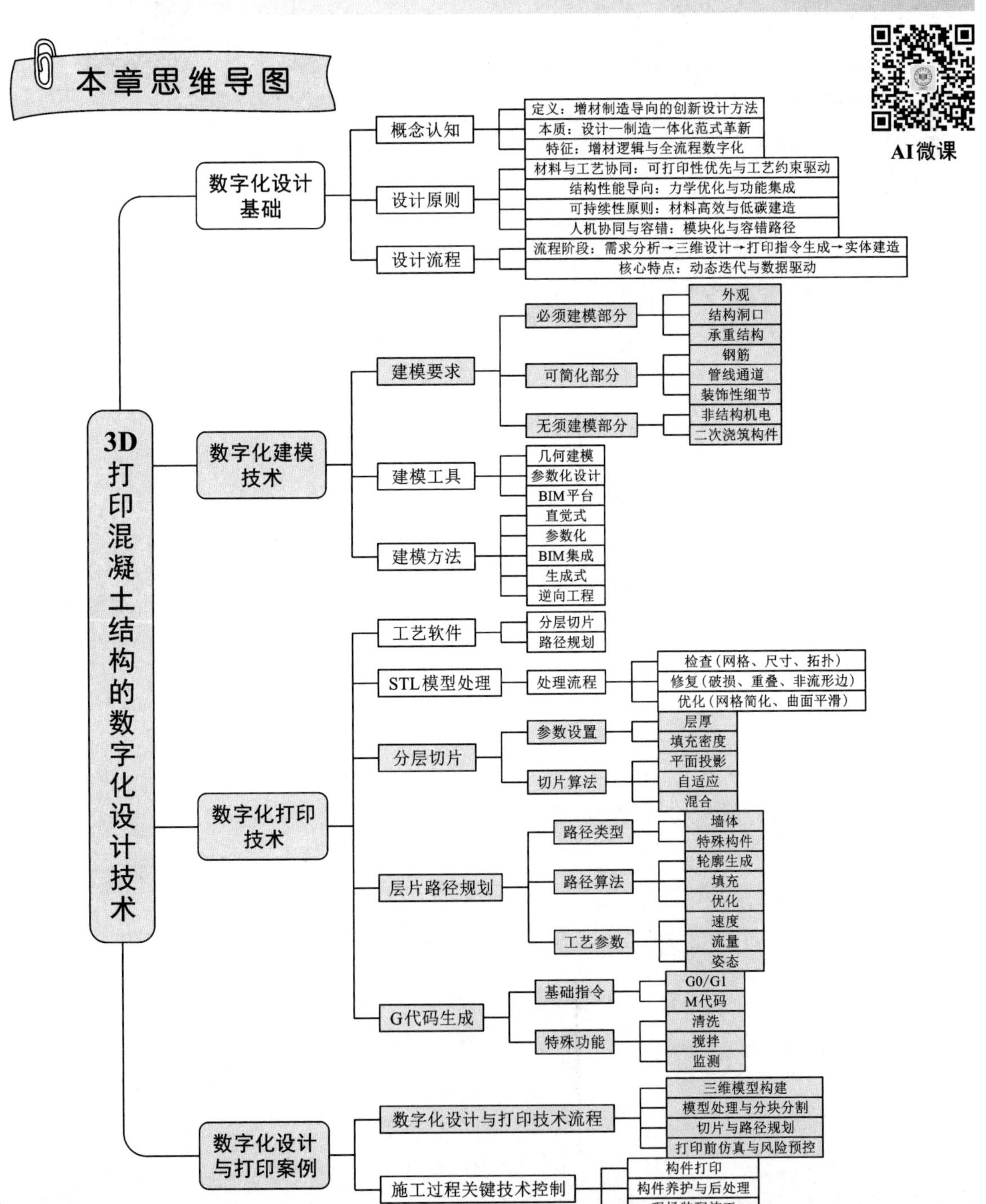

3D 打印混凝土技术是建筑工业化与数字化的重要发展方向，其核心在于数字化设计与智能控制。本章系统地阐述 3D 打印混凝土结构的数字化设计理论、方法与关键技术，建立从建筑设计到施工实现的完整工作流程。

6.1　数字化设计基础

掌握 3D 打印混凝土结构的数字化设计基础是开展具体设计工作的前提。本节首先明确相关概念认知，提出设计原则，并系统介绍设计流程，为后续的建模和打印工作奠定理论基础。

AI微课
3D打印混凝土结构的数字化设计基础

6.1.1　概念认知

1. 定义

3D 打印混凝土结构数字化设计是指基于增材制造技术特性，通过计算机算法、数字建模与仿真工具，对建筑构件的几何形态、材料分布、结构性能及建造流程进行系统性优化与控制的创新设计方法。其核心目标是通过数据驱动和算法生成，实现从设计概念到物理建造的无缝衔接，突破传统建筑设计的材料均质化、形态单一化与流程割裂化的限制。

2. 本质

3D 打印混凝土结构数字化设计的本质是“设计—制造一体化”的范式革新，具体体现在以下方面。

(1) 设计范式的转变

从经验驱动到算法驱动：传统设计依赖工程师的经验，而数字化设计通过算法（如生成式设计、拓扑优化）自动探索最优解，提升结构效率。

从标准化到定制化：支持个性化、适应场地条件或功能需求的定制化设计，例如抗震结构优化或气候适应性建筑。

(2) 建造过程的革命

无模化建造：消除对传统模板的依赖，直接通过逐层堆叠材料实现自由形态，降低施工成本并缩短施工时间。

实时反馈与修正：通过传感器和数字孪生技术，实时监控打印过程并调整参数，确保建造质量。

(3) 材料与结构的协同优化

材料高效利用：根据应力分布动态调整打印路径和材料密度，减少冗余（如仅需传统方法 30%~50%的混凝土用量）。

功能集成：在打印过程中嵌入管线、保温层等功能性组件，实现结构与功能的融合。

(4) 跨学科融合

多领域协同：整合建筑学、材料科学、机械工程、计算机科学等学科知识，例如通过机器学习预测混凝土流变特性与打印参数之间的关系。

(5)可持续发展目标

减少浪费：精准计算材料用量，避免传统施工中的切割废料。

低碳化：利用可再生混凝土(如地质聚合物)或回收材料，结合轻量化设计减少隐含碳。

3D 打印混凝土结构数字化设计的本质是通过数据与技术的深度融合，重新定义建筑设计与建造的边界，其核心价值在于提升效率、释放设计自由度、推动建筑行业向智能化和可持续转型(表 6-1)。未来随着材料科学和人工智能的进步，这一领域有望颠覆传统建造模式，成为建筑工业化的重要方向。

表 6-1　3D 打印数字化设计和传统设计范式比较

对比维度	传统设计	3D 打印数字化设计
设计逻辑	形态主导→经验驱动	性能主导→算法驱动
材料应用	均质材料(如 C30 混凝土)标准化使用	梯度材料/多材料复合定制化分布
形态复杂度	受限于模板施工(以平面、规则曲面为主)	支持自由曲面、镂空结构、微观晶格等超复杂形态
建造误差控制	依赖工人技能，毫米级精度难以保障	数字化控制实现亚毫米级精度(±0.5 mm)
资源效率	材料浪费率为 15%～30%(模板损耗+过度设计)	按需精准打印，材料利用率在 95%以上

3. 特征

(1)增材制造导向的设计逻辑

分层堆积约束：设计需符合逐层打印的工艺特性，如悬挑角度限制(混凝土自支撑角度≥45°)、层间黏结强度优化。

材料可打印性：混凝土流变性能(如可挤出性、触变性)需与打印参数(喷嘴直径、挤出速度)动态匹配。

非均质材料设计：通过多种材料混合或梯度分布，赋予构件局部差异化性能(如强度、隔热性、透水性)。

(2)全流程数字化集成

设计—建造一体化：BIM 模型直接驱动打印设备，消除传统施工中的图纸转换与人工解读误差。

实时反馈闭环：传感器采集打印过程的数据(温度、变形)，反向优化设计参数，形成“设计—打印—监测—再设计”的动态循环。

6.1.2　设计原则

3D 打印混凝土结构数字化设计融合了材料科学、结构工程、计算机技术和制造工艺，其设计原则需要充分考虑材料特性、工艺约束、结构性能、可持续性以及经济性等多个方面。以下是核心设计原则的具体解析。

1. 材料与工艺协同原则

(1)可打印性优先

材料流变特性适配：设计应考虑混凝土的流动性、可挤出性、凝结时间等特性，确保打印过程中无塌落、断裂或层间黏结失效。

分层堆叠逻辑：优化分层厚度(通常为 5~20 mm)，根据打印喷头移动速度和材料挤出速率，避免层间间隔过长导致冷缝。

(2)工艺约束驱动设计

打印路径规划：通过算法优化打印路径(如螺旋填充、锯齿路径)，减少空行程和材料堆积。

支撑结构最小化：利用自支撑几何(如渐缩悬挑、拱形结构)减少临时支撑需求。

2. 结构性能导向原则

(1)力学性能优化

各向异性补偿：由于 3D 打印混凝土结构的层间强度低于本体强度(降低 20%~40%)，需要通过拓扑优化或纤维增强(钢纤维/碳纤维)来提升薄弱方向的性能。

应力路径对齐：设计时，使主应力方向与打印路径一致，确保结构稳定性。

(2)功能与结构一体化

空腔集成：在打印过程中预留管道、线槽和保温层空间，减少后期施工步骤。

梯度材料设计：通过调整材料配合比(如孔隙率、骨料粒径)实现隔热、隔音等功能。

3. 可持续性原则

(1)材料高效利用

轻量化设计：通过拓扑优化减少混凝土用量(节省 30%~50%)，如中空墙体、格栅结构。

再生材料集成：使用工业废料(粉煤灰、矿渣)或拆除废料作为骨料或胶凝材料。

(2)低碳建造

减少模板与废料：无模化工艺避免木材/钢材消耗，精准打印降低废料率(传统施工废料率为 5%~15%，3D 打印可控制在 1%以内)。

4. 人机协同与容错原则

(1)人机交互友好性

模块化设计：将复杂结构分解为可打印单元(如预制节点)，降低设备运动复杂度。

容错路径规划：预留误差补偿空间(如层厚公差±1 mm)，通过实时传感反馈修正轨迹。

(2)可维护性设计

可更换部件：将易损区域(如外墙接缝)设计为可拆卸模块，便于后期维修。

6.1.3　设计流程

3D 打印混凝土结构数字化设计的基本流程是一个多学科协同、数据驱动、动态迭代的过程，涵盖从设计概念到实体建造的全链条数字化集成(图 6-1)。其核心是通过数字技术实现设计优化与建造执行的精准匹配。以下是分阶段的详细说明。

1. 需求分析与目标定义

项目定位：明确用途(建筑、景观、家具等)、环境条件(室内、室外、荷载要求)及功能

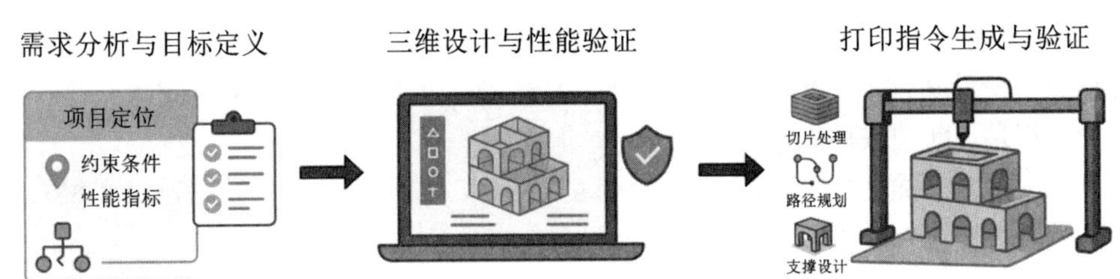

图 6-1　3D 打印混凝土结构设计流程图

需求(承重、隔热等)等。

约束条件:考虑打印机规格(打印尺寸、精度)、材料特性、成本预算和工期限制等。

性能指标:力学强度、耐久性、表面精度等关键参数。

2. 三维设计与性能验证

设计方案建模:在需求分析后,进行概念设计并建立初步的三维数字模型。在此阶段,设计师主要使用几何建模软件(如 AutoCAD、Rhino、SketchUp 等)来创建建筑物的初步外形和进行结构布局。

(1)可打印性分析与验证

检查悬挑角度(通常需≤45°以避免坍塌)。

优化空腔结构以减少材料用量。

集成拓扑优化算法(如 Altair OptiStruct)实现轻量化设计。

(2)结构性能分析与验证

初步设计完成后,需要进行详细的结构分析,确保设计不仅符合功能要求,还具备良好的结构稳定性和安全性。

结构分析:使用结构分析软件(如 SAP2000、ETABS)进行详细的力学分析,检查建筑结构在荷载作用下的稳定性、抗压强度等性能,确保建筑的安全性。

优化设计:通过结构优化,减少材料浪费,确保结构设计既满足强度要求,又能降低成本和减少打印时间。例如,设计可优化墙体结构或减轻荷载的方案。

3. 打印指令生成与验证

在完成数字化设计和模型优化后,对模型进行路径规划和切片,准备打印机能够识别的 G 代码。

切片处理:将建筑模型分解为多层切片,每一层的路径都需要根据设计要求进行调整,确保每层之间的黏结力和打印效果。

路径规划:使用切片软件生成打印路径。这一步骤需要根据打印机的性能、打印材料和建筑物的结构,规划合理的路径。

支撑设计:对于悬空部分或复杂形状,设计支撑结构,确保打印过程中的稳定性。

在打印路径生成后,进行打印模拟和验证,确保打印过程的可行性和模型的稳定性。

打印模拟:通过模拟软件(如 Meshmixer、SimScale 等)对打印路径进行模拟,检查打印路径的顺畅性、精度和结构稳定性,避免在实际打印过程中出现问题。

可行性验证：验证打印路径是否适配打印机的能力和材料特性，确保打印机能够顺利执行这些路径。

6.2　数字化建模技术

数字化建模是实现 3D 打印混凝土结构的基础，需要在满足建筑功能与结构要求的同时，充分考虑打印工艺的特点与约束。本节重点介绍适用于 3D 打印混凝土结构的数字化建模技术要求、工具选择与具体方法。

6.2.1　建模要求

在 3D 打印混凝土结构建模中，模型的深度和细节需根据打印工艺目标、结构功能需求以及后期施工流程进行权衡，避免过度复杂的几何图形以确保打印的顺畅。以下是各部分的建模建议，分优先级和简化原则进行说明。

1. 必须详细建模的部分

(1)外观与几何轮廓

外观与几何轮廓是 3D 打印混凝土结构建模的核心内容，主要包括整体形状、曲面和关键尺寸(如墙体厚度、层高、悬挑结构等)。这些部分直接影响打印路径规划和结构稳定性，因此必须确保模型的几何精度，以避免打印失败或强度不足。细节上，外轮廓应确保完整闭合，避免出现裂缝或悬空现象。对于复杂曲面，建议通过细分网格或使用参数化建模工具(如 Rhino+Grasshopper)来控制精度，从而保证模型的稳定性与打印效果。

(2)结构洞口(如门窗、管道预留孔等)

结构洞口(如门窗、管道预留孔等)是 3D 打印混凝土结构模型中的重要部分，核心建模内容包括洞口的位置、尺寸、形状，以及其与结构承重的关联(如过梁区域)。预留孔洞是打印过程中的必要步骤，若后期开洞，将可能破坏结构的整体性和稳定性。细节上，建议标注洞口边缘的加固需求(如是否需要局部加厚墙体)以增强结构强度。此外，若设计中涉及预埋件(如门框锚固点)，应提前在模型中进行定位，确保后期施工顺利进行。

(3)关键承重结构

关键承重结构是 3D 打印混凝土结构模型中的核心内容，主要包括承重墙、柱、基础等受力构件的几何形状和拓扑关系。由于 3D 打印混凝土结构的层间黏结强度较弱，必须通过优化模型设计来避免应力集中，确保结构稳定。在细节上，层间错缝设计应在模型中体现，例如采用砖砌式的交错路径，以增强层间黏结性和整体稳定性。此外，在悬挑部分的设计上，应根据打印材料的特性设定最大跨度，避免材料特性导致的结构失稳或打印失败。

2. 可简化建模的部分

(1)钢筋/增强结构

钢筋/增强结构是否需要建模，取决于具体的增强方式。对于同步打印钢筋的情况，需要在模型中建模钢筋的位置和走向，例如在采用机器人同步植入钢筋时，必须明确钢筋的布置方式和路径。对于纤维增强混凝土，则无须单独建模钢筋或增强材料，只需在材料属性中定义相关增强特性即可。简化建议方面，如果后期需要添加钢筋，可以在模型中标注钢筋定位区域，无须详细建模钢筋网或钢筋细节，以降低建模复杂度并确保打印时的精准定位。

(2)机电管线通道

机电管线通道的核心建模内容包括管线走向、预留孔洞的尺寸和位置。为了简化建模过程，通常无须建模管线的实体部分，只需在结构模型中预留通道空间，如通过简单的几何体(例如直径 50 mm 的圆柱体空洞)表示管线的通道。对于复杂的管线交会处，应在模型中标注出后期开槽的范围，以确保后续施工时管线能顺利安装，并避免影响结构的稳定性和功能性。

(3)装饰性细节

装饰性细节是否需要建模，取决于装饰的类型。对于一体打印的纹理或浮雕，必须在模型中建模表面图案，如参数化肌理等，以确保打印时的精确呈现。对于后期附加的装饰部分(如挂钩、灯具等)，则无须在 3D 打印模型中建模，只需预留适当的安装条件，如挂钩点位或支撑结构。简化建议方面，高精度的装饰纹理可以通过后期贴图来示意，从而降低模型的复杂度，避免不必要的细节增加打印过程的负担。

3. 无须建模的部分

①非结构功能的机电设备(如插座、灯具)：后期安装，仅需预留孔洞。

②二次浇筑构件(如楼板填充)：若采用传统混凝土补充，无须在打印模型中体现。

③临时支撑结构：通过打印路径设计实现自支撑或手动支撑结构，无须单独建模。

6.2.2 建模工具

3D 打印混凝土结构数字模型的构建依赖于一系列专业的建模工具，这些工具可以帮助设计师精确控制建筑设计，并确保设计结果能够直接转换为打印机可以识别的文件格式。

1. 几何建模软件

几何建模软件是 3D 打印混凝土结构的基础工具，主要用于创建和编辑三维实体模型。其核心功能包括点、线、面的构造，布尔运算(如并集、差集)，曲面建模等。常用软件包括：

①AutoCAD：适用于精确的二维图纸和简单三维模型设计，支持混凝土 3D 打印路径的初步规划。

②Rhino 3D：擅长复杂曲面建模，可通过插件(如 Grasshopper)与 3D 打印参数结合，优化异形混凝土结构的几何形态。

③Blender：开源软件，适合自由形态设计，支持 STL 格式导出，便于打印切片。

2. 参数化设计软件

参数化设计软件通过算法驱动模型生成，实现设计变量的动态调整，特别适用于 3D 打印混凝土结构中的拓扑优化和性能优化设计。代表工具包括：

①Grasshopper(Rhino 插件)：基于可视化编程，可关联打印速度、材料用量等参数，实时调整结构形态。

②Dynamo(Revit 插件)：结合 BIM 数据，优化打印构件的力学性能，提高施工可行性。

③Fusion 360：集成参数化与仿真功能，支持打印构件的应力分析和轻量化设计。

3. BIM 平台软件

BIM(建筑信息模型)平台整合几何、材料和施工信息，实现 3D 打印混凝土结构的全生命周期管理。主流软件包括：

①Revit：通过族库创建可复用的打印构件，关联时间、成本信息，支持多专业协同。

②Tekla Structures：专注于混凝土结构的深化设计，生成精准的钢筋与打印层协同模型。

③ArchiCAD：提供开放的 BIM 工作流，兼容 IFC 格式，便于与打印设备的数据对接。

3D 打印混凝土结构建模工具分类对比如表 6-2 所示。

表 6-2　3D 打印混凝土结构建模工具分类对比

对比维度	几何建模软件	参数化设计软件	BIM 平台软件
核心功能	基础模型创建与编辑	算法驱动、变量关联设计	全生命周期信息集成与管理
建模逻辑	手动/半自动操作	程序化生成与迭代优化	数据驱动的多维度模型关联
数据整合能力	低(侧重几何数据)	中(支持参数链接)	高(整合几何、材料、进度等)
典型应用场景	简单构件、艺术造型	性能优化结构、定制化打印策略	大型项目协同、施工模拟
优势	操作直观，学习成本低	灵活性强，适应复杂设计要求	信息全面，支持跨阶段协作
局限性	缺乏参数联动，难以处理动态优化	依赖编程能力，需结合其他工具	对硬件要求高，初始建模效率较低
代表工具	AutoCAD、Rhino 3D、Blender	Grasshopper、Dynamo、Fusion 360	Revit、Tekla Structures、ArchiCAD

6.2.3　建模方法

建模方法是指在进行 3D 打印建筑设计时所采取的步骤和技术手段。根据不同的项目和设计需求，可能采用不同的建模方法。

1. 直觉式建模

直觉式建模是最为基础和直接的建模方式。其核心理念是基于设计师的经验与直觉，利用简单的工具和软件，快速实现建筑或构件模型设计。此方法通常适用于初步设计阶段，或者当设计团队需要对某一特定构件进行快速原型制作时。

在 3D 打印混凝土结构的应用中，直觉式建模通常依赖于如 SketchUp、Tinkercad 等简易建模软件。设计师通过调整形状、尺寸和位置等参数，快速生成适用于打印的 3D 模型。尽管该方法简便，但可能不适用于复杂几何形状的建筑或构件。

2. 参数化建模

参数化建模方法基于一定的数学规则，通过设定参数和关系来控制设计的各个方面。这种方法能生成高效且灵活的建筑设计，尤其适用于形状复杂且需要调整多个变量的 3D 打印混凝土结构构件。设计师通过设定参数化规则和设计约束，快速生成并修改模型，而不必逐个手动调整各个元素。

参数化建模在 3D 打印混凝土结构中的应用，可以极大地提升建筑构件的设计精度，尤其在复杂的几何结构、曲面及结构优化方面表现突出。常用的参数化建模软件包括 Rhino+Grasshopper、AutoCAD+Dynamo 等。

3. BIM 集成

BIM(建筑信息模型)技术通过数字化模型集成建筑项目的各类数据，为建筑设计、施工、运维等各阶段提供支持。BIM 模型不仅包含几何数据，还能集成结构、材料、成本、时间等信息。在 3D 打印混凝土结构中，BIM 模型的集成能够提供全生命周期的数字化支持，确保设计、施工与运维各个环节的无缝衔接。

通过将 BIM 与 3D 打印混凝土结构技术结合，设计团队能够更好地进行施工规划和资源管理。例如，在打印大型结构时，可以借助 BIM 数据进行施工流程的优化、材料消耗的精准计算，以及施工进度的实时监控。

4. 生成式建模

生成式建模是一种依赖于算法和计算能力的建模方法，通过预设一定的规则和目标，让系统根据输入的约束条件自动生成设计方案。这一方法通常应用于具有高度复杂性、创新性或需要优化的建筑设计中，如复杂的结构、曲面或自适应设计。

在 3D 打印混凝土结构中，生成式设计能够带来结构优化和性能提升。例如，利用生成式建模优化建筑的承重结构，既能减少材料浪费，又能保证建筑物的稳定性和抗压能力。常见的生成式建模软件包括 Grasshopper、GenerativeComponents 等。

5. 逆向工程与扫描建模

逆向工程与扫描建模是通过扫描现有物体或建筑物的几何数据，将其转换为数字化的 3D 模型。通过激光扫描、结构光扫描等技术，可以高精度地获取物体的外形与尺寸数据，进而利用这些数据生成与之对应的 3D 打印模型。

在 3D 打印混凝土结构中，逆向工程技术通常用于已有建筑物或构件的复刻，或用于对老旧建筑的修复与改造。例如，在历史建筑的保护与修复中，通过扫描模型生成 3D 打印构件，能够精确还原复杂的细节和构件形态。

6.3 数字化打印技术

数字化打印技术是连接虚拟设计与实体施工的关键环节，包括模型处理、切片规划、路径生成等一系列工艺。本节详细介绍各环节的技术要点，以确保设计模型能够可靠地转化为实际构件。

AI微课
3D打印混凝土结构的数字化打印技术

6.3.1 工艺软件简介

3D 打印混凝土结构技术的核心不仅在于打印机硬件本身，还在于配套的工艺软件，这些软件负责从设计文件到打印机操作指令的转换，并管理打印过程中的各个细节。3D 打印混凝土结构所用的工艺软件主要包括打印机控制软件和模型处理软件，它们互相协作，确保打印精度与效率。

常见的工艺软件有 Cura、Slic3r、PrusaSlicer 等，这些软件可以处理不同类型的 3D 模型，并优化切片、路径规划等环节，确保打印机能够准确、高效地完成任务。

1. 主要功能模块

（1）分层切片软件

分层切片软件的核心功能是将三维模型转化为一层一层的切片，每层代表打印机在打印时需要的物理路径。这个过程生成了轮廓和填充区域，使得打印机能够逐层构建对象。对于 3D 打印混凝土结构来说，切片的精度尤为重要，因为不同的切片层厚度和填充设计会直接影响到最终结构的强度和稳定性。

（2）路径规划软件

路径规划软件根据分层切片的结果，优化每一层的打印路径。它决定了打印喷头的具体运动轨迹，如何有效地填充每一层，以保证混凝土材料的均匀性与稳固性。路径规划不仅需要考虑打印顺序，还要兼顾材料流速、打印角度、过渡区域等因素，从而减少浪费和提高效率。

（3）G 代码生成软件

G 代码是计算机数控（CNC）设备用来控制机器运动的指令。对于 3D 打印机来说，G 代码包含了打印路径、打印喷头的位置、打印速度、材料供给等信息。G 代码生成软件将路径规划结果转换为机器可执行的 G 代码指令，从而驱动 3D 打印机精确执行任务。

2. 主流工艺软件

目前，市场上主流的 3D 打印工艺软件有 Cura、Simplify3D、Slic3r 等，这些软件通常集成了分层切片、路径规划和 G 代码生成等核心功能。它们不仅支持标准的 FDM（熔融沉积建模）打印，还可以通过一些扩展或定制化开发，适应更复杂的混凝土打印需求。

例如，Cura 和 Simplify3D 在处理常见的 3D 打印任务时非常高效，能够生成符合打印机要求的切片和路径，并将其转换为 G 代码。然而，由于 3D 打印混凝土结构具有其独特的特性，如材料流动性等，因此大多数 3D 打印混凝土结构设备都采用了定制开发的软件解决方案。

3. 定制开发软件

3D 打印混凝土结构不仅要考虑设计的几何形态，还需要针对混凝土材料的特性进行专门的优化与调整。例如，混凝土打印中的材料流动性、打印速度、固化时间等因素，要求工艺软件能够灵活调整路径规划和打印策略。因此，许多 3D 打印混凝土结构设备商（如 ICON、深圳智建科技等）都开发了针对性的软件，以便与硬件兼容并提高打印效果。

这些定制软件通常基于通用的切片软件进行二次开发，新增了针对混凝土特性的功能模块，如专用的路径规划算法、定制的后处理功能以及特定设备的 G 代码生成模块。这些软件不仅能优化材料使用，还能够提高打印效率并保证打印质量。

另外一种通用的做法是基于 Rhino 的 Grasshopper 可视化编程插件定制开发 3D 打印混凝土结构工具集，把参数化设计、分层切片、路径规划、G 代码生成、打印模型结合起来，实现精准设计和打印控制，大大提高了工作效率和设计的灵活性。

6.3.2 STL 模型处理

在完成 3D 打印混凝土结构数字模型的构建后，接下来的步骤是将设计模型转换为适合 3D 打印机执行的格式。立体光刻（stereo lithography，STL）模型是 3D 打印中常用的文件格式之一。它以三角形网格的形式存储三维物体的表面信息，广泛应用于 3D 打印数字化设计中。在实际应用中，由不同建模软件输出的 STL 模型常常会面临一些问题，如网格不完整、尺寸不精确等，因此，在进行 3D 打印之前，须利用 STL 软件对模型进行全面的处理。很多 3D 软件具备 STL 模型处理能力，常用的有 Meshmixer、Tinkercad、SolidWorks、Netfabb、Rhino、Blender、Simplify3D 等。

1. 模型检查

在 3D 打印前，首先需要对 STL 模型进行检查，确保其满足打印的基本要求，避免模型缺陷导致打印失败或结构不稳定。以下是检查模型的几个关键步骤：

①网格完整性检查。网格完整性检查是评估 STL 模型是否存在破损或缺失的首要步骤。STL 文件中的物体表面是由大量的三角形网格构成的，每一个三角形的边相互连接，形成一个闭合的表面。如果网格出现断裂或缺失，打印机无法正确地构建物体，可能导致打印失败或产生误差。因此，在检查时需要确保每个三角形的边缘都被正确连接，没有遗漏或重复的部分。

常见的网格不完整问题包括：缺少某些三角形、三角形存在自交、表面存在非封闭环等。

②模型方向确认。模型的方向是 3D 打印中的一个重要因素，尤其是在 3D 打印混凝土结构中，模型的层层叠加方向直接影响打印的质量和结构稳定性。需要确保 STL 模型的坐标轴方向与打印机的坐标轴方向一致。若方向不对，可能会导致打印过程中出现误差，甚至无法完成打印任务。一般情况下，应确认模型的 Z 轴为垂直方向，即为打印的高度方向。

③尺寸精度验证。尺寸精度是 3D 打印技术中的关键指标之一，尤其是在混凝土打印中，尺寸误差可能直接影响建造的结构质量。在 STL 模型处理中，必须对模型的尺寸进行验证，确保其与设计要求一致。此验证过程应通过模型的测量工具来完成，重点检查模型的长、宽、高以及各个部件的间距和对称性。

④拓扑结构检查。拓扑结构检查是对模型表面和几何形状进行全面评估的步骤。在 STL 文件中，模型应当具备正确的拓扑结构，避免出现自交、悬空或多重表面等问题。模型的拓扑结构可以通过专门的软件工具进行检查分析，并确认模型是否能有效地转换为 3D 打印机能够理解并执行的打印路径。

2. 模型修复

在完成模型检查后，若发现模型存在问题，则需要进行修复。常见的修复过程包括以下几个步骤：

①网格破损修复。网格破损是 STL 模型中常见的缺陷之一，通常表现为某些三角形缺失或边缘不连续。为了修复破损的网格，可以利用 CAD 软件或专业的修复工具来重新生成或填补缺失的三角形。这个过程需要确保新生成的三角形与原有网格完美对接，形成一个完整的闭合表面。

②重叠面处理。重叠面问题通常发生在模型设计过程中，尤其是在复杂的几何形状中，

多个面可能会互相重叠，导致打印时的精度偏差。此时需要利用修复工具检测并移除重复的面，确保每个面在空间中只有一个实际存在的部分。去除重叠面不仅能提高打印精度，还能减少计算量。

③非流形边处理。非流形边指的是在模型中，某些边仅被两个面共享，而不是被三个面或更多面共享。这种不规范的边会导致打印机无法准确地识别物体的形状，并且可能在打印过程中造成结构不稳定。非流形边需要通过专业的修复工具进行修正，确保每条边都能正确地与其他面连接，形成标准的三维表面。

④孤立点清理。孤立点是指在模型中没有被任何面连接的顶点。孤立点不仅提高了计算复杂度，还可能导致打印机无法正确处理模型。通过修复工具，可以将这些孤立点移除或与相邻的点进行合并，从而简化模型结构并提高打印质量。

3. 模型优化

修复完成后，模型的优化是下一步必须进行的步骤。模型优化的目的是降低模型的复杂性，提高打印效率，减少材料浪费，同时保持模型的结构和外观。优化的常见方法有以下几种：

①网格简化。网格简化是指通过减少三角形的数量来优化模型，常用于处理过于复杂或细节过多的模型。网格简化能够降低计算和打印的成本，提高打印效率。网格简化时，需保证模型的外观和形状不发生明显改变，同时尽量保留重要的几何特征。

②曲面平滑。曲面平滑用于优化模型的表面，使其更加光滑和平整。在 3D 打印混凝土结构中，平滑的曲面有助于减少打印过程中的材料堆积问题，提升最终结构的稳定性。通过曲面平滑算法，可以去除模型表面的小瑕疵，使其更加符合实际需求。

③特征保留。在简化和优化模型时，某些细节或结构特征往往需要保留，以确保打印出的物体符合设计要求。因此，优化过程中需要根据实际需求，选择性地保留重要的特征，如结构支撑、连接点等。这些特征对建筑物的稳定性和安全性至关重要，不能随意简化。

④细节增强。对于一些细节复杂的模型，可能需要通过增强细节来提升模型的精度和表现力。在 3D 打印混凝土结构中，增强细节的处理常常通过局部加密网格的方式来实现，从而在不显著增加计算负担的情况下，提升表面细节的精度。

6.3.3　模型分层切片

在 3D 打印混凝土结构中，模型的分层切片过程是将数字化设计转化为打印路径的关键步骤。分层切片不仅影响打印精度，还直接影响混凝土结构的强度、稳定性和整体质量。通过合理的参数设置、工艺配置和材料要求，可以优化打印过程并确保最终成品的结构安全性和性能。

1. 关键步骤

将 3D 模型切分成若干水平层，以便逐层打印。分层切片的关键步骤包括：

确定层厚：根据打印精度和速度要求，设定每一层的厚度，层厚越薄，打印质量越高，但耗时也越长。

生成切片数据：利用切片软件（如 Cura、Slic3r 等）将 3D 模型转换为二维切片，每一层的几何信息用于指导打印路径。

处理过渡层：在复杂结构或不同材料交界处，确保过渡层的平滑性，避免层间错位或结构弱点。

优化切片顺序：根据打印机的特性，优化切片的打印顺序，提高打印效率，缩短打印喷头的移动距离。

设置支撑结构：对于悬空或复杂部分，生成必要的支撑结构，确保打印过程中模型的稳定性和准确性。

2. 参数设置

模型分层切片的参数设置是确保 3D 打印混凝土结构成功的基础。每个参数的调整都需要综合考虑混凝土的性能、打印设备的规格以及结构的设计需求。合理的参数配置将有效提升打印效率、精度和成品的质量。

(1) 几何参数设置

几何参数主要包括层高、打印宽度、搭接宽度等，它们直接影响打印层的质量、强度和施工效率。基础切片参数如下。

层高：层高是指每一层混凝土打印时的厚度。一般情况下，层高设定为 20~40 mm，具体取决于混凝土的性能以及打印工艺要求。较大的层高可加快施工速度，但可能影响精度和结构强度；较小的层高则能提高精度，但会增加打印时间。

打印宽度：打印宽度指的是每条打印线的宽度，通常为喷头尺寸的 1~1.5 倍。对于混凝土打印，打印宽度一般设定为 40~60 mm，这一范围有助于确保良好的层间结合和稳定的打印质量。

搭接宽度：搭接宽度是指每一层打印时，上一层和下一层之间的重叠部分。为了确保层与层之间有足够的结合力，搭接宽度建议设定为打印宽度的 30%~50%。

打印角度：打印角度通常采用 0°/90°交替打印的方式，以保证每一层的结构在水平方向和垂直方向上都具有一定的刚性，避免出现过度弯曲或变形。

填充密度：填充密度影响结构的强度和材料的使用效率。一般而言，填充密度设定为 15%~30%，这个范围既能保证打印物体的强度，又能节省混凝土材料，降低成本。

(2) 工艺参数设置

工艺参数的设置对于控制打印过程中的速度、精度和效果至关重要。通过精确控制，可以确保混凝土在不同阶段的打印效果达到预期标准。

1) 打印速度控制

直线段：打印直线段时，速度设定为 40~60 mm/s，能够确保打印过程的稳定性和效率。

转角段：在转角段，由于混凝土的流动性要求较高，速度通常控制在 20~30 mm/s，以减少材料的流失和变形。

起始/终止点：打印的起始点和终止点速度较慢，通常设定为 10~15 mm/s，以保证这些关键节点的精准定位。

2) 挤出参数

挤出系数：挤出系数通常设定为 1.05~1.15，根据混凝土的流动性进行调整。挤出系数的设置直接影响打印材料的均匀性和层间结合力。

回抽设置：回抽设置用于控制混凝土的流动性和打印路径的精确度。一般回抽距离为 0.5~2 mm，以避免打印过程中出现漏料现象。

流量控制：流量控制会根据打印速度动态调整，以保证喷头输出的混凝土量与打印速度相匹配，从而保证打印质量。

3）路径规划策略

外轮廓优先打印：在路径规划中，通常先打印物体的外轮廓，再进行内部构造的打印。这有助于确保结构的稳定性，并降低在内层打印过程中对外层的影响。

内部构造：为了提高内层的稳定性和承载力，内部结构常采用“之”字形或“回”字形路径规划。

关键节点减速段设置：在打印过程中，遇到关键节点或转角时，应设置减速段，以提高打印精度和结构的整体稳定性。

（3）材料参数要求

材料性能直接影响3D打印混凝土结构的质量和结构强度。在选择材料时，必须确保其符合混凝土3D打印的要求。

1）混凝土性能指标

坍落度：坍落度在180～220 mm，以确保混凝土具有良好的流动性，能够顺畅地通过喷头并形成稳定的打印层。

初凝时间：混凝土的初凝时间应大于45 min，以保证在打印过程中材料不会过早凝固。

终凝时间：终凝时间一般要求小于6 h，以便在一天的施工时间内完成打印。

抗压强度：抗压强度应不小于C30，以确保打印结构的强度和承载力符合设计要求。

2）施工环境控制

环境温度：施工环境的温度应控制在10～35 ℃，过高或过低的温度都可能影响混凝土的凝固和打印质量。

相对湿度：相对湿度应维持在45%～75%，以避免混凝土过快干燥或湿度过大而导致打印精度下降。

风速要求：风速不应超过5 m/s，以防止混凝土表面受到风干的影响，导致层间结合不良。

（4）结构安全控制

在3D打印混凝土结构中，层间结合力和结构的稳定性是关键因素。有效的结构安全控制可以确保打印结构的长期稳定性和承载能力。

1）层间结合时间和强度

层间结合时间：通常要求层间结合时间小于30 min，以确保各层之间有足够的时间进行物理和化学结合。

层间结合强度：层间结合强度要求不低于1.5 MPa，以确保不同打印层之间的稳定结合力。

2）变形控制

垂直度偏差：在施工过程中，垂直度偏差不应超过$H/1000$（H为打印构件高度），以保证结构的垂直稳定性。

平整度偏差：平整度偏差应控制在3 mm/2 m以内，以确保打印表面的平整性和结构质量。

错台偏差：错台偏差不应超过2 mm，以避免由不规则层间错位导致的结构弱点。

3. 切片算法

切片算法是 3D 打印混凝土结构的关键环节，将三维模型转化为逐层打印的二维截面。优化切片算法能提高精度、节约材料、增强结构稳定性。根据其特点，切片算法分为三类：基于平面投影、自适应和混合切片算法。

(1) 基于平面投影的切片算法

该算法是最基础的技术，通过将三维模型投影到平面，提取每层轮廓生成打印路径。包括：

①等高线提取算法：逐层提取模型横截面轮廓。水平扫描生成等高线，简单高效，但可能不适用于复杂结构；从模型外部发射射线获取交点，适用于复杂几何形状；跟踪模型边界提取轮廓，适用于封闭曲面和规则模型。

②面片相交算法：处理复杂表面和多交叉面片模型，计算面片间的交集并生成切片路径。计算三角面片与切片平面的交点，精确提取每层形状；分析面片连接，重建切片层边界，避免信息丢失或重叠；将点云数据转换为网格，并基于与切片平面的交集生成路径，适用于不规则数据或复杂表面。

③网格修复算法：修复模型缺陷，保证切片质量。消除重复边，保证切片的准确性和路径的平滑性；移除或修复未连接的点，保证路径的连续性；填补缺失部分，确保每层轮廓完整。

(2) 自适应切片算法

该算法根据模型特征自动调整切片参数，精确控制打印质量。包括：

①曲率自适应算法：根据模型曲率动态调整层厚。分析模型表面几何特性，计算曲率变化，高曲率区域采用小层厚，低曲率区域采用大层厚；基于曲率变化自适应调整每层厚度，平衡精度和效率；控制不同区域的层厚，精确还原关键特征，优化资源分配。

②特征自适应算法：根据模型结构特征调整切片参数。分析几何特征，识别孔洞、角落、支撑等关键结构；提取模型关键点，指导切片优化，减少不必要的计算；根据模型特征调整每层厚度，使高精度区域层薄，普通区域层厚，以平衡精度和效率。

③结构自适应算法：根据模型受力情况优化层厚分配，确保强度和稳定性。模拟模型力学行为，分析应力分布，加强受力较大区域；根据受力分析结果动态调整不同区域层厚，受力大区域层薄，受力小区域层厚；根据结构受力需求，优化每层打印路径和密度分布，增强承载能力和稳定性。

(3) 混合切片算法

该算法结合多种切片策略，综合不同算法优势，提高切片精度和打印效率。包括：

①多分辨率切片：根据模型不同区域的特征采用不同切片分辨率。对模型进行区域划分，精细区域为高分辨率，粗糙区域为低分辨率；平滑处理不同分辨率区域之间的过渡，避免接缝不平整和结构不连续；优化接缝区域路径规划，减少断裂或不规则现象，确保整体稳定性。

②渐进式切片：通过动态调整切片层厚，逐步优化打印过程。通过逐渐变化的层厚，平滑过渡模型的打印，减少层间不连续或不均匀现象；保证逐层渐变的连贯性，确保每层路径与前一层平滑连接；优化层厚变化较大的区域，避免打印缺陷，提高过渡区的质量和稳定性。

4. 特殊处理

在 3D 打印混凝土结构的过程中，某些关键部位的处理直接影响结构的强度、连接处的稳定性以及施工的效率，需要根据具体情况进行优化。常见的特殊部位处理包括对受力较大的加强区域的处理、保证结构完整性的收边处理，以及实现功能连接的预埋与预留部位处理。

(1)加强区域

混凝土结构中，如墙体转角、预留洞口四周以及上下层连接处等区域，往往因受力集中或设计需求而需要特别加强处理。针对墙体转角，为避免应力集中导致的裂缝和不稳定，可采取增大层厚、提高填充密度或优化打印路径等加固措施。设计时需根据转角角度调整切片算法，确保打印路径均匀铺设。预留洞口四周因承受较大局部应力，处理不当易导致墙体失稳，因此需通过加厚相邻墙体、增加交错填充或使用内置支撑等方式提高强度，切片时应保证每层轮廓紧密贴合。上下层连接处是结构中易出现裂缝和不稳定性的薄弱环节，建议采用较小的层高，增加搭接宽度，并控制层间结合时间在 30 min 内，以确保良好的层间结合力。

(2)收边处理

收边处理是 3D 打印混凝土结构中保证外观和结构完整性的重要环节，尤其是在模型的起始段、终止段及接缝部分。起始段的平稳过渡是保证打印顺利开始的关键，通常采用减速起始、小层高的方式，确保混凝土均匀堆积。终止段的封闭处理旨在保证打印平稳结束并避免结构缺陷，可通过增加层数或减速打印来保证最后一层的完整性和密实性。对于多层打印形成的接缝，应合理规划其位置和方向，避免出现在承重区域，并可通过增加搭接宽度、调整打印顺序或内外层交错打印等方式增强其稳固性。

(3)预埋与预留部位处理

在 3D 打印混凝土结构中，根据设计需求预先设置的构件或空间对结构的整体性和功能性至关重要。预埋构件的处理需要确保其在打印过程中定位准确且与周围混凝土牢固结合，通常需要在打印前固定构件，并在打印过程中控制混凝土的流速和压力，避免构件移位或损坏。预留洞口的处理则需要在切片和打印阶段精确控制洞口的尺寸和形状，并采取必要的支撑措施，防止打印过程中洞口变形或坍塌。对于复杂的预埋和预留部位，可能需要设计专门的打印路径和支撑结构，以确保最终结构的质量和精度。

6.3.4　层片路径规划

在 3D 打印混凝土结构中，层片路径规划是一个至关重要的步骤。合理的路径规划不仅影响打印的精度和质量，还直接影响建筑物的稳定性和强度。路径规划的核心目标是根据不同部位的需求，优化打印路径，提高打印效率并确保结构的完整性。在此，我们将从打印路径类型设计、特殊构件路径规划等方面进行详细介绍。

1. 路径类型

打印路径的设计直接关系到打印的顺利进行与最终效果。在 3D 打印混凝土结构中，常见的打印路径类型主要有墙体打印路径和特殊构件路径。每一种路径设计都需要根据不同的结构需求进行优化。

(1)墙体打印路径

墙体是 3D 打印混凝土结构中最常见的构建单元，其打印路径设计需要考虑到外观质量、内部结构和承载能力等因素。常见的墙体打印路径类型有外轮廓路径、内轮廓路径和填充路径。

1) 外轮廓路径

外轮廓路径是墙体打印的基础路径，主要用于构建墙体的外部轮廓。在设计外轮廓路径时，需要特别注意打印的精度和表面质量，确保墙体外部线条平直、光滑，没有不规则的凹凸或裂缝。外轮廓路径通常采用较高的打印精度，以保证墙体外观的整洁。打印过程中，路径应沿墙体的外缘逐层打印，逐渐堆积，从而形成稳定的外壳结构。对于外轮廓路径，建议采用较小的层高和适中的打印宽度，以提升表面平滑度和外观质量。

2) 内轮廓路径

内轮廓路径通常用于构建墙体的内部支撑和内部空腔。它的设计目标是确保内部结构的稳定性和材料的均匀分布。内轮廓路径的规划应确保结构内部的均匀性和强度，避免在打印过程中出现空洞或不规则区域。内轮廓路径可通过采用不同的打印角度(如 0°/90°交替)来提升结构的稳定性，同时保证材料的充分利用。

3) 填充路径

填充路径是墙体内部空隙的填充部分，主要通过填充材料来增强结构的强度。填充路径的设计直接影响墙体的抗压强度和承载能力。填充路径通常采用较低的打印密度和较大的层高，以提高打印效率并节省材料。填充路径的规划应确保各层之间的连接性良好，避免空隙过大或结构不连续导致强度不足。

(2) 特殊构件路径

在 3D 打印混凝土结构中，除了墙体以外，还有一些特殊构件需要根据其独特性进行单独的路径规划。这些特殊构件路径包括门窗洞口绕行路径、管线预留区域路径、转角加强区域路径以及装饰性构件路径。

1) 门窗洞口绕行路径

门窗洞口是建筑中常见的预留开口，在 3D 打印时，需要特别考虑如何绕过这些区域。绕行路径的设计要确保洞口周围的结构强度不会受到影响，同时避免打印过程中对洞口的覆盖。门窗洞口绕行路径需要在打印过程中留出一定的空间，使得洞口边缘部分能够稳定打印，并避免混凝土堆积在洞口处。通常可以通过设置辅助路径和控制填充密度来增强这些区域的稳定性，确保洞口区域的准确性和结构完整性。

2) 管线预留区域路径

在建筑结构中，预留管线空间对于后期施工至关重要。在 3D 打印过程中，管线预留区域的路径规划需要确保管道空间能够精准地预留出来，并避免在打印时填充这些区域。管线预留区域的路径规划要确保准确无误，可以通过设置相应的区域切片，并将这些区域标记为“空白”或“预留”，来避免混凝土在这些区域沉积。此外，预留区域的精度要求较高，因此打印时应使用较精细的路径设计，以确保管道的安装不会受到阻碍。

3) 转角加强区域路径

墙体转角区域通常受到较大的应力，因此需要特别的路径规划，以提高这些部位的强度。加强区域路径的设计目标是提高转角处的结构稳定性，避免应力集中而导致的破坏。在转角区域，建议通过增加层高或采用交错打印路径方式来提高转角处的承载力。此外，可以通过调整喷头的移动方式或增设支撑结构来确保转角处的混凝土能够平滑堆积，避免出现裂缝或材料流失。

4)装饰性构件路径

装饰性构件在 3D 打印混凝土结构中有时也需要特别的路径规划，这些构件虽然主要起到美观作用，但同样需要保证其稳定性和结构强度。装饰性构件的路径设计通常要求较高的精度和细致的外形轮廓。在进行路径规划时，建议使用较小的层高和较低的填充密度，确保装饰性构件的细节部分得到精确呈现，同时不影响整体结构的稳定性。

2. 基本策略

在 3D 打印混凝土结构的路径规划中，基本策略的设定直接影响打印过程的效率、质量和最终结构的稳定性。合理的路径规划策略不仅能够提高打印精度，还能优化材料使用，节省时间和成本。以下是常用的基本策略，包括外轮廓优先策略、内轮廓优先策略、填充路径规划策略和特殊区域处理策略。

(1)外轮廓优先策略

外轮廓优先策略指的是在路径规划时，首先确定并打印物体的外部轮廓，然后再进行内部构造的打印。这一策略对于保证打印物体的外观质量和结构稳定性至关重要。

策略特点：外轮廓优先策略能确保每一层的外边界首先被准确打印，并在每一层外部形成完整的结构。这样，打印物体的表面质量得到优先保证，同时由于外层材料先行打印，能为内部结构的打印提供支撑，有助于提高整体稳定性。

实施方式：在打印过程中，首先选择每一层的外轮廓路径，使用较高的打印精度和较低的层高进行打印，以确保外部轮廓光滑、平整。外轮廓路径的打印速度可以适当减慢，以获得更好的细节呈现。完成外轮廓后，再进行内轮廓和填充路径的打印。

适用场景：外轮廓优先策略适用于需要高外观质量的结构，如建筑的外墙、装饰性构件等。

(2)内轮廓优先策略

内轮廓优先策略用于构建结构的内部支撑，确保内部区域的稳定性，同时有助于减轻打印重量，提高材料的经济性。

策略特点：内轮廓路径的优先级通常低于外轮廓路径，但它仍然非常关键。合理设计内轮廓路径能够优化材料的使用，避免浪费，同时保持结构的强度。内轮廓通常采用较高的填充密度和合理的路径规划，以增强整体结构的稳定性。

实施方式：在完成外轮廓打印后，内轮廓路径的设计应考虑不同区域的受力情况。可以通过交替打印路径(例如 0°/90°交替)来增加结构的稳定性。在内轮廓的路径规划中，考虑到受力区域和非受力区域的不同需求，填充密度可以适当调整。

适用场景：内轮廓优先的路径规划适用于需要增加承载力的区域，如墙体、支撑结构等。

(3)填充路径规划策略

填充路径是用来充实物体内部空腔的部分，其主要目的是提高结构的承载力和稳定性，同时减少材料的浪费。填充路径规划策略需根据具体需求进行合理的密度和布局设计。

策略特点：填充路径的设计直接影响结构的强度、材料的使用和打印效率。合理的填充路径能够确保打印结构的强度并降低打印成本。通过调整填充路径的密度和模式，可以根据不同区域的需求优化材料使用，既保证结构的稳定性，又避免过度打印。

实施方式：填充路径通常设计为“回”字形、“之”字形等模式，以提高结构的坚固性和稳定性。填充密度的选择需根据结构的受力要求进行调整，通常情况下，15%～30%的填充密度能够满足大多数建筑结构的需求。在对墙体、柱子等承重构件进行填充时，可以增加密度，而对于非承重构件，则可以适当减少填充。

适用场景：填充路径主要适用于建筑物大面积墙体、楼板、支撑结构等需要增强承载力的部位。

(4) 特殊区域处理策略

在 3D 打印混凝土结构中，某些特殊区域如门窗洞口、转角区域、预埋管线和装饰性构件等，需要进行专门的路径规划，以保证结构的稳定性和美观性。特殊区域处理策略对于整个结构的质量和施工效率至关重要。

3. 路径算法

路径算法在 3D 打印混凝土结构过程中起着至关重要的作用，它直接影响打印的精度、效率以及结构稳定性。通过合理的路径生成、填充路径设计、路径优化和特殊情况处理，可以提高混凝土打印的整体质量，节约材料和时间，并确保打印结构的强度。以下是路径算法的详细介绍，包括轮廓生成算法、填充路径算法、路径优化算法以及特殊情况处理等。

(1) 轮廓生成算法

轮廓生成是路径规划的关键环节，其核心在于生成模型的内外边界、进行等距偏置计算以及优化边界，以确保打印路径的精确性，并满足结构和外观的要求。

偏置轮廓算法是生成物体内外轮廓并保证打印路径平滑精确的主要方法。它首先计算模型的外轮廓和内轮廓，外轮廓确定模型边界，内轮廓则用于控制内部结构的分布。对外轮廓通常要求高精度，而内轮廓则需平衡精度与效率。通过对轮廓进行等距偏置计算，该算法能生成多条平行路径，确保每层边界清晰并简化路径。针对轮廓生成过程中可能出现的路径自相交问题，可通过路径修正算法调整顺序，消除自交点，优化路径连贯性。

边界优化算法旨在提升轮廓的打印质量，特别是通过优化打印路径来减少瑕疵。平滑处理算法通过插值和曲线拟合优化轮廓中不平滑的曲线或角落，使打印路径更流畅，避免打印缺陷。拐角优化方法则调整转角路径的角度和喷头轨迹，避免急转弯，提高打印精度和稳定性。针对层间路径间断可能导致的结构不连续或材料浪费，接缝优化通过合理调整接缝位置、增加交错路径或使用支撑结构来确保平滑过渡。

特征保持算法的目标是确保模型中的关键特征，如锐角和细节等，在打印过程中得到准确还原。锐角特征保持算法通过细致的路径规划确保每个角落的准确打印。细节特征增强算法则通过细化路径、减小层高或提高打印精度等方法，保证模型细节的精确还原。当模型过于复杂时，轮廓简化算法通过简化轮廓、减少不必要的细节，同时保留关键特征，以平衡打印效率和结构质量。

(2) 填充路径算法

填充路径是 3D 打印中确保结构稳定性和提升强度的关键环节。根据填充模式的不同，常见的填充路径算法包括基于栅格的填充、基于向量的填充，以及根据结构特性优化的结构化填充。

基于栅格的填充方法通过生成不同的网格图案来填充打印区域。"之"字形填充通过相邻路径间的交替填充形成"之"字形，适用于需要较高强度的区域，能有效均匀地分布材料。螺旋形填充则通过连续旋转的路径逐层填充，适用于需要连续均匀填充的区域，并能减少路径交叉和材料浪费。蜂窝形填充通过创建六边形网格结构填充内部，在提供足够强度的同时节约材料，适用于轻量化、高强度要求的结构。

基于向量的填充方法采用直线或曲线路径进行填充，更适应复杂几何结构。等距线填充生成一系列等间距的平行路径，适用于简单几何形状。自适应填充算法则根据物体的形状和受力需求动态调整填充模式和密度，在不同区域采用不同的填充方式，优化效率和强度。混合填充策略则结合多种填充模式，根据模型不同区域的特点灵活选择，以达到最佳的结构效果和打印效率。

结构化填充是根据结构的力学特性和实际需求进行优化设计的填充方式。应力导向填充通过计算物体受力情况，对受力较大区域采用高密度填充以提高强度。密度梯度填充根据区域需求逐渐改变填充密度，确保受力区域高密度、非关键区域低密度，优化材料使用。强度优化填充则通过调整填充路径、密度和形状等参数，确保结构整体强度满足设计要求，适用于承重等关键区域。

(3) 路径优化算法

路径优化算法旨在提升打印效率，减少材料消耗并保障打印质量。常见的优化策略包括从整体出发的全局优化算法、着眼于局部改善的局部优化算法，以及权衡多方目标的多目标优化。

全局优化算法着重于优化整个打印过程的路径规划，以实现整体效率和质量的提升。遗传算法通过模拟自然选择，评估路径方案的适应度来选择最优路径。蚁群算法借鉴蚂蚁觅食行为，通过迭代搜索找到最优路径。模拟退火算法则通过模拟退火过程逐步优化路径，避免陷入局部最优解。

局部优化算法侧重于改善路径的局部区域，以提升打印效果。节点平滑优化通过平滑路径中的节点，消除急转弯和不连续点，提高喷头运动的流畅性。路径连接优化则优化路径连接点，减少空隙和不必要的转折，提高打印精度。针对路径中的拐角，拐角处理优化调整转弯角度和喷头运动轨迹，避免急转弯导致的打印缺陷。

多元目标优化算法旨在平衡时间、材料和质量等不同目标之间的潜在冲突。打印时间优化通过缩短路径长度和减少喷头停顿来节省时间。材料利用优化通过优化路径设计和填充方式来减少材料浪费。质量控制优化则通过调整路径精度、速度和填充密度来确保打印质量满足设计要求。

(4) 特殊情况处理

特殊情况处理算法旨在应对打印过程中可能出现的各种异常，包括中断后的断点续打、利用多喷头协同工作以及生成必要的支撑结构。

断点续打算法用于在打印中断或出现错误时恢复进程。系统通过断点识别方法确定中断位置，避免浪费。恢复时，路径重构策略重新规划路径，确保断点处平滑过渡，保持结构完整性。接缝处理算法则保证续打过程中的接合不影响打印质量，避免出现层间不连续。

多喷头协同算法适用于多喷头打印机，通过合理分配和协调喷头工作，提高效率。区域分配策略均衡各喷头负荷，避免冲突或过载。碰撞避免算法实时监控喷头位置和路径，防止碰撞干扰。同步控制策略确保各喷头按预定路径同时工作，减少等待时间，提高打印速度。

支撑结构算法是支撑复杂结构的关键。支撑需求分析算法通过分析模型的几何结构，确定需要支撑的区域并设计支撑。支撑路径通过计算生成，为悬空部分提供稳定支撑，避免塌陷或变形。材料用量优化则在保证打印质量的前提下，设计经济的支撑结构，减少材料浪费。

4. 工艺参数

在 3D 打印混凝土结构的过程中，工艺参数的控制直接影响打印质量、速度和效率。通过合理地调整打印速度、材料流量、姿态调整及空程优化等工艺参数，可以确保打印的精度、结构稳定性及材料的经济性。以下是四大工艺参数的详细介绍，包括打印速度控制、材料流量控制、姿态调整控制和空程优化控制。

(1) 打印速度控制

打印速度控制是 3D 打印混凝土结构过程中的关键因素之一，它影响打印质量、结构精度以及施工时间。合理的速度控制可以减少打印过程中出现的误差和不稳定因素。

直线段速度配置：在 3D 打印的过程中，直线段的打印路径通常是最为稳定的，因为它没有曲线转折或角度变化。因此，直线段的速度可以相对较高，从而提高打印效率。对于直线段，建议设定较高的打印速度(通常为 40~60 mm/s)，以提高打印效率。然而，过高的速度可能导致混凝土流动性差或层间结合不良，因此需要结合材料特性和打印机的性能来平衡。该方法适用于模型中大面积的平面区域，如墙体的主体部分或较大构件。

曲线段速度调整：曲线段由于其路径的弯曲性，需要较低的速度，以确保打印过程中混凝土能够顺畅地流动，避免材料浪费或路径误差。在曲线段的打印过程中，建议适当降低打印速度(通常为 20~30 mm/s)。这样可以确保喷头的稳定运动，并且混凝土能够均匀地铺设，避免由速度过快导致的材料偏移或不均匀堆积。该方法适用于圆形或弯曲结构，如圆柱体、曲线墙面等。

转角速度控制：转角区域是 3D 打印中非常关键的部分，特别是建筑结构的转角部分。过快的转角速度可能会导致路径不精确，甚至产生不规则的打印边缘。在打印转角时，应适当降低速度(通常控制在 20~30 mm/s)。转角处的速度控制是确保混凝土层平稳过渡的重要环节，有助于避免转角处出现缝隙或接缝不完整。该方法适用于墙体转角、支撑梁转角等结构。

启停点速度设置：起始和终止点是打印过程中不可避免的停顿位置，不适当的速度设置可能导致喷头回抽不当或材料堆积不均。在启停点，打印速度应降低到 10~15 mm/s。这可以避免混凝土喷头停顿时的材料流动不稳定，并帮助喷头顺利启动或停止，减少缺料或堆积现象。该方法适用于打印的开始和结束阶段，尤其是各层之间的接缝部分。

(2) 材料流量控制

材料流量控制确保混凝土按需要的量正确地从喷嘴流出，控制流量对于打印精度、表面质量和结构强度至关重要。

起始点挤出补偿：在打印开始时，喷头的启动需要一定的时间，以确保混凝土能够流出并均匀分布。初期的材料流量可能不足，导致第一层的质量下降。通过在起始点的挤出补偿设置，提前增加一部分材料流量，以确保喷头顺利启动并形成完整的第一层。这一补偿有助于避免打印初期出现空隙或不均匀堆积。该方法适用于打印开始阶段，尤其是较大区域的第一层打印。

终止点回抽设置：打印结束时，喷头的停止可能导致多余的材料流出，从而影响最终结构的质量。回抽设置有助于避免这一问题，确保终止点的整洁。通过在终止点设置回抽(通常在 0.5~2 mm)，可以使喷头在停止时向回拉动，减少材料流出的现象。回抽设置能够确保终止点的材料不会堆积或形成不规则的边缘。该方法适用于打印结束阶段，特别是关键节点的终止。

转角处流量调整：在打印转角时，喷头的流量需要适当调整，以避免在转角处过度堆积混凝土，导致表面不平滑或精度不足。在转角处减少喷头的流量，确保混凝土以适当的速率均匀流动，避免转角处的堆积现象。流量调整可以通过动态控制喷头的挤出速率来实现。该方法适用于墙体的转角、梁柱连接处等结构部位。

搭接处重叠控制：在进行多层打印时，层与层之间通常会有搭接区域，合理控制搭接处的重叠度对于层与层之间的结合力至关重要。在搭接处，适度增加流量以确保层与层之间的完美结合，避免出现裂缝或不均匀的重叠。重叠部分的处理能够确保层间结合的强度，并避免后续施工中的结构问题。该方法适用于多层结构的打印，特别是墙体和柱体的层间搭接。

(3)姿态调整控制

姿态调整控制主要是指对喷头运动路径的调节。通过优化喷头的运动轨迹和姿态，可以提高打印的精度和效率，尤其是在复杂结构的打印过程中。在路径规划时，通过调整喷头的姿态，以确保喷头能够平滑过渡，减少不必要的转角或剧烈变化。此外，优化喷头的倾斜角度和路径顺序能够提高混凝土的铺设质量，避免出现弯曲、错位等问题。该方法适用于复杂结构的打印，如曲面、弯曲墙体等。

(4)空程优化控制

空程优化控制旨在提高打印效率，减少喷头不必要的空跑路径。空程是指喷头在无打印任务时的移动，通常会浪费时间和能源。通过优化路径规划和喷头移动路径，减少空程距离，确保喷头在非打印区域的移动时间尽量缩短。这可以通过减少喷头的空闲路径或在打印过程中加入更加合理的路径规划来实现。这种方法适用于大面积打印，尤其是在连续打印过程中，通过优化喷头路径减少不必要的空跑，节省时间和材料。

6.3.5　G 代码生成

G 代码是 3D 打印中常见的控制语言，它定义了打印机的动作、速度、温度、挤出量等一系列操作指令。在 3D 打印混凝土结构的过程中，生成正确的 G 代码对于确保打印过程顺利进行至关重要。通过正确的指令生成，打印机可以精确控制喷头、打印路径、材料流量等参数，从而实现高效、精确的建筑打印。以下是 G 代码生成的详细说明。

1. 基础指令生成

基础指令是 G 代码的核心，定义了打印机的基本动作和坐标系切换，是 3D 打印混凝土结构顺利进行的基础。

(1)运动控制指令

运动控制指令控制喷头或平台的运动路径和速度，确保材料按设定的路径逐层堆积。G0 指令用于快速定位移动，不挤出材料，常用于非打印移动。G1 指令控制喷头沿直线运动并挤出混凝土，是最常用的运动指令。G2/G3 指令控制喷头沿顺时针、逆时针圆弧运动，通过圆心和半径精确控制。G28 指令使喷头、平台回到原点，常用于打印前后。G90/G91 指令分别切换到绝对、相对坐标系，绝对坐标基于固定原点，相对坐标基于当前位置的变化量。

(2)工艺参数指令

工艺参数指令控制打印质量、速度和材料流量等相关参数，精确控制打印过程。M 系列指令控制混凝土泵送系统的启停。S 系列指令控制主轴转速，常用于调整泵送速度或相关旋转设备。F 系列指令控制喷头/平台的移动速度，常与 G1 等指令结合使用。E 系列指令控制材料挤出量，常与 G1 指令结合使用，指定每次打印动作的挤出量。

(3)辅助功能指令

辅助功能指令控制打印机的其他辅助系统，如加热、冷却和温度控制，以确保打印环境稳定。M104 指令设置喷头加热温度，用于保持混凝土的流动性。M140 指令控制打印床加热温度，有助于防止混凝土翘曲或过快冷却。M106 指令控制冷却风扇，用于加速材料表面的干燥或冷却。

(4)坐标系设置

坐标系设置定义了打印过程中各坐标的原点和参考点，确保打印机能根据设计文件精确执行打印任务。G54/G55/G56 指令用于选择不同的工作坐标系，通常使用固定坐标系确保模型准确定位。G92 指令将当前坐标点设定为特定位置，常用于设置打印机当前坐标，确保打印开始时的准确性。

2. 特殊功能代码

除基本的运动和工艺控制外，特殊功能代码在 3D 打印混凝土结构中同样关键，用于管理各类系统和设备，确保打印任务的高效、稳定和安全。其主要包括设备控制、工艺控制、监测系统和安全保护代码。

(1)设备控制代码

设备控制代码用于控制打印过程中的各类设备和系统，保障打印顺利进行。针对混凝土打印，重点在于清洗、搅拌、供料和监测系统的控制。清洗系统控制代码用于定期清洁设备，防止混凝土凝固。搅拌系统控制代码控制混凝土搅拌，以保持适当的黏稠度和均匀性。供料系统控制代码控制混凝土的输送速率，与喷头挤出量密切相关。监测系统控制代码启用传感器实时监测关键参数，如温度、压力、湿度，确保打印稳定和材料质量。

(2)工艺控制代码

工艺控制代码用于调整关键工艺参数，优化打印质量、材料利用率和结构强度。变速段控置代码，在不同区域或路径设置不同的打印速度，以平衡打印质量与效率。流量调节控制代码动态调整混凝土流量，确保每层材料均匀。压力补偿控制代码补偿喷头压力变化，保证挤出的稳定性。温度控制代码用于设置打印喷头、加热床或搅拌系统温度，这些温度影响混凝土流动性和固化过程。

(3)监测系统代码

监测系统代码用于实时获取打印过程中的环境条件和设备状态等各类数据，为操作人员提供反馈，以便及时调整。

(4)安全保护代码

安全保护代码确保设备、人员及环境安全，包括设备保护、过载保护和温度过高或过低保护。设备保护代码检测和防止设备故障，如喷头堵塞或泵送异常，并在检测到故障时自动停止打印并报警。过载保护代码防止设备过载，保护电机和驱动系统等重要部件。温度过高或过低保护代码实时监控打印温度，确保在安全范围内进行打印，避免因温度不当影响材料流动性和打印质量。

3. 安全控制代码

在 3D 打印混凝土结构的过程中，安全控制代码对于保障设备、操作人员安全和产品质量至关重要。它通过实时监控和保护设备、工艺及打印参数，避免故障、浪费和安全隐患。其主要分为设备保护和质量保护两大类。

（1）设备保护

设备保护关注打印过程中的设备安全，防止设备过度磨损、损坏或故障。设备保护包括：限位保护，监控运动部件范围，超出限制时自动停止，避免机械损坏；过载保护，监控功率和运动状态，超负荷自动暂停并报警，防止电机烧毁；压力保护，监控混凝土喷出压力，超出安全范围立即停止并报警，防止设备因超压故障；温度保护，监控设备温度，超出安全范围自动关闭加热并暂停打印，防止过热或过冷损坏。

（2）质量保护

质量保护确保每层打印质量符合标准，包括层高、宽度、强度和固化等监控，保证结构稳定性和强度，避免缺陷。层高监测确保每层厚度符合设计要求，偏差过大则暂停调整；宽度监测确保每条打印路径宽度一致，异常则调整流量或停止打印；强度监测确保每层混凝土强度达标，不足则停止并调整工艺；固化监测确保混凝土有足够的固化时间，时间不足则暂停并调整速度或时间。

4. 异常处理代码

异常处理代码用于应对 3D 打印混凝土结构过程中可能出现的各种问题，确保打印顺利进行，并在出现状况时及时调整或恢复，主要包括打印中断处理和参数异常处理。

（1）打印中断处理

打印中断处理旨在应对打印过程中可能发生的中断，确保在遇到问题时能够正确处理并恢复打印。暂停代码用于临时停止打印，保持当前位置和停止挤出，以便检查或调整。续打代码用于在中断后从上次停止处继续打印，避免浪费。清洗代码用于在打印过程中或中断后清理喷头或管道，防止堵塞。复位代码用于将打印机设备重置到初始状态，清除临时错误。

（2）参数异常处理

参数异常处理代码用于监控和处理打印过程中可能出现的各种参数异常，确保工艺参数实时调整，避免质量下降。速度调整代码用于自动或手动调整打印速度，平衡质量和效率。流量调整代码用于动态调整混凝土挤出量，保证材料供应平衡。压力调整代码控制喷头内部压力，确保混凝土均匀流动。温度调整代码实时监控和调整打印温度，确保材料的流动性和硬化过程处于最佳状态。

6.3.6　虚拟打印验证

虚拟打印验证是确保 3D 打印混凝土结构任务顺利进行的重要步骤。通过在实际打印之前对 G 代码和打印路径进行模拟，可以检测并解决潜在的问题，减少打印过程中的错误和浪费，确保打印结果的质量。虚拟打印验证通常涉及运动轨迹仿真，可以帮助我们全面检查路径连续性、空行程合理性、加减速过渡以及多轴联动等方面的问题。以下是虚拟打印验证中的几个关键步骤。

1. 运动轨迹仿真

运动轨迹仿真是对打印过程中喷头或平台运动路径的模拟，它帮助我们在实际打印前预测路径上的潜在问题，从而及时进行调整。通过仿真，可以验证路径的合理性，确保打印任务能够顺利进行，避免打印失败或浪费材料。

1）路径连续性检查

路径连续性检查旨在确保打印过程中每条运动路径之间没有中断、错位或不连续的现象。路径的不连续性可能导致打印失败，产生缝隙或错位，影响打印质量。通过仿真软件分析每条路径的连接情况，检查路径之间是否有明显的间隙、交叉或不连贯的地方。如果发现问题，系统会提供提示并允许调整路径连接方式。通过虚拟仿真，自动检测路径之间的连接点，确保喷头或平台的运动没有跳跃或停顿。对于不连续的路径，可以通过调整路径顺序或重设路径进行修复。路径连续性检查适用于所有类型的路径规划，特别是在进行复杂的几何形状和多层打印时，路径连续性是确保打印成功的关键。

2）空行程合理性检查

空行程合理性是指在打印过程中，喷头或平台在非打印区域移动时的路径合理性。空行程指的是没有实际打印的路径，若设计不合理，可能导致打印时间过长或喷头无效运动。通过仿真，检测并优化喷头在非打印区域的移动路径，确保空行程最短，避免不必要的长距离移动。合理的空行程路径可以节省时间并减轻设备磨损。分析喷头在每个非打印区域的移动路径，并自动寻找最短路径。若发现空行程路径过长或重复，系统将提示并优化路径。空行程合理性检查适用于大型打印任务和长时间打印过程中的空行程路径优化，减少空行程的时间浪费。

3）加减速过渡验证

加减速过渡验证确保喷头或平台在加速或减速时的平滑过渡，避免打印过程中出现振动、材料堆积不均等问题。加减速过渡不当可能导致路径不连续，或影响混凝土的流动性，从而影响打印质量。在虚拟仿真过程中，检测喷头在加速和减速过程中的运动是否平滑，特别是在转角或路径变化时，确保加减速的过程不会造成过度的跳跃或失真。通过仿真软件中的动态分析，检查每个路径段的加减速情况，并优化加减速曲线，确保运动平滑。通过调节加减速时间和过渡段，可以保证喷头的运动不会导致不必要的打印误差。该验证适用于所有需要精准控制运动轨迹的打印任务，尤其是在细节丰富或路径较长的打印中，加减速过渡尤为重要。

4）多轴联动检查

多轴联动检查用于确保多轴设备（如平台和喷头）的联动协调。由于 3D 打印混凝土结构通常需要多轴联动（例如喷头的 X、Y、Z 轴运动），因此，检查多轴联动的合理性和精确性至关重要。通过仿真，检查多个轴的协调运动是否精准。在多轴打印过程中，任何一个轴的错误都会影响整体路径的精确性，导致打印失败。虚拟仿真将同步模拟各轴的运动，确保它们按照预定的路径和时间协调运动。通过调整轴间的同步性，可以防止联动问题导致的偏差。多轴联动检查适用于任何需要多轴联动的打印任务，尤其是打印复杂几何形状或多层结构时，多轴联动的检查和优化尤为重要。

2. 碰撞检测分析

在 3D 打印混凝土结构的过程中，碰撞检测分析是确保打印过程中设备、材料和构件不发生物理干扰或损坏的关键环节。通过碰撞检测，可以有效避免设备故障，提高打印精度，并确保打印顺利进行。以下是几种常见的碰撞检测类型，包括喷头碰撞检测、设备干涉检查、已打印构件碰撞检测和安全间距验证。

(1)喷头碰撞检测

喷头碰撞检测用于确保喷头在打印过程中不会与打印平台、其他设备或已打印的结构发生碰撞。喷头碰撞可能导致打印质量下降、喷头损坏或打印失败。喷头碰撞检测的核心目标是确保喷头在运动过程中不会越过预定的路径或进入无法打印的区域。检测方法通常基于喷头的当前位置和运动轨迹，与预设的路径进行对比，从而实时监控。喷头碰撞检测适用于所有涉及喷头运动的打印任务，尤其是在结构复杂、多个喷头或打印区域较小的情况下，其尤为重要。实施方法有：

①路径仿真：在打印前，通过软件进行路径仿真，预测喷头的运动路径，检查喷头是否可能与其他物体发生碰撞。

②实时监控：在打印过程中，实时监控喷头的位置，确保喷头不会超出安全范围或进入打印机无法到达的区域。

③碰撞预警：若检测到喷头路径与其他物体发生碰撞，系统将立即暂停打印，并发出警告，提示操作人员进行调整。

(2)设备干涉检查

设备干涉检查用于确保在打印过程中，打印机的各个运动部件(如喷头、平台、支架等)不会相互干涉。相互干涉可能导致打印失败、设备损坏，甚至影响打印的质量和安全性。

设备干涉检查主要关注打印机内部各个部件之间的相对位置，确保设备运动时没有相互干扰。此类检查通常通过计算机辅助设计(CAD)模型来模拟各个部件的运动，并对比每个部件的活动范围。设备干涉检查适用于多设备协同工作的大型打印任务，尤其是在打印机内部空间较小或多个部件需要相互协调时，其显得尤为重要。实施方法有：

①模拟仿真：通过三维仿真工具模拟设备各部件的运动，检查喷头、平台、支撑结构等是否会在运动过程中发生碰撞或干涉。

②干涉检测：分析每个部件的运动轨迹，确保它们的运动路径不重叠也不相互干扰。如果发现干涉，系统会提示并建议调整路径或设备设置。

③设备布局优化：根据干涉检测结果，优化设备的布局和运动范围，避免不必要的碰撞。

(3)已打印构件碰撞检测

已打印构件碰撞检测用于确保喷头在打印时不会与已完成的部分发生碰撞。3D 打印混凝土结构通常是分层进行的，已打印的层面可能会成为后续喷头的障碍物。因此，实时检测已打印部分的形状和位置，避免与喷头发生干涉是至关重要的。已打印构件碰撞检测依赖于实时监控喷头的路径和已打印部分的几何形状，通过比较打印机当前位置与已打印层的相对位置，确保喷头不会碰撞到已打印的构件。已打印构件碰撞检测适用于所有多层打印，尤其是在打印过程中需要逐层堆叠的复杂结构中，可以确保每一层的打印质量。实施方法有：

①打印实时跟踪：在打印过程中，实时记录每一层已打印部分的形状和位置，并与喷头的路径进行比对。

②碰撞模拟：通过软件模拟喷头路径与已打印结构的交集，检测是否存在碰撞的可能。

③路径调整：如果检测到喷头与已打印层发生干涉，系统将自动调整路径或暂停打印，防止结构进一步损坏。

(4)安全间距验证

安全间距验证是为了确保打印过程中各个部件之间、喷头与构件之间保持适当的距离，以避免发生碰撞或其他不安全的操作。合理的安全间距不仅能防止设备损坏，还能保证打印精度和稳定性。安全间距验证主要确保设备运动范围内的各个部件、喷头和打印区域之间有足够的间距，防止碰撞和干涉。同时，适当的安全间距也有助于保证喷头的精准定位和材料的顺利挤出。安全间距验证适用于所有打印任务，尤其是在空间受限或路径复杂的情况下，可以确保设备运行的安全性，避免因间距不足而引发的故障。实施方法有：

①间距计算：根据设备的规格和打印路径，计算喷头、平台及其他设备之间的最小安全距离。

②仿真检测：通过仿真软件对路径进行检测，确保路径内的所有运动部件之间的安全距离符合要求。

③间距动态调整：在打印过程中，动态调整喷头的运动路径，确保其与已打印结构或其他设备之间保持适当的安全距离。

3. 工艺参数验证

在 3D 打印混凝土结构过程中，工艺参数验证是确保打印质量、效率和稳定性的关键环节。通过对速度曲线、流量匹配、材料用量以及打印时间的准确评估，可以确保打印过程的顺利进行，减少浪费并提高打印质量。以下是工艺参数验证的四个关键方面：速度曲线分析、流量匹配验证、材料用量估算和打印时间评估。

(1) 速度曲线分析

速度曲线分析用于验证打印过程中喷头或平台的运动速度是否符合预定的工艺要求。合理的速度曲线能够保证打印精度，减少振动，并提高整体打印质量。速度曲线分析通过对 G 代码中的速度数据进行解析，评估喷头在各个路径段上的加速、匀速和减速过程，确保打印速度的平稳过渡，避免速度过快或过慢导致的质量问题。速度曲线分析适用于所有需要精确控制速度的打印任务，尤其是在打印细节丰富的模型或结构时，速度曲线的平稳性对于打印质量至关重要。实施方法有：

①加减速分析：对每个路径段的加速和减速过程进行分析，确保速度变化平滑，避免剧烈波动。特别是在转角或路径变化的地方，速度过快可能导致材料流动不均匀，影响打印质量。

②速度稳定性检查：通过对速度数据进行实时跟踪和仿真，检查喷头是否在合适的速度范围内运动。若发现某些区域的速度过高或过低，应进行调整。

③评估结果：评估喷头在整个打印过程中的运动轨迹，确保打印精度和表面质量的稳定。

(2) 流量匹配验证

流量匹配验证确保混凝土的挤出量与打印速度、路径密度等参数相匹配。流量不匹配可能导致材料过多或过少，影响打印效果，并可能导致打印错误。流量匹配验证通过对喷头挤出流量和路径要求进行匹配分析，确保每个打印路径的材料输出符合设计要求。此过程确保材料的稳定流动，不会出现多余堆积或填充不足的情况。流量匹配验证适用于所有需要精确控制挤出流量的打印任务，尤其是结构复杂和多层打印时，流量匹配至关重要。实施方法有：

①流量与速度匹配：根据打印速度和路径宽度，计算所需的挤出量，并与实际流量进行对比，检查是否匹配。如果喷头的流量过大或过小，可能导致材料不均匀堆积或浪费。

②挤出控制：实时调整挤出机的流量设置，确保每一层打印时喷头的材料输出量与打印需求一致，避免喷头堵塞或流量不足。

③路径评估：检查不同打印区域的流量需求，特别是打印复杂几何形状或细节丰富的部

分，确保流量均匀，避免出现不连续或不平衡的打印效果。

(3)材料用量估算

材料用量估算用于在打印之前预测所需的混凝土量。这有助于提前准备足够的材料，避免中途断料或浪费。材料用量估算基于打印模型的几何形状、层厚、打印路径密度等因素，预测所需的混凝土量。准确的材料用量估算有助于优化材料采购和减少浪费。材料用量估算适用于所有需要准确预测混凝土材料使用量的打印任务，尤其是在大规模打印时，可以帮助优化资源配置，避免浪费。实施方法有：

①模型体积计算：根据3D模型的体积和层数，计算出所需的混凝土量。使用打印路径的宽度和层高进行估算，计算出每层打印所需的材料量。

②路径和填充率分析：通过分析打印路径的填充密度，估算不同区域的材料需求。对于需要高强度或复杂形状的区域，可以通过增加填充密度来提高强度，但也会增加材料用量。

③剩余材料评估：通过材料估算，提前计算出每一层和整个打印过程中所需的材料用量，以确保打印过程中材料充足，不会中途发生材料不足的情况。

(4)打印时间评估

打印时间评估是对整个打印过程时间的预估，帮助评估任务所需时间，优化打印速度和路径规划，从而提高打印效率。打印时间评估通过对打印路径、速度、加减速段等因素的综合分析，预测整个打印任务的完成时间。合理的时间评估有助于合理安排打印任务，避免超时或浪费时间。打印时间评估适用于所有打印任务，尤其是在需要优化时间和提高效率的工程中，通过打印时间评估，可以合理安排打印任务，减少不必要的等待。实施方法有：

①路径长度和速度分析：通过计算打印路径的总长度并结合打印速度，初步估算每一层的打印时间。

②分段时间评估：根据打印路径的复杂度，分段评估不同区域的打印时间。对于复杂区域，可以适当延长打印时间，以保证打印精度和质量。

③实际打印与估算对比：在打印过程中，实时跟踪打印时间，调整路径和速度参数，确保在预计时间内完成打印任务。

6.4　数字化设计与打印案例

在3D打印混凝土技术的实际应用中，数字化设计与打印工艺的结合是实现高效、精准建造的关键。本节以3D打印混凝土围墙项目为例，系统阐述从设计到施工的全链条数字化技术流程，展示其技术优势。该项目为某小区一座3D打印景观围墙，厚度0.3 m、高度2.2 m、总长度120 m，造型融合现代几何线条与充满现代感的菱形孔渐变纹样。

6.4.1　数字化设计与打印技术流程

1. 三维模型构建

三维模型构建是3D打印混凝土围墙项目的数字化起点，是依据建筑设计、结构设计及功能需求，利用计算机辅助设计软件，创建围墙的精确三维几何数字模型的过程。采用 Rhino 软件的 Grasshopper 插件进行参数化三维建模，为后续切片和路径规划提供数据支持。如图 6-2 所示为围墙三维模型。

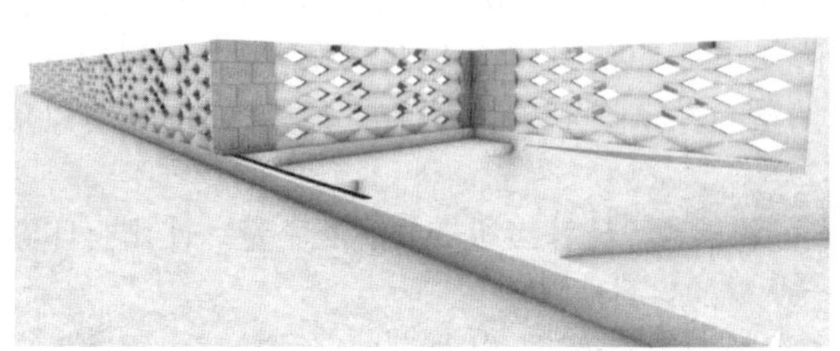

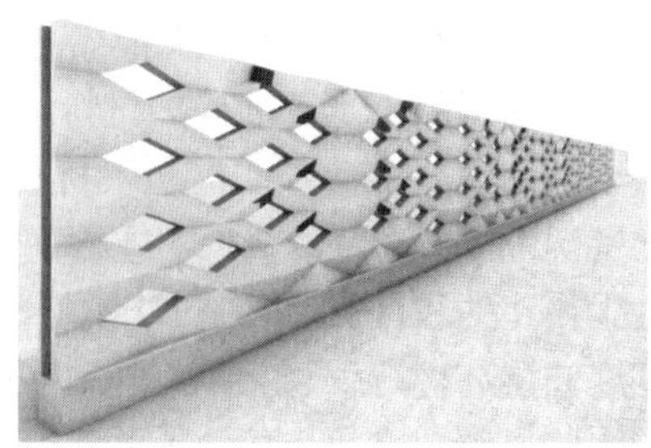

图 6-2　围墙三维模型图示

2. 模型处理与分块分割

三维模型构建完成后，通常不能直接用于打印，需要进行一系列处理和优化，并根据打印设备的能力、运输限制、结构要求以及装配方案，将大型或复杂的围墙模型分割成若干个可独立打印的构件（或称“块”“段”）。采用 Rhino 的 Grasshopper 插件自动生成 2.2 m×3.0 m 的分块模型（图 6-3），并用软件模拟钢筋放置方向和长度，在模板上实际放置钢筋，在产品打印过程中放置钢筋。

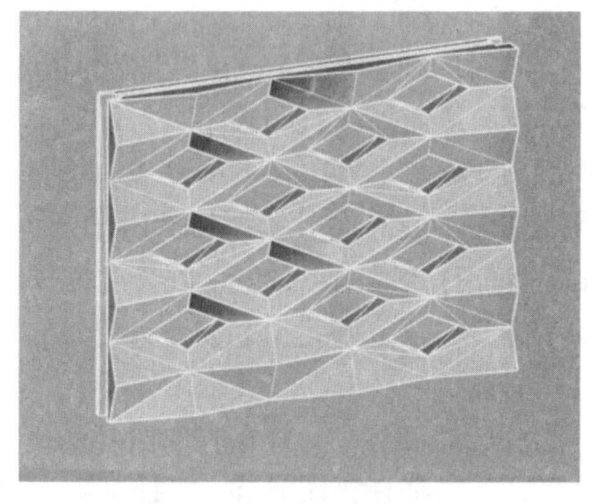

图 6-3　分块模型图示

3. 切片、路径规划与 G 代码生成

切片、路径规划和 G 代码生成是 3D 打印过程中至关重要的步骤。首先进行切片处理，将围墙构件模型沿着厚度方向分割成多个层，为打印机提供每层的高度信息（图 6-4）；接着进行路径规划，为每一层切片规划打印喷头的运动轨迹以及设定相应的打印参数（图 6-5）；最后是 G 代码生成，把路径规划结果转化为控制混凝土 3D 打印机运动的指令语言（图 6-6）。围墙构件核心打印参数为层高 18 mm、壁厚 30 mm，采用同心圆填充。

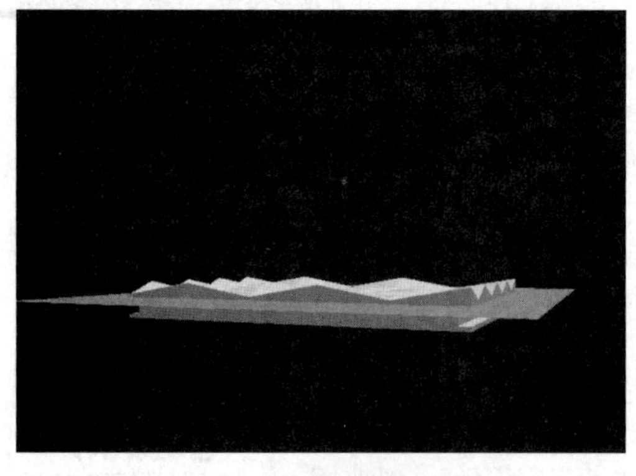

图 6-4　切片处理图示

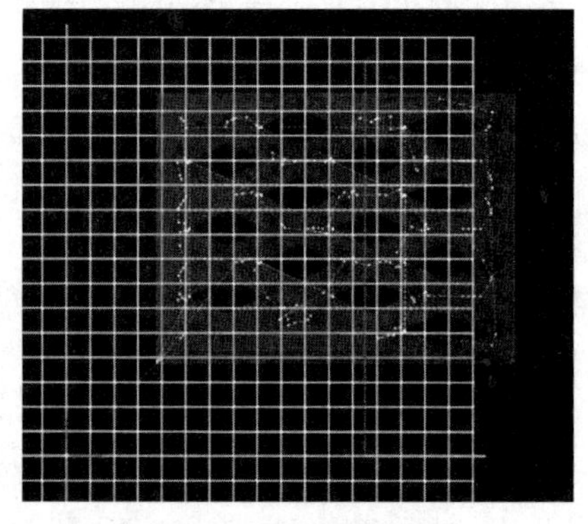

图 6-5　路径规划图示

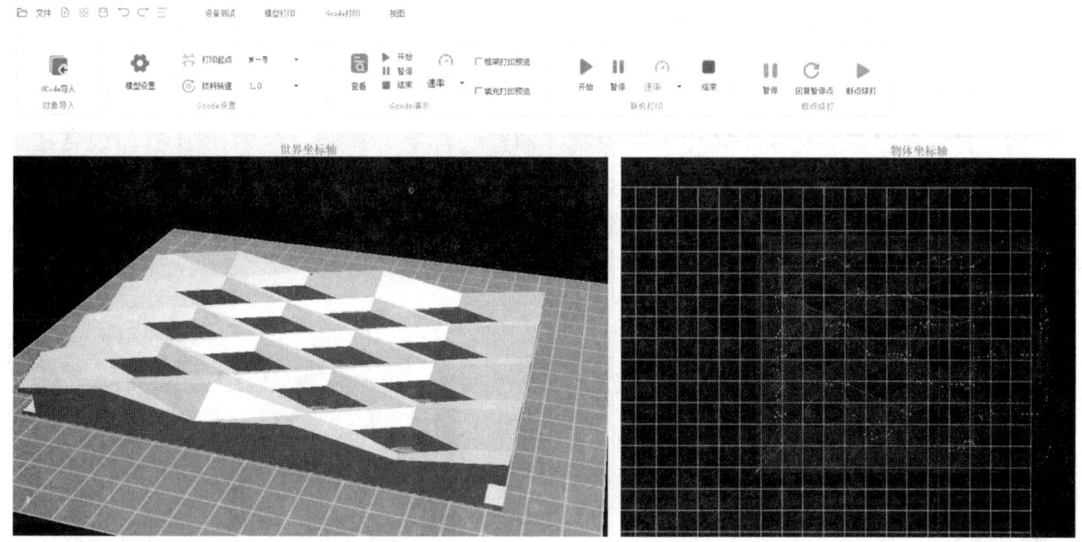

图 6-6　G 代码生成图示

4. 打印前仿真与风险预控

运动学仿真主要步骤有准备仿真输入、建立仿真模型、运行仿真、后处理与结果分析、迭代优化(图 6-7)。通过仿真预控风险，可以确保打印出的构件质量更可靠、尺寸更精确，从而减少现场装配中由构件缺陷或尺寸偏差导致的问题，提高装配的顺利程度和最终结构的安全性。

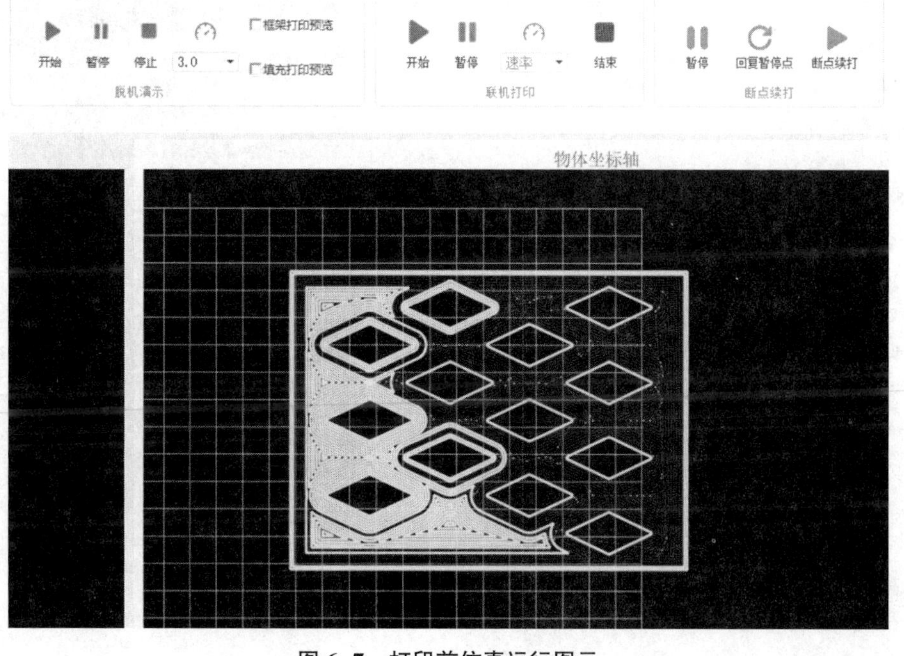

图 6-7　打印前仿真运行图示

6.4.2 施工过程关键技术控制

1. 构件打印

构件打印是将数字化指令转化为物理实体的核心环节。在此过程中，3D 打印设备按照预设的 G 代码指令，精确地控制喷头移动，并将搅拌好的混凝土材料逐层挤出、堆积，最终形成设计的三维构件。采用 K30 框架式混凝土打印机，打印设置参数及钢筋放置、打印过程见图 6-8 至图 6-11。

模型设置	
模型分块	
当前分块	整体打印
打印原点世界X坐标	0
打印原点世界Y坐标	0
绕Z轴旋转角度	0
路径生成	
切片模式	默认
单层高度	18
喷口直径	25
挤出宽度	30
路径转角平滑	关闭
路径转角平滑系数	1
打印设置	
Z缝对齐	最尖角
缝隙角偏好设置	隐藏缝隙
壁过渡阈值角度	10
外壁擦嘴长度	1.25
最小壁走线宽度	4.25
打印路径优化	开启
避免同层路径重叠	开启
平滑移动控制	开启
平滑移动减速系数	0.5
平滑移动控制距离	100
平滑移动最低速率	10
路径打印末端驻留时长	0
每层打印完成驻留时长	0

图 6-8　打印设置参数

图 6-9　模板上放置钢筋图示

图 6-10　生产放置钢筋图示

图 6-11　实际打印过程图示

2. 构件养护与后处理

打印完成的混凝土构件尚处于“湿”或初凝状态，强度低，易受环境影响(图 6-12)。构件养护是指在打印后采取特定措施，为混凝土提供适宜的温湿度环境，促进水泥水化反应充分进行，使其强度和耐久性得以正常发展。后处理则是在养护达到一定程度后，对构件进行的进一步处理，如表面修饰、开孔、安装预埋件、质量检测等。

图 6-12　实际打印结果图示

3. 现场装配施工

现场装配施工是将预制完成的 3D 打印混凝土构件从工厂安全运输至施工现场。在最终的围墙位置进行吊装(图 6-13)、定位、连接、固定，并完成与其他建筑部分的整合，最终形成完整的围墙结构。经过现场装配施工，最终建成效果如图 6-14 所示。

图 6-13　吊装图示

图 6-14　建成效果图示

智慧启思

3D打印混凝土的中国智造之路——筑梦数字化建造的自主创新

认知拓展

实践创新

思考题

1. 传统设计与 3D 打印数字化设计在材料应用和形态复杂度上有何本质区别?

2. 在 3D 打印混凝土技术中,"可打印性优先"原则包含哪些具体要求?

3. 分层切片中的关键参数如何影响打印质量?

4. 特殊构件(如门窗洞口)的路径规划需注意哪些问题?

5. 3D 打印混凝土技术如何助力建筑行业可持续发展?

第 7 章

3D 打印混凝土构件与结构的建造工艺

AI微课

本章思维导图

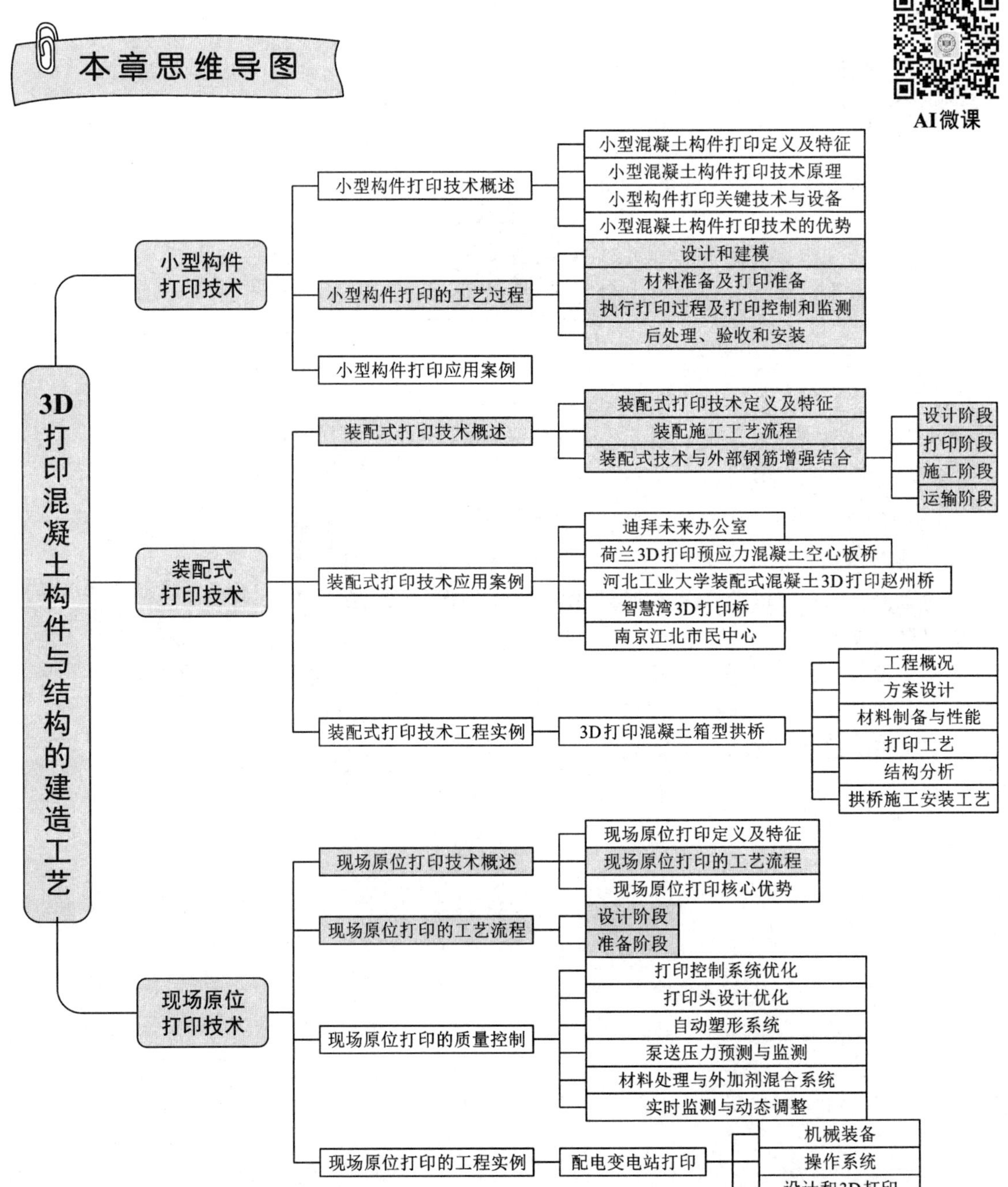

3D 打印混凝土技术作为一种新兴的建造技术，在实现建筑领域高效化、自动化、低碳化方面具有重要的应用潜力。相比传统建造方法，3D 打印可免除建筑模板，实现建造复杂造型，显著降低建筑成本，提高生产效率，节约资源和劳动力。本章针对 3D 打印混凝土技术在混凝土构件与结构中的应用，进行系统性介绍。

7.1　小型构件打印技术

7.1.1　小型构件打印技术概述

小型混凝土构件打印技术是建筑 3D 打印的重要分支，专注于通过数字化手段高效制造小尺度（通常$<1\ m^3$）、高精度和复杂几何形状的混凝土构件。其核心原理是通过泵送系统将预混混凝土浆料从数控打印喷头挤出，基于机械臂或龙门式框架打印系统（定位精度达±1 mm）实现逐层堆积（层厚 5~20 mm），并利用促凝剂或温控技术加速实时固化，确保层间黏结强度。该技术融合了材料科学、机械控制和智能算法，实现了传统模板工艺难以完成的复杂结构成型。小型混凝土构件打印技术原理如图 7-1 所示。小型混凝土构件是使用混凝土材料制造的较小尺寸的建筑或结构部件。这些构件通常用于建筑和基础设施中，作为整体结构的一部分。随着 3D 打印技术的发展，小型混凝土构件打印越来越受到关注。其具有形状自由度更高、材料使用更高效以及缩短制造周期等优势。常见的小型混凝土构件有预制墙板和墙体模块、楼梯踏步和台阶、装饰性构件、管道构件、基础支撑件、小型构筑物等。小型混凝土构件打印设计的技术类型、设备、特点及应用场景如表 7-1 所示。

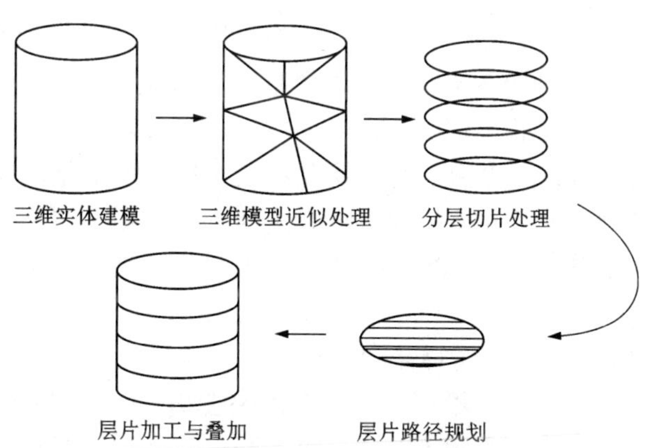

图 7-1　小型混凝土构件打印技术原理示意图

表 7-1 小型混凝土构件打印技术类型、设备、特点与适用场景

技术类型	设备(示例)	特点	适用场景
机械臂打印	COBODCy/BeRobotics	灵活度高，支持多角度打印	异形构件、艺术装饰
龙门式框架打印	XtreeE、盈创建筑	稳定性好，适合批量生产	标准化预制构件
混合打印	结合机械臂与 CNC 切削	打印后即时表面精加工	高精度模具、功能构件

小型混凝土构件打印技术的材料体系需满足特定性能要求：基材需具备高触变性(挤出后快速定型防坍塌)，凝结时间控制在 30~120 min 以平衡打印效率与层间黏结，并通过掺入 1%~3%钢纤维或 PP 纤维增强抗裂性。典型配合比为水泥：砂：水：外加剂=1：(1.5~2)：(0.3~0.4)：(0.01~0.03)，可添加硅灰或粉煤灰优化可打印性。该技术已广泛应用于建筑装饰(镂空幕墙、定制浮雕)、功能构件(轻质隔墙、声学模块)、应急建筑(临时房屋基础)及科研教育(结构拓扑优化验证)等领域，展现出对复杂几何形态的高度适应性。

小型混凝土构件打印技术具有显著的核心优势：通过数字化成型工艺突破传统模板限制，可高效实现曲面、空腔等复杂结构设计，同时减少模板浪费和材料消耗(节省 15%~30%混凝土)，并因免支模工序使复杂构件加工效率提升 50%以上。然而，该技术仍面临层间黏结强度不足(垂直强度降低 10%~20%)、钢筋集成工艺不完善以及缺乏统一的质量验收标准等技术挑战。未来发展趋势聚焦三大方向：一是智能化发展，通过 BIM 模型实时纠偏和 AI 材料性能预测提升精度；二是多材料打印技术突破，开发强度/导热系数渐变的梯度混凝土；三是绿色化转型，采用地质聚合物和碳固化混凝土等低碳材料降低全生命周期碳排放。

7.1.2 小型构件打印的工艺过程

小型构件打印需材量较小，设备安装简便，采用的打印工艺是一个多步骤、分段式工程，涉及从设计到制造再到后处理的各个环节。用户基于不同的 3D 打印系统和制作，设计对应的打印流程。也就是说，不同的 3D 打印设备，其具体的打印流程会有细微区别。但构件打印流程可以概括为以下几个关键步骤，每个步骤都紧密结合数字化设计和先进的打印技术：①构件设计和建模；②打印材料准备；③打印系统准备；④执行打印过程；⑤打印控制和监测；⑥后处理；⑦验收和安装。这里以 3D 机械臂打印流程为例，详细介绍具体流程。

1. 构件设计和建模

结合特制 3D 打印混凝土的材料特性和机械臂的打印工艺，对于设计出的构件形态，将针对打印材料和打印工艺记性进行微调，以适应最终打印建造实践的要求。首先，是要对打印轮廓进行优化，保证轮廓截面之间不会出现过于剧烈的突变，以防混凝土材料的层积不稳定。其次是对实心构件的内部进行结构受力分析，尽可能掏空不承担结构受力作用的实心部分，以达到材料的最大利用率。

2. 打印材料准备

在进行打印材料准备的时候，主要需要注意混凝土材料和砂石的干燥保存。因为混凝土配料是严格按照水灰比和其他添加剂的比例进行试验配比的，如果混凝土和砂石不能保证干燥，则会对最终的配合比产生极大的影响。

3. 打印系统准备

1) 打印路径设计

在设计优化了构件形态以后，就要对构件形态进行路径设计。首先，要对形态轮廓进行分层。这里分层的间隙是按照前端打印喷头的管道内径进行适配的。接下来，要将分层轮廓进行分段提取路径点。这里在提取路径点的时候可按照打印的精度要求设置路径点间距。最后就是要将这些路径点进行排序，将其串联成一套完整连续的打印路径点序列。

2) 系统运行代码生成

一般来说，机械臂的运行代码是通过示教器来编译的。示教器是机械臂中央控制系统的重要组成部分。操作者通过示教器进行手动的路径编程，控制机器人达到不同的运动姿态。将机械臂的运行代码作为主要联动构件的基础代码平台，再在其中插入 Arduino 的控制代码和相关子系统的运行代码，最终将生成的代码输入机械臂的控制器和 Arduino 板，达到系统运行代码的生成。

3) 打印过程模拟

在进行实际打印实验之前，要在机械臂端先进行运行代码模拟。通过使用机械臂的手动控制器控制代码运行，以检验打印过程中是否会出现机械臂运行限位或碰撞错误。另一方面，还要进行 Arduino 中枢系统的控制模拟，保证电路畅通，能实时控制打印喷头和泵送螺杆泵。

4. 执行打印过程

准备工作完成，3D 打印机开始执行打印过程。在打印过程中，打印喷头精确受控于预设的切片数据，开始沿预定的路径移动。它在每一层内，通过挤出熔融材料、选择性烧结粉末、喷射黏合剂或使用特定光源照射液态光敏树脂等方式，将选定的材料逐层沉积或固化在打印平台上。这一过程自底部开始，如此循环往复，随着层数不断累加，逐渐构建出构件的几何形状。

5. 打印控制和监测

在泵送过程中需要注意安全问题。因为在混凝土材料的泵送过程中，耐压管里是一直存在 1 MPa 左右的压力，一旦系统内局部出现混凝土块凝结，管内压力就会急剧上升，导致管头接口破损、混凝土飞溅。必须实时关注，监测耐压管端头的压力传感器，以防压力突然上升。

6. 后处理

建筑师和设计师需要对构件进行后处理和表面处理。后处理包括去除支撑结构、清理打印残留物和精细修整等。表面处理包括打磨、喷涂、涂层或其他装饰工艺，以提升构件的外观和性能。

7. 验收与安装

对打印完成的构件进行验收和质量控制，以确保其符合设计要求和建筑标准。一旦验收通过，根据项目需求，将打印好的构件安装到预定位置。注意与其他构件的连接和匹配精度。

小型打印工艺的每一步骤都至关重要。严格控制每个步骤的工艺参数和质量标准，可以确保最终的构件在精度、强度和耐久性上满足设计和应用需求。

7.1.3 小型构件打印应用案例

小型混凝土构件的 3D 打印技术在实际应用中已经取得了一些显著的成绩，尤其是在建筑、基础设施、装饰等领域。以下是几个典型的应用案例。

1. 3D 打印混凝土长椅

迪拜市政府与总部位于土耳其的数字制造公司 Avenco Robotics、建筑 3D 打印公司 AC3D 建立了合作伙伴关系，通过增材制造技术在 Uptown Mirdiff 购物中心和 Al Khazzan 公园安装了 40 个 3D 打印公共座椅(图 7-2)。设计团队通过 3D 打印技术，设计并制造了一批具有复杂曲线和镂空结构的混凝土长椅。通过使用特制的混凝土材料，3D 打印过程能够实现高度复杂的形状，同时保持结构的强度。

2. 3D 打印超高性能混凝土曲线梁桥

位于上海的 3D 打印超高性能混凝土曲线梁桥(图 7-3)是国内首座 3D 打印超高性能混凝土曲线梁桥的示范应用。这一项目全面展示了 3D 打印技术在桥梁设计与高效建造中的潜力，提升了现有打印材料、软硬件一体化、质量控制与验收等技术水平。

图 7-2 3D 打印公共座椅

图 7-3 3D 打印超高性能混凝土曲线梁桥

3. 宝安 3D 打印公园

宝安 3D 打印公园(图 7-4)位于深圳国际会展中心 17 号馆前，用地面积 5523.3 m^2，建设过程中使用了 4 套机器人打印设备，从设计到建成用时共计 3 个月。公园内有许多装饰性构件、小型构筑物等。其中不乏各种主题雕塑、3D 打印混凝土挡土墙、3D 打印镶草花格路面等诸多构件。

4. 苏州园林定制打印仿古纹样构件

在苏州园林历史建筑修复项目中，针对传统手工雕刻构件效率低、原石材短缺等问题，创新地将 3D 打印技术应用于仿古纹样构件的定制化生产，如图 7-5 所示。该案例不仅解决了具体工程问题，更开创了“数字化考古修复”新模式，相关技术已推广至平遥古城、皖南民居等保护项目，体现了 3D 打印技术在文化遗产保护中的独特价值。

图 7-4　宝安 3D 打印公园

图 7-5　3D 打印仿古纹样构件

7.2　装配式打印技术

7.2.1　装配式打印技术概述

构件 3D 打印技术与工程模块化、装配式建造相结合，不仅能够实现工程结构批量化生产，而且有效保证了工程结构构件质量，大大提升了作业效率，并降低了工程施工对建设环境的影响。与此同时，模块化的建造方式也为结构构件的重复利用提供了可能性。

与传统的装配式建筑概念相似，3D 打印装配式建筑也是提前在工厂打印好相关构件和配件(如楼板、墙板等)，运输至施工现场，通过绑扎、焊接等连接方式在现场进行装配安装。装配式打印的流程大体与小型构件一致，主要包括设计和建模、材料准备、打印准备、执行打印过程、打印控制和监测、后处理和现场装配等环节。打印前需要在建筑信息模型中提前定义好管道和窗户等开放空间的位置和大小，同时预留拉结筋和预埋件的位置，待构件运输到现场后还需二次灌注混凝土以实现墙体连接。与传统装配式建筑不同的是，3D 打印装配式构件的形式及内部结构可以根据需求进行定制或优化。例如，3D 打印墙体可以定制为自由形态的空腔结构，不仅可以减轻自身重量，还可以填充不同的保温或隔音等功能材料。图 7-6 为装配式建筑施工工艺流程图。

装配式打印目前在混凝土桥梁中应用更为广泛，建造流程主要包括拆分、连接节点设计、吊装及连接步骤的规划。提前规划好每一个施工步骤是关键。首先是将桥梁拆分为能够批量化生产的标准化部件，种类尽可能少，以便采用 3D 打印机在工厂内批量化完成。拆分时主要考虑：①3D 打印机械臂一次性打印的能力，包括作业半径、最大打印高度、单个打印块体能够自稳所容许的最大体积等因素；②将打印好的模块运输到现场的最大容许运输能力；③起重机的吊装能力。其次是连接节点的设计，主要考虑连接的可靠性，连接节点尽量标准化，现场连接工作的快速性和便捷性，现场连接工作尽可能少。再次是将每一种模块建立三维模型，设计好 3D 打印机械臂的行走路径，用一套计算机程序来控制每一个模块的预制生产。在配好混凝土，调试好设备之后，所有工厂预制工作都可以利用 3D 打印机械设备

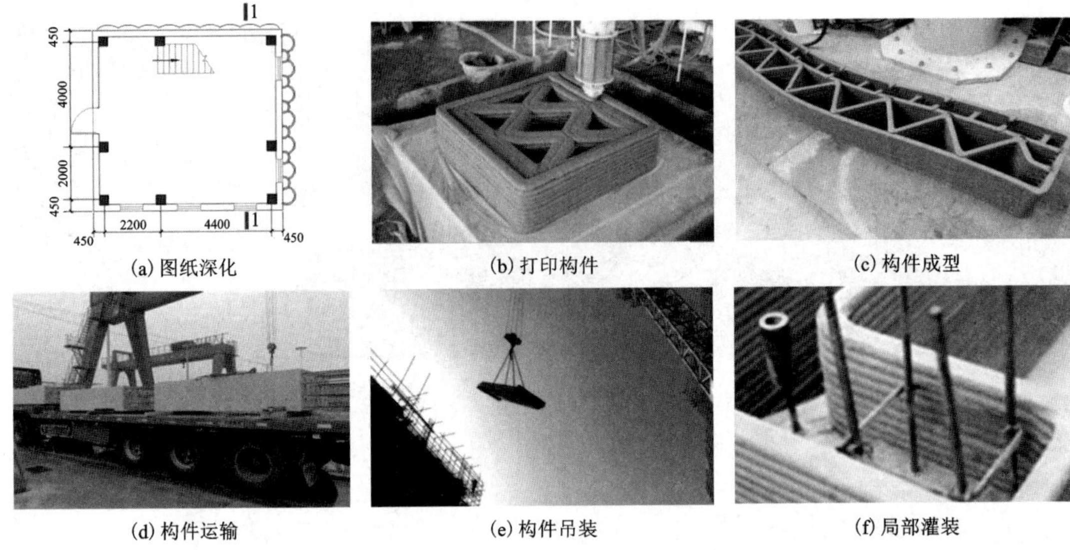

图 7-6　装配式建筑施工工艺流程图

完成。在预制生产过程中，将连接节点预埋件内置在预制件上，使现场吊装和拼接的工作能够连贯地进行。

为确保结构的安全可靠性，装配式技术常与外部钢筋增强结合，这也是装配式打印与小型构件打印和现场原位打印的最大区别。该方法主要分为模块化外钢筋增强和预应力筋增强两种。整体装配增韧是先借助钢筋将各个 3D 打印块体串联起来，再使用垂直于打印平面的铆接将上下两个表面的钢筋系统固定连接，形成整体后，浇筑高强高黏度砂浆，将钢筋与打印结构黏结起来；也可利用传统后张法预应力筋与 3D 打印混凝土相结合，在打印的构件中预留放置预应力钢筋的孔洞，在装配现场采用后张法实施预应力，最后通过灌浆密封。预留的孔道线形可以根据实际结构的受力状态合理选择，有直线、曲线和折线等类型。利用该类技术，可将打印好的部件装配为梁、墙等大尺寸构件，且达到增强增韧的目的。位于荷兰布拉班特的盖默特地区建成了世界首座 3D 打印混凝土自行车桥(图 7-7)，该桥由 6 个部分组成，每个打印单元无断点且预留孔洞，打印完成后每部分相邻放置，采用后张预应力筋，且在打印块体的接缝处涂上环氧黏合剂以增强桥梁的整体性。

3D 打印技术的应用给装配式建筑带来了诸多优势，具体体现在以下几个方面。

①设计阶段。3D 打印在非标准化构件上具有明显优势，生产成本低且效率高，为装配式工程的个性化设计提供了解决方案。在传统的制造技术下，结构复杂性与其制造成本呈正相关，因此产品设计很大程度上受限于制造水平，建筑的设计往往形式比较单一，而 3D 打印有利于推动“设计为了制造”过渡到“制造为了设计”。另外，3D 打印有助于实现拓扑优化，通过改变形状和结构，利用更少的材料实现更多的功

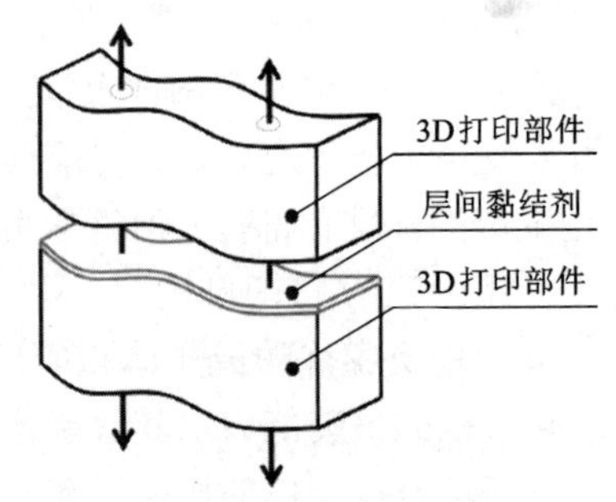

图 7-7　3D 打印双曲面混凝土墙板的预应力增强措施示意图

能，保障建筑质量、降低建筑重量，同时通过在缝隙中填入其他材料为建筑赋能，如隔热或隔音等。

②打印阶段。3D 打印不仅可以打印单面墙体，也可以打印建筑外饰面和内部家具构件，最终通过装配得到成品建筑。在装配式建筑中，3D 打印还可用于构件模板的打印。

③施工阶段。在施工现场经常面临构件组装时产生误差较大的问题，其往往会导致构件需要现场替换甚至返厂再造。3D 打印可以现场扫描并打印所需缺损部分或填充物，从而减少在制造、建造和现场修改过程中花费的时间。

④运输阶段。装配式建筑构件的生产速度较慢，往往需要提前生产构件，将生产出的构件在工厂或施工现场存放，以备使用，而建筑构件由于体积大、易损坏，在运输、存放、吊装的过程中需要严格保护，对物流和存储具有较高要求。3D 打印可以灵活生产，减轻库存压力。制造商利用 3D 打印按需生产的能力，可以及时生产客户所需的构件，减少库存成本，还有助于供应链随时加入新的合作企业，减少备件库存的准备量和投入，将相关成本投入更新设计以反馈需求。

7.2.2　装配式打印技术应用案例

2015 年，全球最高的 3D 打印建筑“6 层楼居住房”和全球首个带内装、外装一体化 3D 打印“1100 m^2 精装别墅”在苏州工业园完成，该住房基于配筋砌体标准打印完成，高 15 m，包括地上 5 层、地下 1 层。利用 3D 打印混凝土装配式工艺，发挥建筑模块化优势，1 d 即可打印 1 层，所用高性能材料和建筑轻量化构件打破了 3D 打印设备对建筑打印尺寸的限制，极大提升了打印质量和建造速度。

2016 年，3D 打印混凝土建筑未来办公室(The Office of the Future)在迪拜落成，面积达 250 m^2，是首栋已成规模、功能完善的 3D 打印大楼，也是迪拜未来基金会(Dubai Future Foundation)的主要办事处，如图 7-8 所示。此项目共计 17 组构件，每组分上下 2 部对称构件，有 2 种尺寸，分别为 8.9 m×2.1 m×1.9 m 和 7.74 m×2.1 m×1.9 m，构件经过远洋运输，在现场安装完成。通过 3D 打印建筑技术实现了复杂结构的设计，打破了建筑和结构之间的界限。该 3D 打印办公楼材料抗压强度达 38 MPa，主体结构现场加载试验没有裂缝出现，并且比传统建造方式的混凝土用量少 1/3。

图 7-8　3D 打印混凝土建筑未来办公室

2017 年，位于荷兰布拉班特的盖默特地区建成了世界首座 3D 打印混凝土自行车桥(图 7-9)，该桥梁为预应力混凝土空心板桥，长 8 m，宽 3.5 m，厚 0.9 m，设计使用年限 30 年。这座桥梁横跨一条沟渠，连接两条道路，供自行车通行。但建筑公司 BAM Infra 认为它可以承受 40 辆卡车的重量。该桥梁使用龙门式框架打印机，在实验室内分 6 个节段打印，拼装后张拉预应力筋使桥梁成为一个整体，采用整体吊装的方式修建而成。桥梁截面为多个钻石形空洞组成的空心板，以便于 3D 打印喷头一次性打印成型，一共打印了 800 层，工期为 3 个月，是传统混凝土施工速度的 3 倍。

(a) 桥梁截面打印

(b) 龙门式框架3D打印机

(c) 桥梁阶段拼装并张拉预应力

(d) 桥梁竣工

图 7-9　3D 打印混凝土自行车桥

2019 年，装配式混凝土 3D 打印赵州桥(图 7-10)在河北工业大学北辰校区落成。这座 3D 打印桥梁按照赵州桥 1∶2 缩尺打印，采用模块化打印技术并对节点装配形式进行优化设计，在现场直接进行装配式建造，单拱跨度 18.04 m，桥长 28.1 m。打印材料选用特种水泥基复合材料，拥有速凝快硬、水化放热低、早期强度高等特性，保证桥体具有低收缩、微膨胀、高抗裂、自修复的长期工作性能。桥梁主体打印及施工未使用模板和钢筋，大幅节省工程成本。

在上海宝山智慧湾科创园落成的 3D 打印人行桥(图 7-11)宽度 3.6 m，全长 26.3 m。桥梁为单跨拱桥，拱脚净跨 14.4 m。桥梁上部结构，包括主拱结构、桥面铺装及栏板均采用 KUKA 六轴机械臂打印完成，两台机械臂共用 450 h 打印完成全部混凝土构件。打印材料为添加多种外加剂的聚乙烯纤维混凝土复合材料，未使用钢筋。桥梁采用装配式建造方式，将桥梁上部结构划分为主拱结构、桥栏板、桥面铺装三部分，桥体主拱结构再次拆分为 40 块

图 7-10　3D 打印赵州桥

0.9 m×0.9 m×1.6 m 单元和 4 块 0.9 m×0.9 m×0.8 m 单元，桥栏板拆分为 68 块单元，桥面铺装拆分为 64 块单元，分别对每一个单元做 3D 打印。完成模块的打印后，将各个模块编好号，依次利用汽车吊进行吊装，拼装成整体桥梁。

图 7-11　3D 打印人行桥

南京江北市民中心是我国首例3D打印全装配式绿色智慧建筑，荣获“鲁班奖”，成为绿色建筑与智慧建造的示范工程。该项目的总建筑面积约为7.5万m^2，由公共服务中心、市民中心、新区城市展陈区三部分组成，集城市展示、公共服务、市民活动功能于一体，被称为“江北之心”和“城市客厅”。游客服务中心是全国首例3D打印全装配式建筑，使用了经过处置的固体废弃物作为3D打印的原料制成外墙构件，结合装配式清水混凝土内装(GRC+GRE)，实现“打印—运输—拼装”全流程装配。这种材料的使用不仅实现了建筑垃圾的资源化利用，还提高了构件的强度和抗弯性，构件强度是普通构件的2~3倍，抗弯性是5~6倍，施工过程免模板、无废料，可自由设计复杂曲面造型(如10层流线曲面)，效率提升30%~80%，建筑耗能从70%下降至30%。

图7-12　3D打印南京江北市民中心

7.2.3　装配式打印技术工程实例

1. 工程概况

3D打印混凝土箱形拱桥设计效果如图7-13所示，灵活的设计与考古文物的图案元素相结合，实现了现代创新技术和古代文化元素的深度融合，推动了传统古建筑文化的传承。拱桥位于西安市终南大道与文苑南路交会处，考古博物馆西南侧公园内，拱桥的建设旨在满足公园内景观需求并结合考古文化凸显历史文化元素。拱桥采用3D打印混凝土技术，并结合古代石拱桥桥形和考古博物馆出土文物元素进行设计建造。

2. 方案设计

(1)总体布置

拱桥跨越考古公园中心的两条配套道路，不仅解决行人游览通行问题，更是考古公园最引人注目的观赏景点。拱桥总长19 m，计算跨径12 m，拱轴线为$m=1.55$的悬链线，拱圈矢跨比为1/4.84。桥梁宽度采用反圆弧渐变尺寸(跨中3.5 m，桥头4.2 m)。本桥技术标准为：人群荷载4.5 kN/m^2；设计使用年限为50年；设计等级为城市专用人行桥。

图 7-13　3D 打印混凝土箱形拱桥设计效果图

（2）造型设计

拱桥造型设计最大限度地实现了桥梁力学上的合理性、功能上的优越性及与周边环境的协调性，质量统一于美，美从属于质量，体现纯正、古朴、稳定的视觉效果，力图达到桥梁功能、安全、经济、美学的协调与和谐。拱桥的外观装饰元素以古代青铜器纹饰“云雷纹”为原型，对原有造型的提炼、演化过程如图 7-14 所示，通过现代几何图形的重构，将其作为桥护栏和桥面铺装的主元素，通过混凝土打印工艺中的层数控制勾勒出“云雷纹”大图案。通过加强桥梁整体与细部的美学设计，提升人们对古文化的认识，增加桥梁独特的古韵，对考古公园的景观起到锦上添花的作用。

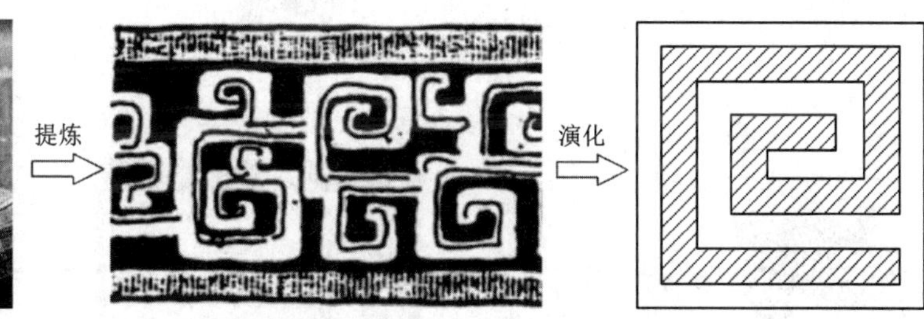

图 7-14　拱桥外观装饰元素

（3）部件设计

拱桥分为上部结构和下部结构两部分，下部桥台基础采用扩大基础进行支模浇筑，上部结构除现浇层外，主拱圈、侧墙、护栏和人行道板均采用混凝土打印工艺进行建造，建造方式如图 7-15 所示，按照图 7-15 中所示的序号由下往上依次施工安装。其中受力结构主要由 7 块 3D 打印拱圈组成，拱圈采用箱形截面设计，有利于减轻拱圈自重，降低工程造价。拱圈上部铺设混凝土现浇层，与侧墙结合勾勒拱桥线形，同时在现浇层中预留插槽，方便后期安装护栏和抱鼓石。

拱桥的各个部件采用基于机械臂的 3D 打印混凝土系统进行打印。图 7-16 所示的 3D 打印混凝土系统主要包括执行单元、挤出单元、输料单元、搅拌单元 4 个部分，所有单元通过控制中枢混凝土 3D 打印系统进行协同工作。考虑到 3D 打印混凝土过程中使用的是小粒径材料，同时要求混凝土搅拌足够均匀，搅拌单元采用立轴式强制式搅拌机，输料单元采用卧式螺杆泵及高压橡胶管。控制中枢 3D 打印混凝土系统实现打印构件由数字化设计到挤出成型的全流程打印控制。本次打印使用空间路径拟合技术完成主拱圈打印，使用平面路径拟合技术完成侧墙及附属设施的打印。

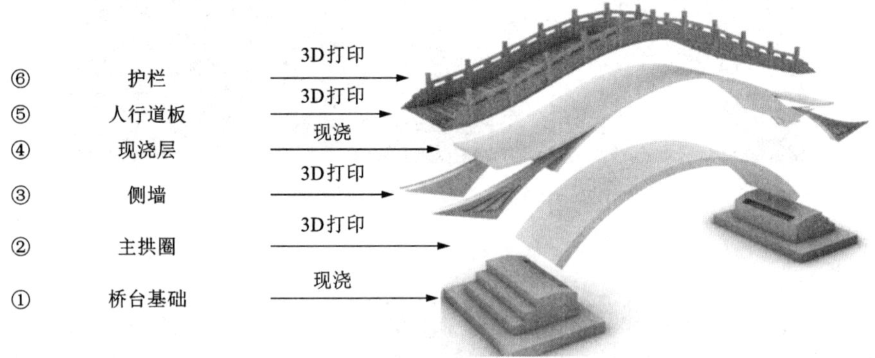

图 7-15　3D 打印混凝土景观拱桥建造方式

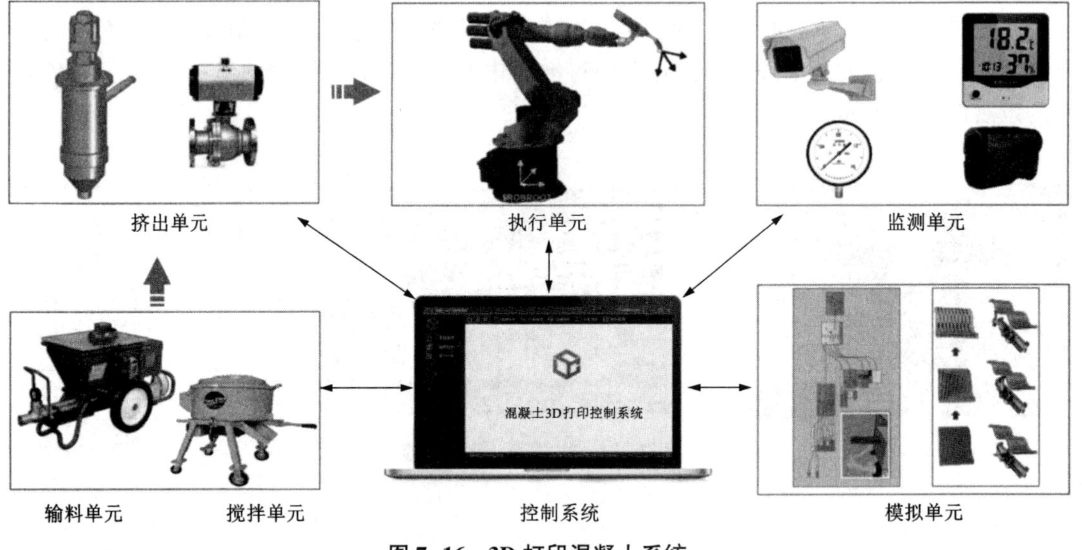

图 7-16　3D 打印混凝土系统

3. 材料制备与性能

3D 打印混凝土配合比设计属于混凝土配合比设计范畴，材料组成包括水、胶凝材料、骨料、纤维和外加剂。与传统混凝土相比，胶凝材料、骨料和纤维的种类差异不大，但外加剂与传统混凝土相差较大，材料的服役强度和工作性能仍然是 3D 打印混凝土材料配合比设计需要考虑的重要参数。由于 3D 打印混凝土采用层积的方式堆叠成型，在材料制备时需要考虑打印工艺导致的混凝土强度损失率。本项目的结构设计以《公路圬工桥涵设计规范》

(JTG D61—2005)为参考，规范规定拱桥主拱圈使用的预制混凝土砌块材料强度不低于 C30，参考 3D 打印混凝土技术规程中考虑强度损失的打印材料配制强度公式，拱桥所需的打印材料应按照 C40 配制。通过不断调整原材料组成和设计参数，本项目应用的 3D 打印混凝土材料配合比：水胶比为 0.32，砂胶比为 1.2，减水剂外掺量为 0.19%(质量分数)，玻璃纤维为 1%(体积分数)。

3D 打印混凝土材料由于其特殊的分层建造工艺，表现出明显的各向异性，但由于拱桥受压的受力特性，可将材料各向异性的特性在拱桥结构设计中巧妙利用，使材料充分发挥性能。表 7-2 为项目实际配制的混凝土 3D 打印材料的性能参数，28 d 的抗压强度为 48.2 MPa，28 d 的抗弯强度为 12.3 MPa，满足拱桥结构设计要求。

表 7-2　3D 打印混凝土的主要性能

主要性能	数值		测试标准
初凝时间/min	45		建筑砂浆基本性能试验方法标准(JGJ/T 70—2009)
终凝时间/min	70		
抗压强度/MPa	1 d	15.0	混凝土物理力学性能试验方法标准(GB/T50081—2019)
	7 d	35.3	
	28 d	48.2	
抗折强度/MPa	1 d	5.2	
	28 d	12.3	
弹性模量/GPa	20		
和易性/mm	190		普通混凝土拌合物性能试验方法标准(GB T 50080—2016)
28 d 总收缩率	≤5%		水泥胶砂干缩试验方法(JC/T 603—2024)

本项目确定的最优跳桌流动度为 190 mm。可打印时间为 3D 打印混凝土材料从加水至失去可挤出性的时间，根据本项目主拱圈的打印体量和打印工艺需求，通过调控外加剂掺量，控制本材料的初凝时间为 45 min，终凝时间为 70 min。为全面评估材料的可挤出性和支撑性，本项目通过设计一个外包络尺寸为 3.5 m×0.4 m×1.9 m 弧形拱块打印模型进行打印验证。打印条带表面质量良好，没有撕扯断裂的现象，打印条带的宽度和厚度偏差在 5%。模型的总层数为 190，打印完成后未出现倒塌或较大变形，打印测试效果如图 7-17 所示，说明该配合比下的打印材料具有良好的支撑性。

图 7-17　模型的测试效果

4. 打印工艺

混凝土打印工艺按照箱形拱桥的主拱

圈、侧墙、附属部件(桥面铺装、护栏)等不同部位均有所不同，其中侧墙及附属部件的打印流程已较为成熟，相关打印信息如表 7-3 所示，这里重点介绍主拱圈打印工艺。主拱圈截面为箱形截面，打印填充率为 73.7%，实际拱圈截面面积为 1.032 m^2。沿拱桥纵向将主拱圈均匀分割为 7 块打印单元，每块打印单元以纵向一侧为打印底面，沿打印单元长度方向向上逐层打印，拱圈打印现场如图 7-18 所示。主拱圈打印路径料条宽度为 4 cm，为保证料条从挤出设备挤出时带有推力，在挤出设备上配备 3 cm 网形打印喷头，调整泵送参数和打印移动参数，使其挤出料条宽度为 4 cm，保证构件条间填充密实度。在打印过程中需要预设打印单元的吊点，设定打印程序在吊点位置暂停打印，挖除吊点处打印材料，放置吊装钢槽。同时，在主拱圈打印时，在其拱背预埋 C 形钢筋，后续与现浇层钢筋进行绑扎，增强主拱圈与现浇层的结构整体性。

表 7-3　3D 打印混凝土的主要性能

部件类型	数量	条带宽度/cm	打印时间/h	数字模型	打印成品
主拱圈	7	4.0	6.0		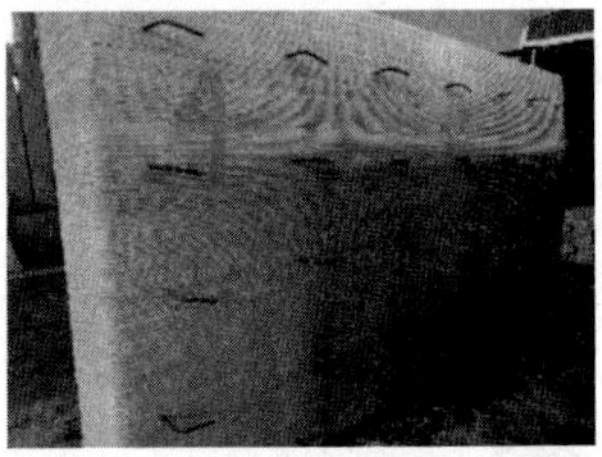
侧墙	4	3.5	2.5	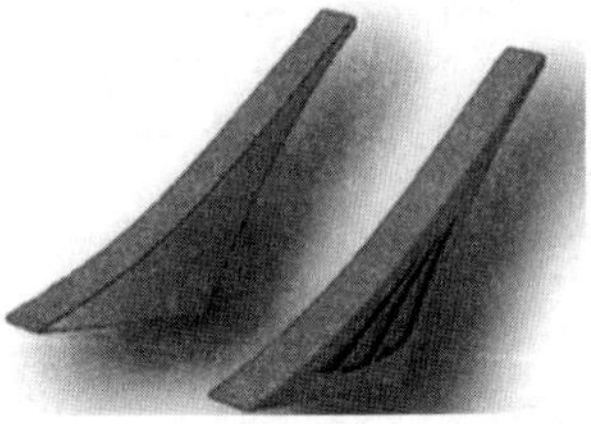	
护栏 1	20	3.0	0.2	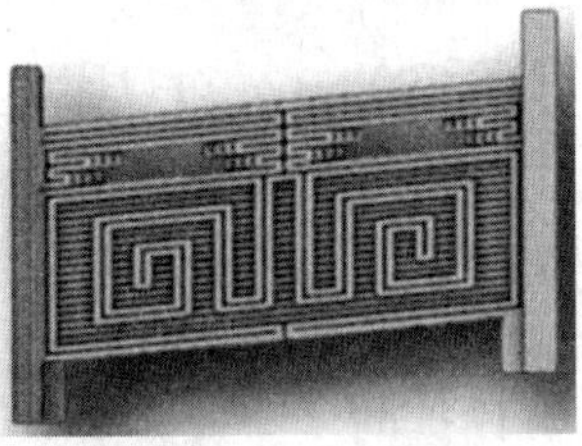	
护栏 2	4	3.0	0.2		

续表7-3

部件类型	数量	条带宽度/cm	打印时间/h	数字模型	打印成品
铺装	188	3.0	0.1		

图 7-18　主拱圈打印示意图

在使用基于工业机器人的混凝土 3D 打印系统打印主拱圈时，打印单体为弧形拱块，同时主拱圈内圈弧长小于外圈弧长，在内外圈相同层数下，外圈层厚须大于内圈层厚。为实现主拱圈内外径不等层厚打印，需控制运动设备的打印姿态和移动速度参数。其中，打印姿态通过计算单层向量夹角，通过数据转化，得到运动设备工具端坐标系下的空间点序。移动速度参数控制在执行程序中预先设定。定义基准层厚和基准移动速度，计算内外圈层厚与基准层厚比值，得到同层不同点序的运动设备移动速度，实现变速打印。同时考虑到打印材料挤出状态易受环境温湿度影响，极大影响打印构件的成品率，为了提高打印质量，灵活调整实际工艺的组织形式，本项目使用中交第一公路勘察设计研究院自研的控制系统，根据挤出料条状态随时在控制系统中微调打印参数，实现混凝土 3D 打印流程的灵活性。

5. 结构分析

(1) 计算建模

拱桥结构分析采用空间有限元软件 ANSYS WORKBENCH，重点计算全桥自重作用下主拱圈关键截面的内力、应力和竖向变形，同时验算截面抗压强度和抗剪强度。本桥梁安装建造方式与圬工桥涵建造类似，因此在对拱桥进行结构分析时，以《公路圬工桥涵设计规范》(JTG D61—2005) 和《城市桥梁设计规范》(CJJ 11—2011) 为依据。整个拱桥计算模型采用 Solidi 86 单元建立实体模型。模型计算跨径 12 m，主拱圈与拱座采用弹性连接，拱块拼接面采用摩擦接触，实体模型如图 7-19 所示。设计荷载包括自重及二期恒载、温度荷载、人群荷载，其中二期荷载按 70 kN/m² 施加，温度荷载按照整体升温 30 ℃，降温 15 ℃施加，人群荷载按照 4.5 kN/m² 进行换算施加。考虑到 3D 打印混凝土材料的特殊配合比和层积打印工艺，计算模型中材料参数的设定不能简单地利用现行桥梁设计规范的参数。为保证结构的设计安全并考虑最不利的效应组合，本项目对 3D 打印混凝土材料进行强度折减，选用考虑强度损失的 C30 混凝土材料和相应参数作为计算模型的材料参数。

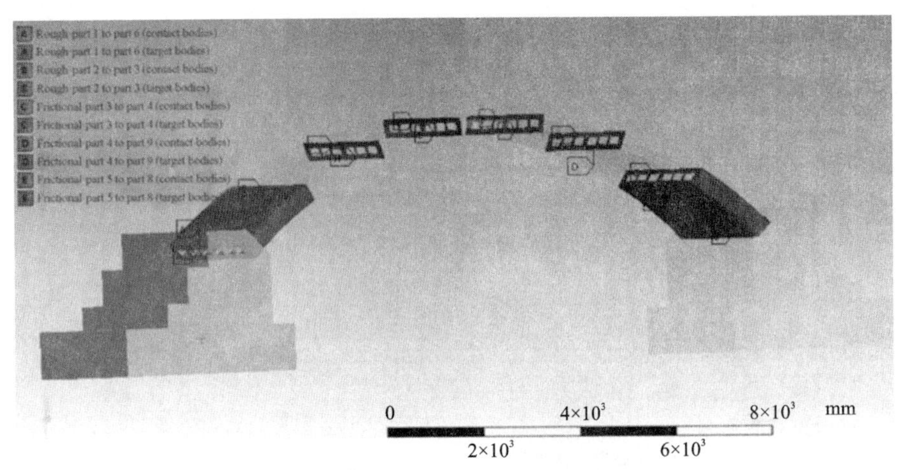

图 7-19　拱桥实体模型接触设置

(2)结果分析

设计正常使用极限状态的两种组合计算结果：最大位移为 2.99 mm，最小位移为 -2.42 mm，短期荷载效应组合在一个桥跨范围内正负挠度的绝对值之和的最大值不应大于计算跨径的 1/1000，即 12000/1000 = 12 mm，满足要求。本桥采用早期脱架施工，必须验算在裸拱自重内力作用下结构的强度。在主力工况下，主拱圈呈现上缘受压，下缘受拉的受力状态。主拱圈的应力分布图如图 7-20 所示，其中主拱圈最大拉应力为 0.186 MPa，位于主拱圈拼接面接缝下缘处；最大压应力为 0.124 MPa，位于拱脚处，均未超过混凝土 3D 打印材料

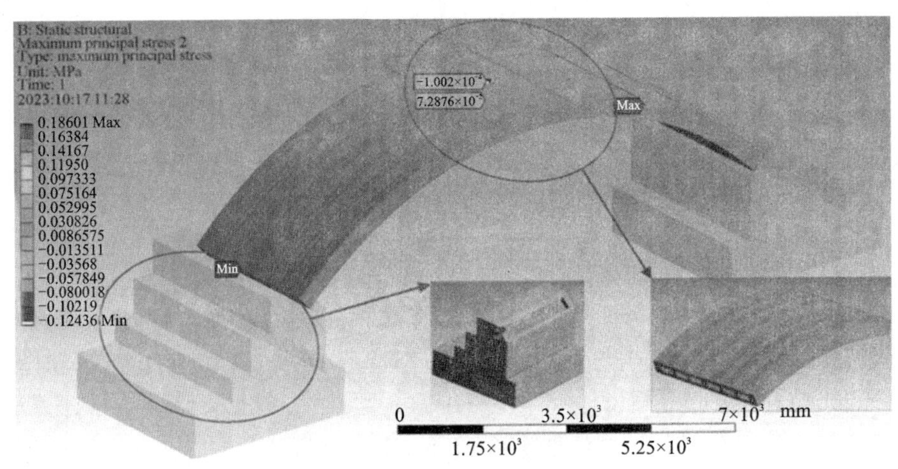

图 7-20　自重作用下主拱圈应力图

强度设计值且具有安全储备。根据结构动力特性计算，前六阶自振频率及振型如图 7-21 所示，可知该拱桥的基频为 19.15 Hz，拱桥主要有竖弯振动、横向振动、扭转振动三种形式。其中在第一阶和第三阶振型中拱桥结构发生顺桥向振动，在第二阶振型中发生横桥向振动。第一阶振型自振周期远大于其他振型，且之后自振周期衰减相对缓慢。根据《城市人行天桥与人行地道技术规范》(CJJ 69—1995)规定，拱桥竖向自振频率应大于规范要求的限值。

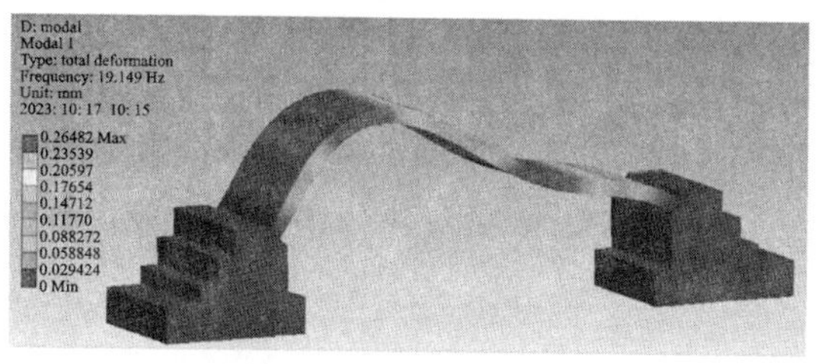

(a) 一阶模态 (f = 19.15 Hz)

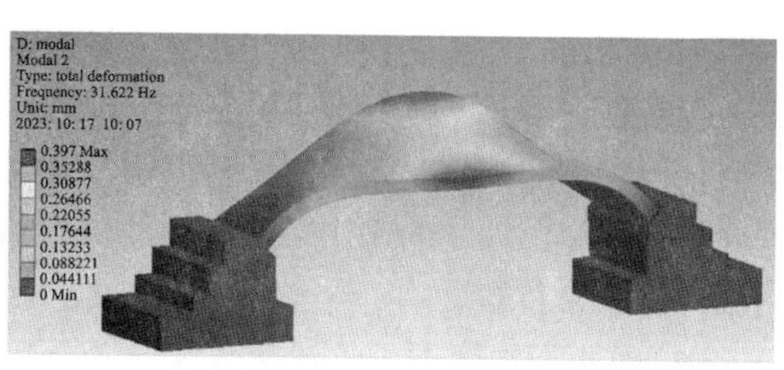

(b) 二阶模态 (f = 31.62 Hz)

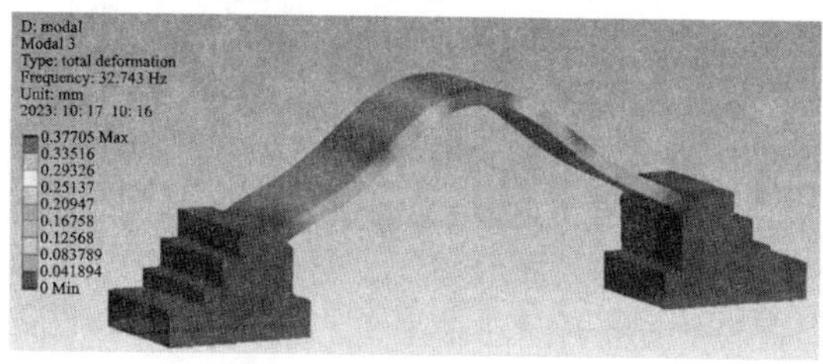

(c) 三阶模态 (f = 31.74 Hz)

(d) 四阶模态 (f = 47.78 Hz)

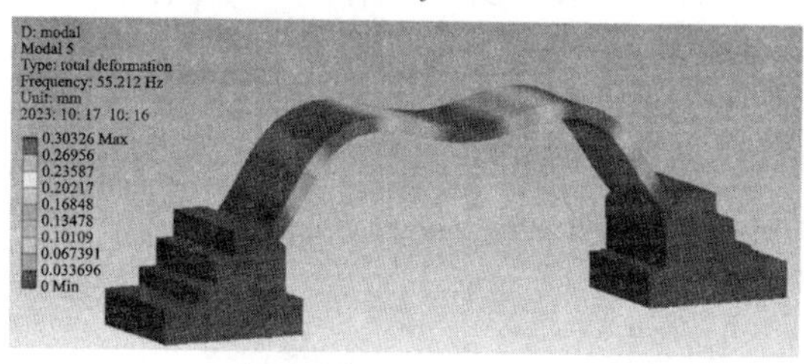

(e) 五阶模态 (f = 55.21 Hz)

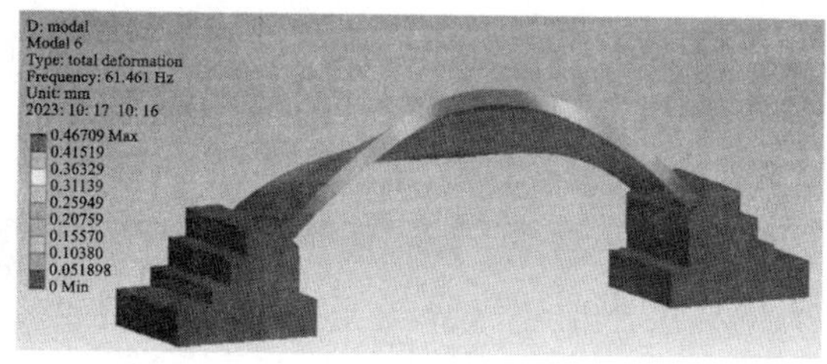

(f) 六阶模态 (f = 61.46 Hz)

图 7-21　打印拱桥振型图

6. 拱桥施工安装工艺

(1) 下部结构施工工艺

拱桥下部结构采用扩大基础进行钢筋混凝土支模现浇。拱座作为整个拱桥重要的传力结构，将上部结构荷载通过拱座传递，再由基础传给地基，因此要严格控制拱桥不均匀沉降和侧移，施工时保证地基承载力及压实度，下部结构浇筑时严格控制结构尺寸及浇筑质量。为保证拱桥下部结构成型质量，加快大体积混凝土散热，下部结构分两层浇筑，第一层浇筑至基础部分，第二层浇筑至拱圈预留槽位置。

(2) 主拱圈施工工艺

在混凝土 3D 打印主拱圈吊装施工前，严格复核拱架线型是否满足设计要求，重点检查标高是否符合设计要求，确保拱块与拱座之间的接触精度达标，并对拱块拼接面进行凿毛，在拱脚插槽处铺设沥青油毡。混凝土 3D 打印箱形拱桥沿纵向共分为 7 块，横向不分段，待打印构件强度达到设计强度的 90%以上即可运输到现场进行拼装。吊装顺序是从拱脚到拱顶依次对称安装，从而最大程度上提高施工的对称性，同时在吊装时做好标高监测工作，确保主拱圈线型与设计要求保持一致。混凝土 3D 打印主拱圈架设完毕后，在拼接缝中放置钢筋网片并填塞聚合物砂浆。为提高主拱圈的整体稳定性，在混凝土 3D 打印主拱圈上方铺设一层钢筋混凝土，并在钢筋混凝土中预留插槽，方便后期安装固定附属设施(栏杆)。

(3)侧墙施工工艺

拱上侧墙打印预制件为纯压构件，因侧墙构件景观造型的需求，并需要保障拼装后结构整体稳定性，所以采用整体打印。全桥共分为 4 个打印构件，侧墙厚度为 35 cm，整体形状近似一个锐角三角形。吊装侧墙结构之前，预先在侧墙底面及拱背处铺设 3 cm 厚的 C30 水泥砂浆。在两个侧墙中间采用轻质泡沫混凝土加气块进行砌筑，在保证结构稳定性的同时减轻侧墙对拱圈的负载影响。

(4)附属设施施工工艺

拱桥附属设施选用 3D 打印预制桥面铺装及 3D 打印预制护栏，其中 3D 打印护栏由栏杆柱、栏板和抱鼓石组成。拱桥附属设施的安装在主体结构安装完毕后进行，全部采用打印预制拼装的方式。3D 打印预制桥面铺装共分为 144 块图案打印预制件与 44 块竖纹预制件，安装桥面铺装前预先对桥面进行找平和防水处理，每块桥面铺装在出厂后均有编号，现场可根据安装编号依次进行拼装。针对 3D 打印预制护栏的安装，先将栏杆柱插入预留槽中，缝隙通过细石混凝土填塞。栏板及抱鼓石底部坐落在栏杆柱凸起台上，栏板边缘紧贴栏杆柱预留槽边沿，同时栏板预埋钢筋伸入栏杆预留槽内，与栏杆柱通过后浇砂浆结合成为整体。3D 打印护栏安装效果如图 7-22 所示，栏板和栏杆柱的紧密结合不仅增强了整体稳定性，而且也确保了护栏在长期使用中的安全性和耐久性。

图 7-22　施工完成后的混凝土 3D 打印箱形拱桥

通过本项目，我们可以看出 3D 打印混凝土技术在中小跨径拱桥的设计建造中具有工程应用的可行性，能够满足工程设计建造的技术要求。通过将混凝土 3D 打印和文物元素深度结合，赋予拱桥独特的历史文化内涵，实现了景观拱桥的创新建造，进一步凸显混凝土 3D 打印“所见即所得”、柔性建造的技术特性。3D 打印混凝土技术作为土木工程数字化智能建造技术的重要方向，在工程的精细化设计、精细化建造中具有显著优势。本书通过数字建模和打印控制，实现拱桥各构件的精准定位和安装，完成拱桥的快速建造施工。本项目的设计建造，为 3D 打印混凝土技术的工程应用以及中小跨径拱桥的数字化设计提供了完整的工程案例与经验。

7.3　现场原位打印技术

7.3.1　现场原位打印技术概述

现场原位打印技术作为一种在建造现场直接应用 3D 打印混凝土技术构建建筑的方法，显著区别于先前讨论的装配式打印技术。该技术能够处理更大的打印尺寸及包含粗骨料的混凝土，因此更适用于具有简单几何截面形状的建筑大规模现场施工，从而显著提升施工效率与生产力。有学者采用大尺寸打印条带(截面尺寸为 150 mm×50 mm，如图 7-23 所示)，以约 150 mm/s 的速度建造普通单层房屋的垂直墙，其成本远低于传统砌体工程。此外，相较于现浇法，在变电站墙体建造中，利用现场原位打印技术施工时间可减少 60%～80%。

2016 年慕尼黑宝马展上，德累斯顿工业大学提出的现场原位 CONPrint3D 概念，标志着大规模现场 3D 打印混凝土技术的新里程碑。该概念的核心优势在于：

图 7-23　大尺寸打印(横截面 150 mm×50 mm，最大骨料尺寸 8 mm，层间时间间隔 3 min)和小尺寸打印(横截面 30 mm×20 mm)的对比

①适应性与生产力提升：CONPrint3D 旨在满足现代建筑和结构设计的需求，通过提升生产力来优化施工过程。与专注于复杂几何形状细部构件的其他 3D 打印方法不同，CONPrint3D 专为具有转角和主要为直墙的整体式建筑而设计。

②经济性与通用性：鉴于当前混凝土打印机多为昂贵的专用设备，CONPrint3D 创新性地利用并升级现有建筑机械，如将混凝土泵车改造为 3D 打印机，利用泵送装置和吊杆作为机器人臂，由算法控制实现打印(图 7-24)，从而降低了设备成本并加速了施工实践的普及。

③材料多样性：CONPrint3D 已成功开发出最大骨料尺寸为 8 mm 的可打印混凝土材料，这些材料不仅符合现行规范，还涵盖了普通、高性能及泡沫混凝土等多种类型，满足了多功能建筑的需求。

④高精度打印喷头：为确保产品表面质量和精度符合标准，CONPrint3D 在打印喷头中集成了监测和控制设备，确保材料混合均匀，并随打印条带尺寸的增大而相应调整混凝土流量。该打印喷头能够高效打印大型简单几何形状条带，同时精确制造转角，提升了打印精度和效率。

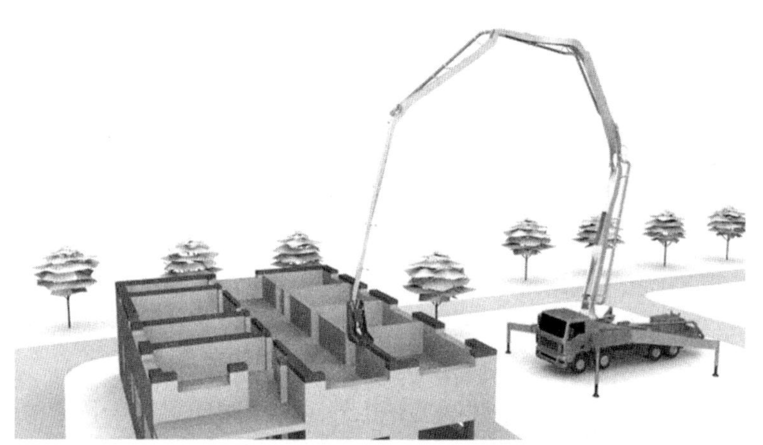

图 7-24 车载混凝土泵作为现场混凝土打印机械臂示意图

当前，CONPrint3D 的开发重点聚焦于连续可靠地自动化生产无筋混凝土墙，旨在替代传统的人工砌体结构。在全球范围内，特别是在 5 层以下建筑的建造中，该技术展现出强大的竞争力，尤其契合新兴经济体对简单、坚固建筑的需求。经济可行性研究表明，以独立式住宅一层为例，采用 CONPrint3D 技术相比传统砌体结构可节省约 25%的成本，并将施工时间缩短至原来的 1/6~1/4 倍，实现 130 m^2 面积地板在一天内打印完成。整个打印过程中仅需两名工人：一名经过专门培训的机器操作员和一名专业熟练工人。

国内实践方面，上海青浦毛家角的国家电网弧形围墙式变电站，作为国内首个原位 3D 打印项目，成功应用了该技术打印围墙，实现了人工节省、耗材减少的绿色施工目标。而在瑞士，首座原位 3D 打印建筑以其独特的竖向曲面造型墙体和钢结构支撑的多层木板翼形屋顶，仅耗时 55 h 便完成建造，充分展示了 3D 打印技术在现代建筑设计中的灵活性与高效性。这些实例不仅证明了现场原位打印技术的日益成熟，也预示着建筑业正加速向数字化、自动化方向迈进。

7.3.2 现场原位打印的工艺流程

1. 设计阶段

设计阶段始于根据具体需求进行规划，通常借助计算机辅助设计（CAD）软件，如 Rhino、SketchUp 和 SolidWorks 来完成设计任务。随后，利用结构分析软件（如 Abaqus）对设计进行优化，以增强结构性能。此外，通过扫描现有物体，可精确“复制”其形态。随着 3D 打印技术的日益普及，3D 打印服务体系也日趋完善。国内知名的 3D 打印服务平台如南极熊、魔猴网等，国际上如 Thingiverse 等平台，均提供了丰富的高质量 3D 数字模型资源。因此，设计师可在这些平台提供的模型的基础上进行二次加工，实现快速高效的模型构建。

完成 3D 建模后，需将设计以 STL 格式导出，并导入切片软件中。切片软件负责生成辅助支架（一种临时支撑结构，用于支撑打印过程中模型的悬空部分），并设定包括层高、线宽、打印速度、填充率等在内的打印参数。随后，软件自动对 3D 模型进行切片处理，将其分解为多层，每层均包含详细的打印路径信息。这些信息进一步转化为 G 代码，发送给 3D 打印机执行。当前已有较多成熟算法可以应用，且已固化到操作软件中，从而实现打印路径的自动规划。

2. 准备阶段

在准备阶段，多数混凝土 3D 打印项目采用龙门式框架打印机来移动打印喷头，该系统以其平移轴控制简便、精度高的特点而广受青睐。这种移动方式确保了打印喷头与打印对象的良好接触，并有效利用了工作空间。然而，龙门式框架打印机需跨越整个打印区域，因此对地下施工提出了额外的规划要求。尤为重要的是，龙门式框架打印机的高度必须超过待打印物体，以应对大规模混凝土打印的需求，这往往意味着需在现场搭建更大规模的机械设备。

在现场原位打印的机械系统中，混凝土泵通常置于打印区域外，通过软管将混凝土输送至打印喷头。打印喷头多采用垂直布置，以避免与已打印结构发生碰撞。混凝土通过打印喷头末端的喷嘴排出，喷嘴的规格直接影响打印混凝土层的截面形状。

可挤出性、可建造性、可加工性和开放时间是 3D 打印混凝土的关键性能指标。大规模现场原位打印涉及生产、运输、泵送、挤出、分层沉积和质量控制等多个工艺阶段。其中，打印材料的流变性能是决定后续工艺成功与否的关键因素，需在生产过程中进行严格的测试和调整。理想的 3D 打印混凝土材料应具备适宜的流变和力学性能，以满足各工艺阶段的特定要求。具体而言，随时间变化的静态屈服应力、动态屈服应力、结构化速率、塑性黏度有助于 3D 打印混凝土的泵送、挤出和沉积（图 7-25）。除此之外，还需要表征硬化状态下的早龄（前 3 h）特性，例如抗压强度、泊松比和弹性模量，以确保连续沉积而不会使打印部分发生显著变形。

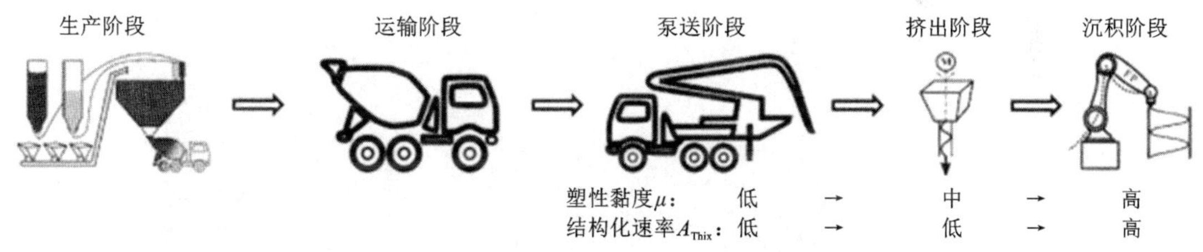

图 7-25　大规模、现场数字化施工的工艺阶段和相应的所需材料性能

3. 打印阶段

在大规模现场施工中，3D 打印混凝土材料通过搅拌车从生产厂运至施工现场，其间材料处于休眠状态以保持其性能稳定。到达现场后，混凝土需通过泵送系统输送至打印喷头。为确保泵送的可靠性，混凝土材料需具备低塑性黏度、适当的屈服应力和低结构化速率。

泵送后，需现场评估混凝土材料的可挤出性。由于泵送和挤出过程中的高压和剪切力可能导致材料流变性能的变化，因此需控制这些变化以确保打印过程的稳定性。

在挤出与打印阶段，目标结构按照预设坐标逐层构建。沉积层需保持其几何形状不变，即具有可靠的可建造性。这要求混凝土材料在沉积时具备足够的静态屈服应力和结构化速率，同时需根据打印速度调整材料的力学强度和弹性模量。

打印完成后，需对 3D 打印结构的几何精度和硬化特性进行全面检查，包括抗压强度、抗拉强度、弹性模量、密度和层间黏结强度等关键指标，以确保其符合设计规范和建筑标准。

7.3.3 现场原位打印的质量控制

质量控制在建筑原位 3D 打印中占据核心地位，其重要性不言而喻，直接关系到打印结构的安全性、耐久性及整体性能。为确保建筑原位打印结构符合安全标准，实施严格的质量控制至关重要。这不仅能保证所用材料及打印过程与设计要求相符，有效预防因质量问题引发的结构失效，还能通过精准控制，确保建筑部件的尺寸精确、几何形状严格遵循设计规范，这对实现复杂建筑设计尤为关键。此外，高质量的控制策略能显著减少缺陷与错误，提升建筑的整体质量，对建筑的长期服役性能及后续维护管理具有深远影响。同时，通过减少返工次数与提升施工效率，质量控制策略还能有效降低建筑成本，增强项目的经济可行性。值得注意的是，建筑原位打印技术通过精确控制材料使用，有效减少了资源浪费，积极响应了可持续发展的全球倡议。

鉴于此，下文将深入探讨几种针对现场原位打印的质量控制方法。

①打印控制系统优化：通过对打印控制系统进行深入研究与改进，旨在提升其定位精度。具体而言，通过测量传统车载混凝土泵的位置偏差及臂架摆动情况，并基于这些数据，优化其驱动组件、控制算法及控制系统(图 7-26)，成功将振荡幅度降低了多达 95%，显著提高了打印定位的准确性。

图 7-26　车载式混凝土泵的精确测量

②打印喷头设计优化：在打印喷头上集成输送与计量装置，实现了对混凝土流动的精细控制。同时，该设计允许在打印前根据实际需求调整新拌混凝土的性能参数，以确保打印过程的顺利进行。

③自动成型系统：混凝土出口处的成型系统能够自动调整喷嘴截面，以适应不同的几何形状需求。该系统配备多个自动控制的塑性构件，确保了建筑墙体几何形状的精确塑造(图 7-27)。

④泵送压力预测与监测：利用流变仪实验预测泵送特定混凝土所需的压力，同时综合考虑回路几何形状与长度的影响。结合流变学与摩擦学计算，深入表征泵送过程中的流体动

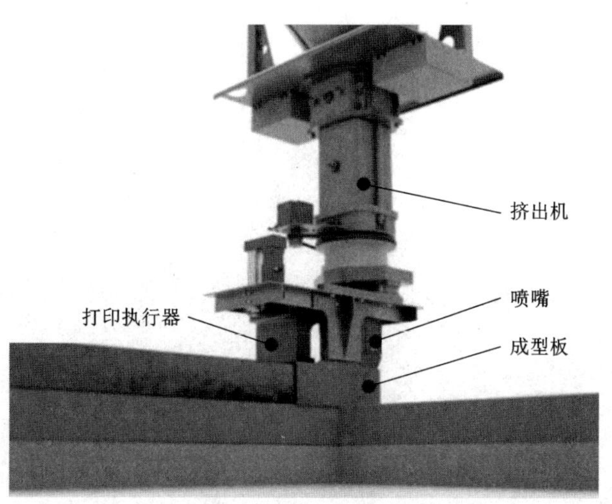

图 7-27　打印喷头示例

态。进一步地，开发了基于计算流体动力学的虚拟滑移工具，实现了对现场原位打印过程的自主监测与控制。

⑤材料处理与外加剂混合系统：引入两阶段材料处理流程，并在打印喷头上增设外加剂混合系统。该系统配备二级高精度压力泵，负责将外加剂精确泵入挤出机中的流动混凝土中，同时辅以高效的混合工具，确保外加剂在混凝土中的均匀分布。

⑥实时监测与动态调整：对材料特性及打印结构的几何形状实施实时、连续的监测。控制系统能够根据在线测量结果，动态调整预设的工艺参数(如挤出率、层间时间间隔、喷嘴截面、外加剂用量及喷嘴位置)。在 CONPrint3D 项目中，我们提出了针对 3D 打印混凝土材料的可挤出性测试方法，利用 3D 打印机作为测试平台，对材料的可挤出性能进行在线定量评估。该方法通过测量混凝土在特定流速下挤出所需能量，量化其挤出率指数与单位挤出能量(UEE，单位：J/cm^3)，进而确定最佳材料配合比。此外，该测试方法还适用于研究混凝土可挤出性能随时间的变化规律，为确定混凝土的可挤出开放时间提供科学依据。

7.3.4　现场原位打印的工程实例

本节将详细介绍国内首次成功应用商用预拌混凝土的 3D 打印配电变电站技术。图 7-28 展示了用于打印配电变电站的 3D 打印机全貌，而图 7-29 则揭示了配电变电站的详细设计。该变电站尺寸为长 12.1 m、宽 4.6 m、总高度为 4.6 m(其中地面以下部分为 0.5 m，地上部分为 4.1 m)。

1. 机械装备

工程所采用的 3D 打印机为柱式机械结构，配备四柱框架，以支撑并实现框架内的三维打印作业。如图 7-30 所示，该 3D 打印机由多个关键结构部分组成，包括 X 轴轨道、Y 轴轨道、Z 轴轨道、打印喷头、顶部稳定系统以及预拌混凝土泵车。X 轴与 Y 轴轨道协同工作，控制打印喷头在水平方向上的精确移动；而 Z 轴上的小车则负责垂直升降，确保打印喷头能在

图 7-28　配电变电站打印中使用的 3D 打印机全貌

三维空间内自由移动。该柱式 3D 打印机的 X 轴宽度与 Z 轴高度均达到 20 m，理论上可打印宽度与高度均不超过 18 m 的建筑物。Y 轴长度则可通过增加 Z 轴的数量进行灵活扩展。此外，该打印机安装简便，适用于打印六层及以下的混凝土结构。值得注意的是，混凝土泵车的打印喷头与打印臂均实现了独立驱动，并配备定位传感器，以实时监测并调整相对位置，确保连续打印过程中混凝土供给的稳定性。当打印喷头连续打印时，混凝土泵车臂可以独立进行定位和给料工作。

柱式机械结构为 3D 打印提供了稳定的平台，但如何开发出适应预拌混凝土特性的打印设备，成为关键挑战。预拌混凝土由砂、粗骨料、水泥和水混合而成，其中粗骨料对打印喷头的设计提出了极高要求。为此，同济大学与辽宁格林印刷科技有限公司联合研发了商用预拌混凝土建筑 3D 打印系统，该系统创新性地引入了双辅助打印喷头设计，能够连续打印含直径小于 15 mm 骨料的预拌混凝土。图 7-31 为该双辅助打印喷头的示意图。双辅助打印喷头采用双进料仓设计，集成了往复式插拔动力系统、混凝土进料系统、混凝土性能测试与混合系统以及性能调整系统。其工作原理是，当进料仓 A 进行混凝土打印时，进料仓 B 则同步进行混凝土进料与坍落度自动调节，确保打印过程的不间断。往复式插拔动力系统通过活塞的上下移动控制混凝土的挤出速度，而混凝土给料系统则利用管道与螺杆动力将混凝土从搅拌设备输送至打印喷头。

鉴于运输与进料过程可能对混凝土性能造成不确定性影响，进料仓内设置了混凝土性能试验与混合系统，该系统配备伺服电机进行扭矩测试，以间接反映混凝土的坍落度。通过反复测试，建立了扭矩与坍落度之间的对应关系，如图 7-32 所示。当混凝土坍落度处于 120~130 mm 时，打印效果最佳，对应伺服电机扭矩范围为 1.25~1.75 N·m。若扭矩偏离此范围，系统将自动启动调整机制，通过添加水、高效减水剂等成分调节混凝土的和易性，直至扭矩回归至最佳区间。

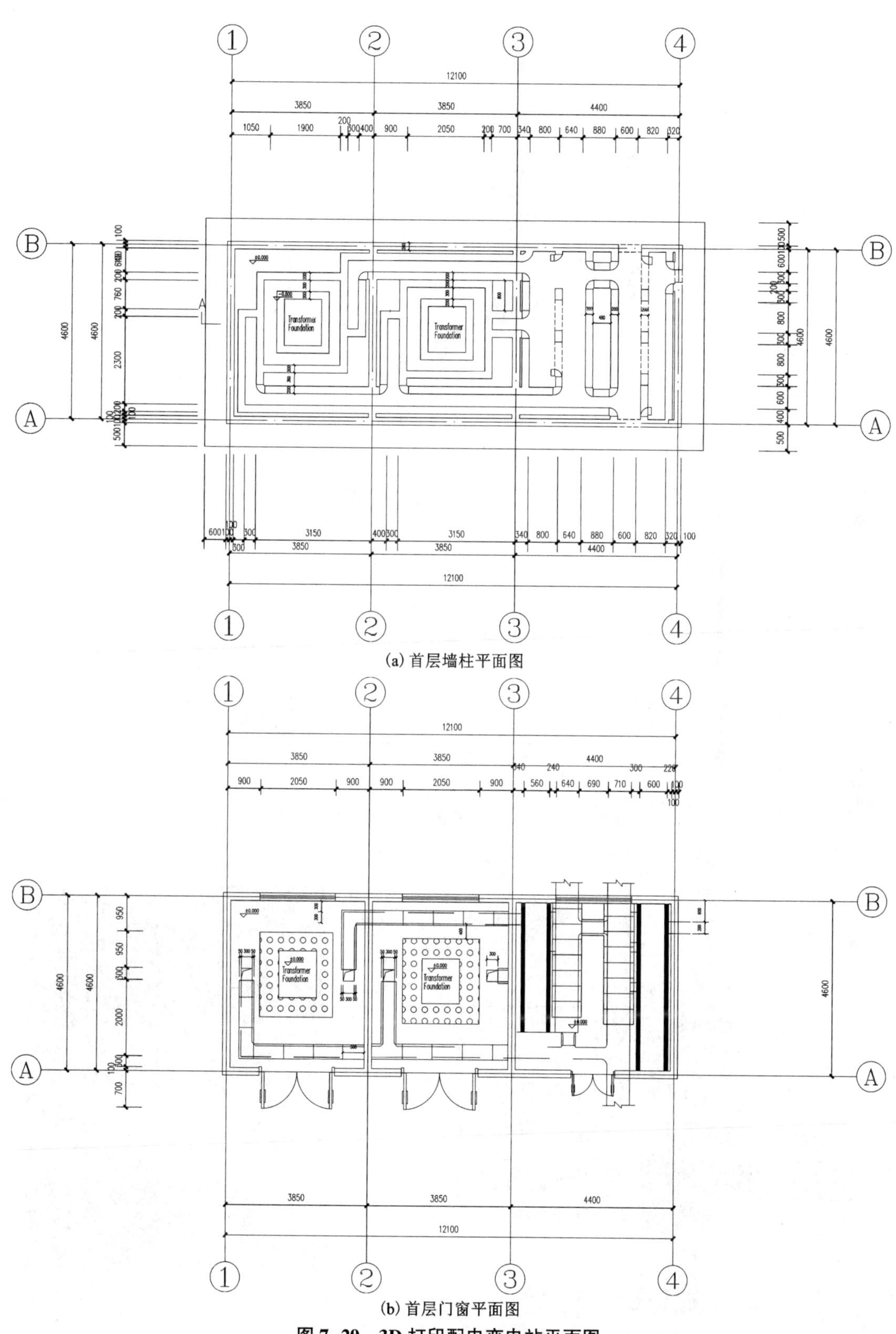

(a) 首层墙柱平面图

(b) 首层门窗平面图

图7-29 3D打印配电变电站平面图

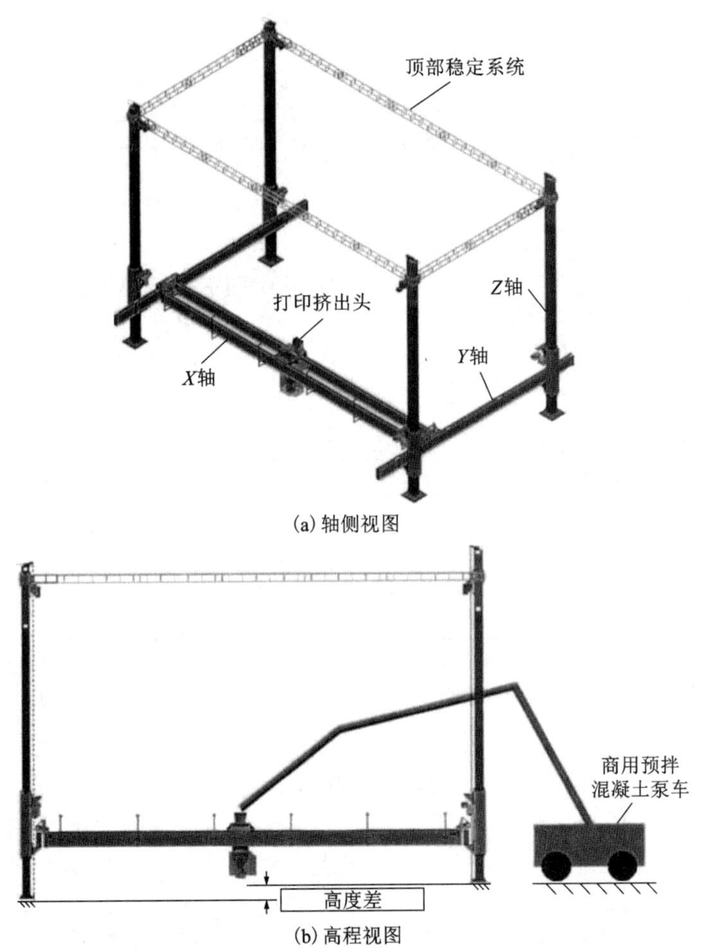

(a) 轴侧视图

(b) 高程视图

图 7-30　用于预拌混凝土的柱式 3D 打印机

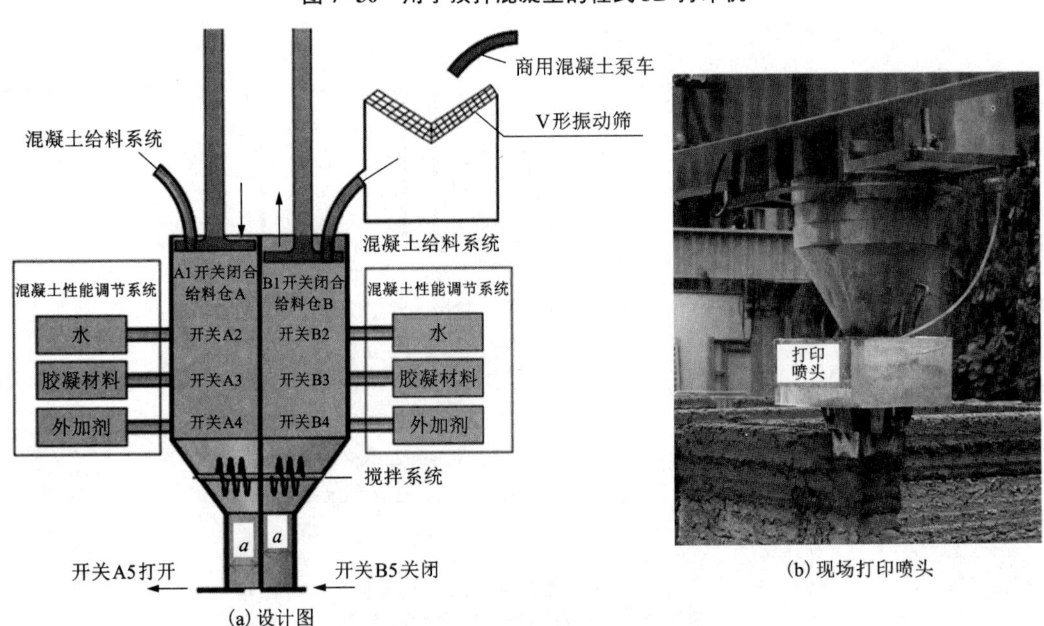

(a) 设计图

(b) 现场打印喷头

图 7-31　双辅助打印喷头示意图

2. 操作系统

该3D打印机的软件系统采用伺服反馈机制，确保打印过程的精准控制（图7-33）。系统特点包括实时坐标信息反馈、电机负载与温度监测、手动设置打印参数以及断点续打功能。通过实时反馈机制，有效解决了电机频繁启停引起的跳步问题，提升了系统运行的稳定性与准确性。同时，系统具备完善的安全保护机制，一旦检测到电机过载、温度过高或短路等异常情况，将立即停止打印并切断电源。此外，操作设备的控制界面直观友好（图7-34），便于操作人员快速上手并进行精确控制。

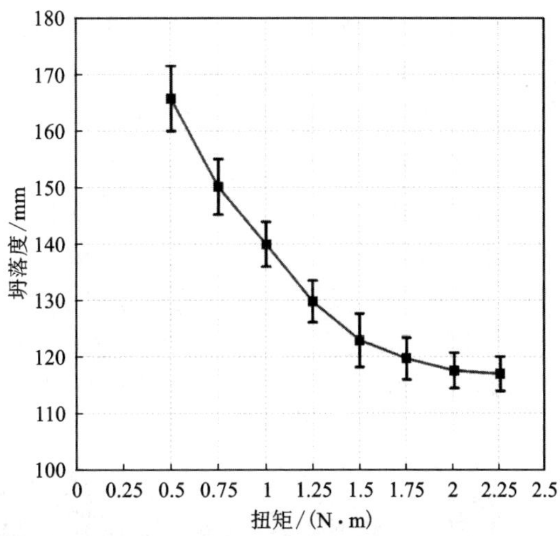

图7-32 混凝土3D打印系统的扭矩和坍落度之间的关系

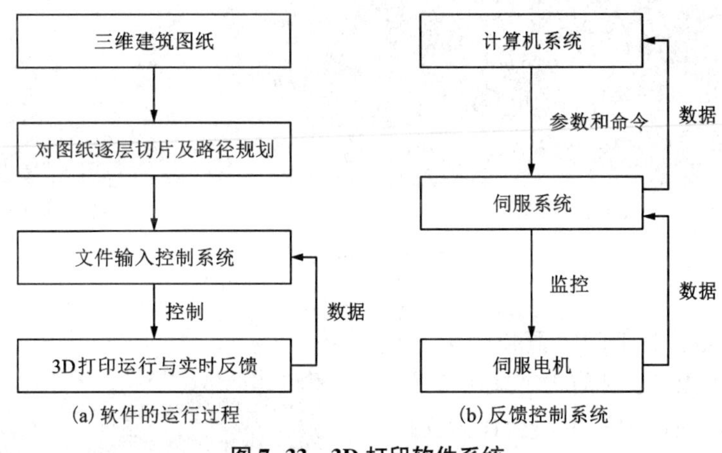

图7-33 3D打印软件系统

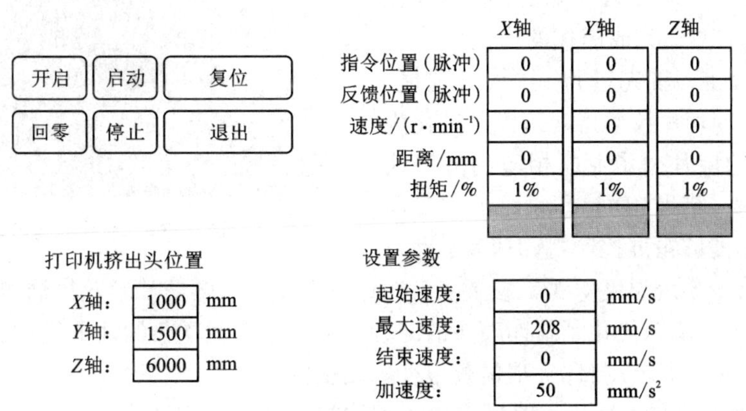

图7-34 操作设备的控制界面

3. 设计和 3D 打印

根据设计要求，墙体的混凝土强度需达到或超过 20 MPa。配电变电站的墙体部分采用 C25 预拌混凝土进行 3D 打印，其中粗骨料粒径应小于 15 mm。在打印过程中，墙体混凝土的实测强度高于 20 MPa，充分满足了结构设计要求。

本项目在结构设计上引入了构造柱与圈梁，以增强抗震性能。为此，项目团队优化了混凝土打印路径规划。具体而言，混凝土墙体采用水平层打印，并在打印过程中精确预留了构造柱的位置。墙体打印完成后，通过安装支撑模板、绑扎钢筋及浇筑混凝土的方式构建构造柱，如图 7-35 所示。此外，项目还充分利用 3D 打印的灵活性，在墙体中以 500 mm 的间距嵌入水平钢网，以增强墙体与建筑柱的连接，如图 7-36 所示。门楣与圈梁同样采用水平钢网与打印混凝土相结合的方式，以提升整体结构的稳固性。

(a) 打印时构造柱的预留位置

(b) 浇筑后的构造柱

图 7-35　构造柱

值得注意的是，对于门窗洞口上方的门楣打印，由于技术限制，目前仍需采用传统的模板支撑方法，即使用预制木模板作为支撑。木模板的长度与门楣相匹配，宽度则略大于门楣的宽度，以确保稳定性。随后，在木模板上进行 3D 打印作业，完成门楣的构造。

图 7-36　水平钢网布置

在施工流程上，首先进行 3D 设计建模，随后利用 3D 打印切片技术将建筑模型转化为一系列可打印的层片，并生成相应的数字化打印指令。同时，借助 3D 打印系统的实时监测与调整功能，能够精准控制打印速度、刮刀路径、电机状态及系统温度等关键参数。针对地下电缆沟、设备基础及集油罐等复杂结构的 3D 打印设计，项目团队优化了打印喷头的配置，成功打印出复杂的地下结构，如图 7-37 所示。图 7-38 则展示了 3D 打印完成的配电变电站全貌。

为验证混凝土的抗压强度，项目采用了回弹试验法，该方法是一种成熟的无损检测技术，既适用于实验室环境，也便于现场操作。在打印完成的建筑物上，进行了至少 20 次独立测试，数据显示其单轴抗压强度值均满足设计要求。特别是在配电变电站打印完成后的第 28 天进行的回弹试验中，多点测试结果均显著高于 20 MPa。

综上所述，3D 打印技术相较于传统施工方法，在电缆沟、集油池、电力设备基础等复杂结构的施工中展现出了高效率、少人工、低成本及环境友好等显著优势。

图 7-37　3D 打印地下结构

图 7-38　3D 打印后的配电变电站

本章附录　3D 打印混凝土 G 代码实例

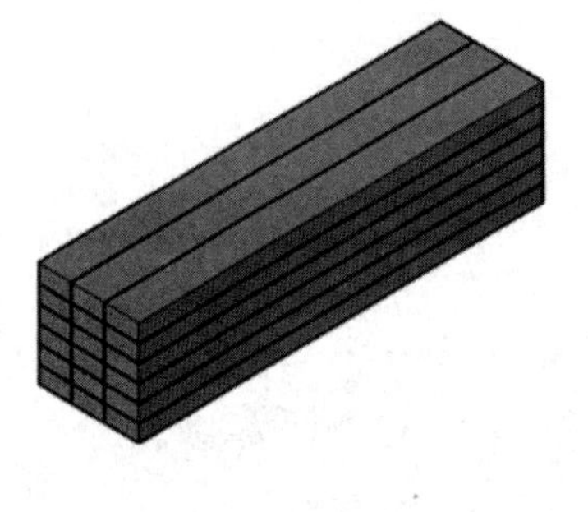

G54 G90 G17//打印机参数设置，根据实际情况设置

G1 X0.000 Y0.000 Z15.000 F100　　　　//打印原点设置，坐标是(0，0，15)，即打印机启动后会先抬升 15 mm，F 是转轴速度，根据实际情况设置

；Layer 1，Z = 15.000　　　//注释行，第一层

G1 X100.000 Y100.000 Z15.000 F3000　　　　//打印起点设置

G92 A0　　　//定义绝对坐标系的原点

G1 X460.000 Y100.000 Z15.000 A216.000 F3000　　　　//打印第一条线，行走 360 mm 的距离，挤出量 A=216

G1 X460.000 Y130.000 Z15.000 A234.000 F3000　　　　//打印第二条线，行走 30 mm 的距离，挤出量 A=216+18

G1 X100.000 Y130.000 Z15.000 A450.000 F3000

G1 X460.000 Y160.000 Z15.000 A468.000 F3000

G1 X100.000 Y160.000 Z15.000 A684.000 F3000

G1 X460.000 Y190.000 Z15.000 A702.000 F3000

G1 X100.000 Y190.000 Z15.000 A918.000 F3000

；Layer 2，Z = 30.000

G0 X100.000 Y100.000 Z30.000 F100//G0 快速移动，回到打印起点，且 Z 轴抬升 15 mm

G92 A0

G1 X460.000 Y100.000 Z30.000 A216.000 F3000

G1 X460.000 Y130.000 Z30.000 A234.000 F3000

G1 X100.000 Y130.000 Z30.000 A450.000 F3000

G1 X460.000 Y160.000 Z30.000 A468.000 F3000

G1 X100.000 Y160.000 Z30.000 A684.000 F3000

G1 X460.000 Y190.000 Z30.000 A702.000 F3000

G1 X100.000 Y190.000 Z30.000 A918.000 F3000

智慧启思

科技铸就抗疫长城——3D打印技术诠释科技报国情怀

认知拓展

实践创新

思考题

1. 从流变学角度解释高触变性对打印过程的影响，并分析为何要控制凝结时间在这一区间？

2. 若某项目要求打印构件具有更高的层间黏结强度，应如何调整材料配合比（如纤维掺量、外加剂类型）和工艺参数（如层厚、层间间隔时间）？请说明理论依据。

3. 装配式3D打印混凝土技术与整体式打印相比有何主要优势？请从施工组织、构件质量与适用场景方面说明。

4. 3D 打印技术如何提高装配式建筑在设计、生产、施工和运输四个阶段的效率？请简要说明。

5. 在 3D 打印拱桥施工过程中，如何确保各个预制模块能够精准拼装并形成整体结?

6. 与传统施工方法相比，现场原位打印技术的主要优势是什么?

7. 在 3D 打印混凝土的现场原位打印中，不同施工阶段对材料流变性能的具体要求是什么?

参考文献

[1] 肖建庄，柏美岩，唐宇翔，等. 中国3D打印混凝土技术应用历程与趋势[J/OL]. 建筑科学与工程学报，2021，38(5)：1-14. DOI：10.19815/j.jace.2021.02055.

[2] 夏锴伦，陈宇宁，刘超，等. 混凝土3D打印建造的低碳性研究进展[J/OL]. 建筑结构学报，2024，45(3)：15-33. DOI：10.14006/j.jzjgxb.2022.0900.

[3] 孙凯利，吴翔强，蔺喜强，等. 混凝土3D打印材料及3D打印模板技术应用进展[J/OL]. 硅酸盐通报，2021，40(6)：1832-1843. DOI：10.16552/j.cnki.issn1001-1625.2021.06.003.

[4] 董赛阳. 3D打印功能梯度混凝土的制备及性能研究[D]. 南京：南京理工大学，2020.

[5] KHOSHNEVIS B. Automated construction by contour crafting—related robotics and information technologies [J/OL]. Automation in Construction，2004，13(1)：5-19. DOI：10.1016/j.autcon.2003.08.012.

[6] LOWKE D，DINI E，PERROT A，et al. Particle-bed 3D printing in concrete construction-Possibilities and challenges[J/OL]. Cement and Concrete Research，2018，112：50-65. DOI：10.1016/j.cemconres.2018.05.018.

[7] GERSHENFELD N. How to make almost anything：the digital fabrication revolution essay[J]. Foreign Affairs，2012，91：43.

[8] 朱彬荣. 3D打印高延性水泥基复合材料的设计及跨尺度力学行为研究[D]. 南京：东南大学，2022.

[9] 蔺喜强，霍亮，苏铠，等. 混凝土3D打印两层办公室的施工关键技术[J]. 混凝土，2022(6)：161-170+174.

[10] 张超，邓智聪，马蕾，等. 3D打印混凝土研究进展及其应用[J/OL]. 硅酸盐通报，2021，40(6)：1769-1795. DOI：10.16552/j.cnki.issn1001-1625.20210517.004.

[11] 徐卫国. 从数字建筑设计到智能建造实践[J]. 建筑技术，2022，53(10)：1418-1420.

[12] 孟庆成，胡垒，李明健，等. 基于LCA法的3D打印建筑碳排放量及减碳效果分析[J/OL]. 安全与环境学报，2023，23(7)：2523-2533. DOI：10.13637/j.issn.1009-6094.2022.0650.

[13] MARVILA M T，AZEVEDO A R G，DELAQUA G C G，et al. Performance of geopolymer tiles in high temperature and saturation conditions[J]. Construction and Building Materials，2021，286：122994.

[14] PEGNA J. Exploratory investigation of solid freeform construction[J]. Automation in Constractions，1997，5(5)：427-437.

[15] 余莉莉，肖正茂，祝雯，等. 混凝土3D打印技术研究进展与发展趋势[J]. 广州建筑，2021，49(4)：43-47.

[16] MECHTCHERINE V，BOS F P，PERROT A，et al. Extrusion-based additive manufacturing with cement-based materials—production steps，processes，and their underlying physics：a review[J]. Cement and Concrete Research，2020，132：106037.

[17] QAIDI S M A，TAYEH B A，ISLEEM H F，et al. Sustainable utilization of red mud waste (bauxite residue) and slag for the production of geopolymer composites：a review[J]. Case Studies in Construction Materials. 2022，16：e00994.

[18] DINI E. Printing buildings[J]. Blueprint-Sidcup, 2010 (288): 32-41.

[19] GIOVANNI CESARETTI, ENRICO DINI, XAVIER DE KESTELIER, et al. Building components for an outpost on the Lunar soil by means ofa novel 3D printing technology[J]. Acta Astronautica, 2014, 93: 430-450.

[20] 王康，黄筱调，袁鸿. 3D 打印技术最新进展[J]. 机械设计与制造工程，2011(10)：1-6.

[21] 马国伟，王里. 水泥基材料 3D 打印关键技术[M]. 中国建材工业出版社，2020.

[22] LIM S, BUSWELL R A, LE T T, et al. Developments in construction-scale additive manufacturing processes[J]. Automation in Construction, 2012: 262-268.

[23] 宋靖华，胡欣. 3D 建筑打印研究综述[J]. 华中建筑，2015(2)：7-10.

[24] 王强. 3D 打印混凝土优化设计和性能研究[D]. 南京理工大学，2019.

[25] D-Shape Srls. UnaCasaTuttaDiUnPezzo[EB/OL]. https://d-shape.com/Prodotti/unacasatuttadiunpezzo/, 2024-11-11.

[26] CESARETTI G, et al. Building components for an outpost on the Lunar soil by means of a novel 3D printing technology[J]. Acta Astronautica, 2014, 93(1): 430-450.

[27] 张慧，贠洁. 3D 打印混凝土技术在景观小品设计中的应用探析[J]. 艺术与设计(理论版)，2020(2)：66-68.

[28] ZHANG J, KHOSHNEVIS B. Optmal machine operation planning for construction by Contour Crafting[J]. Autom Constr, 2013, 29: 50-67.

[29] SANJAYAN J G, NAZARI A, NEMATOLLAHI B, et al. 3D Concrete Printing Technology[M]. Butterworth-Heinemann, 2019: 3-10.

[30] Contour Crafting. Offering Automated Construction of Various Types of Structures[EB/OL]. https://www.contourcrafting.com/, 2017/2024-11-11.

[31] MA G W, WANG L, JU Y. State-of-the-art of 3D printing technology of cementitious material-An emerging technique for construction[J]. Science China Technological Sciences, 2017: 1-21.

[32] KHOSHNEVIS B, BODIFORD M P, BURKS K H, et al. Lunar contour crafting - A novel technique for ISRU-based habitat development[C]//AIAA 43rd Aerospace Sicences Meeting and Exhibit, 2004.

[33] 翟亚楠，刘洪军，秦宝宏，等. 基于挤出工艺的陶瓷零件增材制造及其关键技术[J]. 中国陶瓷，2015(2)：1-6.

[34] LIM S, LE T, WEBSTER J, et al. Fabricating construction components using layer manufacturing technology[J]. Proceedings of the Global Innovation in Construction Conference, 2009: 512-520.

[35] LE T T, AUSTIN S A, LIM S, et al. Mix design and fresh properties for high-performance printing concrete[J]. Materials and Structures, 2012, 45(8).

[36] Lim, Sungwoo & Buswell, R. A. & J. Valentine, Philip & Piker, Daniel & Austin, Simon.

[37] DE KESTELIER, XAVIER. Modelling curved-layered printing paths for fabricating large-scale construction components[J]. Additive Manufacturing. 10.1016/j.addma.2016.06.004.

[38] 姚一鸣，张珈玮，孙元锋，等. 3D 打印钢纤维增强 UHPC 力学性能试验研究[J/OL]. 建筑结构学报，2024，45(9)：29-40. DOI：10.14006/j.jzjgxb.2023.0700.

[39] 孙晓燕，叶柏兴，王海龙，等. 3D 打印混凝土材料与结构增强技术研究进展[J/OL]. 硅酸盐学报，2021，49(5)：878-886. DOI：10.14062/j.issn.0454-5648.20200736.

[40] LIN M, LI L, JIANG F, et al. Automated reinforcement of 3D-printed engineered cementitious composite beams[J/OL]. Automation in Construction, 2024, 168: 105851. DOI: 10.1016/j.autcon.2024.105851.

[41] YAO Y, ZHANG J, SUN Y, et al. Mechanical properties and failure mechanism of 3D printing ultra-high

performance concrete[J/OL]. Construction and Building Materials, 2024, 447: 138108. DOI: 10.1016/j.conbuildmat.2024.138108.

[42] LI Z, WANG L, MA G. Mechanical improvement of continuous steel microcable reinforced geopolymer composites for 3D printing subjected to different loading conditions [J/OL]. Composites Part B: Engineering, 2020, 187: 107796. DOI: 10.1016/j.compositesb.2020.107796.

[43] SALET T A M, AHMED Z Y, BOS F P, et al. Design of a 3D printed concrete bridge by testing * [J]. Virtual and Physical Prototyping, 2018, 13(3): 1-15.

[44] 朱彬荣，潘金龙，周震鑫，等. 3D 打印技术应用于大尺度建筑的研究进展[J]. 材料导报，2018，32(23)：4150-4159.

[45] 熊俊锋. 基于 3D 打印的桥梁快速建造技术研究[D]. 重庆交通大学，2020.

[46] BAI G, WANG L, MA G, et al. 3D printing eco-friendly concrete containing under-utilised and waste solids as aggregates[J]. Cement and Concrete Composites, 2021(1): 104037.

[47] 孟建民，杨旭，李优. 多样性场景营造——南京江北市民中心设计[J]. 建筑学报，2022(4)：90-91.

[48] 柏松林，高诣民，赵梓乔，等. 中小跨径混凝土 3D 打印箱型拱桥数字化设计建造[J]. 硅酸盐通报，2024，43(5)：1739-1747.

[49] 田泽皓. 3D 打印混凝土层间界面的力学和耐久性能研究[D]. 河北工业大学，2020.

[50] 张大旺，许晓光，李辉. 3D 打印混凝土的长期性能研究进展[J]. 材料导报，2024，13(8)：1-27.

[51] 李小龙，王栋民. 建筑 3D 打印技术及材料的研究进展[J]. 中国建材科技，2021，30(3)：29-35.

[52] ZUO Z, ZHANG Y, LI J, et al. Systematic workflow for digital design and on-site 3D printing of large concrete structures: A case study of a full-size two-story building. Journal of Building Engineering[J]. 2025, 104: 112370.

图书在版编目(CIP)数据

3D打印混凝土建造技术 / 姚一鸣等编著. --长沙: 中南大学出版社, 2025.8. --(普通高等学校智能建造类“新工科新形态”系列教材 / 陈湘生总主编). --ISBN 978-7-5487-6270-6

Ⅰ. TU528.59

中国国家版本馆CIP数据核字第2025VY6876号

3D打印混凝土建造技术

3D DAYIN HUNNINGTU JIANZAO JISHU

姚一鸣　元　强　刘　潇　吴晶晶　丁　陶
蔡景明　邹贻权　高　畅　吴　畅　编著

□**出 版 人**　林绵优
□**策划编辑**　刘颖维　刘锦伟
□**责任编辑**　刘颖维
□**责任印制**　李月腾
□**出版发行**　中南大学出版社
社址：长沙市麓山南路　　邮编：410083
发行科电话：0731-88876770　　传真：0731-88710482
□**印　　装**　湖南省汇昌印务有限公司

□**开　　本**　787 mm×1092 mm　1/16　□**印张** 13.5　□**字数** 337千字
□**互联网+图书　二维码内容**　视频1小时0分50秒　字数40千字
□**版　　次**　2025年8月第1版　□**印次** 2025年8月第1次印刷
□**书　　号**　ISBN 978-7-5487-6270-6
□**定　　价**　58.00元